"十二五"职业教育国家规划教材
经全国职业教育教材审定委员会审定

广东省"十四五"职业教育规划教材

GONGCHENG ZAOJIA KONGZHI YU ANLI FENXI

工程造价控制与案例分析

（第五版）

主　编　姜新春　吕继隆
副主编　杨也容　高红霞
参　编　徐善宝

大连理工大学出版社

图书在版编目(CIP)数据

工程造价控制与案例分析 / 姜新春，吕继隆主编
. -- 5版. -- 大连 ：大连理工大学出版社，2023.6(2025.1重印)
新世纪高等职业教育土木建筑类系列规划教材
ISBN 978-7-5685-4279-1

Ⅰ. ①工… Ⅱ. ①姜… ②吕… Ⅲ. ①工程造价控制
—高等职业教育—教材 Ⅳ. ①TU723.31

中国国家版本馆CIP数据核字(2023)第050099号

大连理工大学出版社出版
地址:大连市软件园路80号　邮政编码:116023
发行:0411-84708842　邮购:0411-84708943　传真:0411-84701466
E-mail:dutp@dutp.cn　URL:https://www.dutp.cn
大连天骄彩色印刷有限公司　　大连理工大学出版社发行

幅面尺寸:185mm×260mm　印张:18.75　字数:480千字
2011年5月第1版　　2023年6月第5版
2025年1月第3次印刷

责任编辑:康云霞　　责任校对:吴媛媛
封面设计:方　茜

ISBN 978-7-5685-4279-1　　定　价:59.80元

本书如有印装质量问题,请与我社发行部联系更换。

前言

《工程造价控制与案例分析》(第五版)是“十二五”职业教育国家规划教材,也是广东省“十四五”职业教育规划教材。

本教材自2011年5月出版以来,得到了读者的广泛认可。为了更好地培养学生运用工程造价控制的知识解决工程造价管理实际问题的能力,我们针对实际教学中的反馈信息,根据现行发布的有关标准、规范和文件,对教材内容进行了再次修订。

本教材修订后具有如下特点:

1. 本教材以立德树人为根本任务,将工程思维和工匠精神所必备的匠心、专注、标准、精准、创新、完美的品质融合到知识传授中。本教材紧密结合党的二十大报告精神,进一步深入实施人才强国战略,让学生在掌握知识、实践技能的过程中潜移默化地践行社会主义核心价值观,实现德+技并修双育人。

2. 内容符合职业标准和岗位要求。本次修订突破已有相关教材的知识框架,根据工程造价控制工作的需要重组与优化教材内容,使内容紧密结合职业技能要求,引用了大量的图、表和典型案例,图文并茂,通俗易懂。

3. 案例来源于实际工程。本教材贯穿工程造价全过程控制的理念,以建设工程不同阶段实际开展的工作为主要内容;引入、提炼相关校企合作工程咨询单位的最新工程案例作为典型案例进行分析,体现了“案例教学法”的指导思想,旨在提高学生的实际操作能力。

4. 实践教学内容丰富。独立设置的实训篇可作为确定篇、控制篇的补充与强化,便于实现理实一体的项目化教学。实训篇每个项目由“实训任务单”“实训任务书”“实训指导书”三部分组成,给出任务、要求与指导,便于实践教学的实施和学生独立完成工程造价控制技能的训练。

5. 内容反映国家与行业现行标准与规范,体现了行业的最新内容和工程造价的最新发展。

6. 引入思维导图,建立知识框架;配有要点提炼与知识点梳理,便于学生把握重点与难点。

7. 配有微课视频,可随时随地学;移动在线自测可随学随测。

本教材是广东省精品在线开放课程建设项目研究成果之一，也是精品在线开放课程“工程造价计价与控制”的配套用书。省级精品在线开放课程网站提供了丰富的学习资源，学生可直接登录网站学习，也可以扫描右边的二维码进入学习。

精品在线开放课程

本教材既可作为高等职业院校建筑工程类相关专业的教材和指导书，又可作为土建施工类及工程管理类等专业执业资格考试的培训教材。

本教材由广州城建职业学院姜新春、吕继隆任主编；广州城建职业学院杨也容，淮南联合大学高红霞任副主编；山东润泽工程咨询有限公司徐善宝任参编。具体编写分工如下：模块1、模块6、模块7由姜新春编写；模块3由高红霞编写；模块2、模块4、模块5由吕继隆编写；第三篇实训篇由杨也容编写；徐善宝提供了实训项目的材料。全书由姜新春负责统稿和定稿。

在编写本书的过程中，我们参考、引用和改编了国内外出版物中相关资料以及网络资源，在此对这些资源的作者表示诚挚的谢意！请相关著作权人看到本教材后与出版社联系，出版社将按照相关法律的规定支付稿酬。

由于时间仓促，书中仍可能存在错误和疏漏之处，恳请使用本教材的广大读者批评指正，并将意见和建议反馈给我们，以便修订时完善。

编　者

所有意见和建议请发往：dutpgz@163.com
欢迎访问职教数字化服务平台：https://www.dutp.cn/sve/
联系电话：0411-84708979　84707424

第一篇　确定篇

第二篇　控制篇

第三篇 实训篇

本书数字资源列表

序号	资源名称	资源类型	页码
1	工程造价的特点	微课	4
2	工程造价的构成	微课	10
3	国产非标准设备原价的计算	微课	12
4	进口设备到岸价的计算	微课	12
5	建设期贷款利息的计算	微课	31
6	机械台班消耗量定额的确定	微课	44
7	静态投资回收期的计算	微课	103
8	价值工程的应用	微课	121
9	设计概算的内容	微课	127
10	共同延误问题的处理	微课	207
11	工程预付款及其扣回	微课	213
12	工程造价的构成	思维导图、移动在线自测	3、37
13	建设工程造价确定的依据	思维导图、移动在线自测	38、81
14	建设工程决策阶段工程造价控制	思维导图、移动在线自测	85、113
15	建设工程设计阶段工程造价控制	思维导图、移动在线自测	114、152
16	建设工程发承包阶段工程造价控制	思维导图、移动在线自测	153、187
17	建设工程施工阶段工程造价控制	思维导图、移动在线自测	188、232
18	建设工程竣工阶段工程造价控制	思维导图、移动在线自测	233、252
19	工程造价及其控制	要点分析	4、8
20	设备及工器具购置费的构成	要点分析	11、12
21	建筑安装工程费用的构成	要点分析	16
22	建设工程定额	要点分析	38
23	可行性研究报告	要点分析	86
24	建设工程财务评价	要点分析	99
25	投标文件及其投标报价的编制	要点分析	169
26	竣工决算	要点分析	236

课程思政元素融入点列表

章节	知识点	思政元素	建议融入方式
1.3	国产非标准设备原价计算	家国情怀、民族自豪感	视频导入:《大国重器》—智慧转型
1.4	企业管理费——劳动保险和职工福利费,规费	基本国情、制度自信	新闻导入:广东夏季高温津贴拟调至301元/月
1.5	工程建设其他费——建设用地费	大局意识、社会责任意识	视频导入:广州最牛钉子户,曾经漫天要价一亿被拒
2.1	建设工程定额——定额发展历史与定额的特点	规则意识、实事求是、科学发展观	问题导入:什么是定额?你知道它的前世今生吗?
2.5	建设工程工程量清单的作用	规则意识、法制意识、公开公平	故事导入:计划经济与市场经济的转变
3.1	可行性研究报告的编制依据与要求	国家利益、人民利益、实事求是、客观公正	视频导入:责任与担当
4.2	设计方案的优选与优化	时代价值、文化自信、民族自信	案例导入:北京大兴机场建设前7个设计方案
4.3	设计概算与施工图预算的编制与审查	一丝不苟、精益求精的工匠精神	故事导入:企业投标失败原因——单价没有进行审查
5.2	工程量清单及招标控制价的编制	诚实守信、遵纪守法、职业道德	案例导入:违法招标案例
5.3	投标报价的编制	诚实守信、遵纪守法、职业道德	案例导入:投标人相互串通投标、招标人串通投标
6.3	工程索赔	诚信守法、实事求是、规则意识	案例导入:精装修吊顶增加角钢加固,施工单位对加固角钢提出工程费用索赔
6.4	工程价款结算	遵纪守法、严格自律、敬畏法律	新闻导入:项目虚报工程量套取利益
6.5	偏差计算与分析	一丝不苟、精益求精的工匠精神	问题导入:工程实施过程中实际成本与计划成本一样吗?存在偏差,你是否有责任?
7.1	竣工决算	社会责任感、遵纪守法、诚实守信、廉洁自律	视频导入:审计署部分高速公路建设资金使用存在管理漏洞

第一篇 确定篇

本篇通过建设工程造价、工程造价控制概念的阐述、工程造价构成的介绍以及建设工程造价确定依据的详细讲解，使学生明确建设工程的造价究竟是怎样构成的，工程造价是如何确定下来的。本篇包含两个模块，分别为建设工程造价的构成和建设工程造价的确定依据。

模块 1 建设工程造价的构成

模块 1

子模块	知识目标	能力目标
工程造价及其控制	了解工程造价的含义、特点及计价特征；熟悉工程造价控制的概念、内容和方法	能明确和理解工程造价及其控制的概念
工程造价的构成	掌握我国现行建设项目工程造价的构成	能明确和指出建设项目工程造价由哪些部分组成
设备及工器具购置费的构成	熟悉设备及工器具购置费的构成；掌握设备及工器具购置费的计算方法	能计算设备及工器具购置费
建筑安装工程费用的构成	熟悉建筑安装工程费用的构成；掌握建筑安装工程费用的计算方法	能明确和指出建筑安装工程费用由哪些部分组成，并会计算
工程建设其他费用的构成	掌握工程建设其他费用的分类与组成	能明确和指出工程建设其他费用由哪些部分组成
预备费、建设期贷款利息的计算	了解预备费、建设期贷款利息的含义；掌握其计算方法	会计算预备费、建设期贷款利息

1.1 工程造价及其控制

任何一个建设工程（或项目）都是一种特殊的商品，既是商品必然有其价格，并且要遵守按质论价的商品交换原则。如图 1-1 所示的住宅楼和笔记本电脑都是商品，具有商品的一般属性。简而言之，工程造价就是一个建设项目建成需要花的钱。

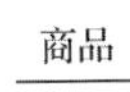

图 1-1　住宅楼和笔记本电脑

1.1.1　工程造价的含义

工程造价是工程项目按照确定的建设内容、建设规模、建设标准、功能要求和使用要求等全部建成并验收合格交付使用所需的全部费用，即工程的建造价格。其有两重含义：

含义一：从投资者(业主)的角度而言，工程造价是指建设一项工程预期支出或实际支出的全部资产投资费用。从这个意义上讲，建设工程造价就是建设工程项目固定资产投资。

含义二：从市场交易的角度而言，工程造价是指为建成一项工程，预计或实际在土地市场、设备市场、技术劳务市场以及工程发承包市场等交易活动中所形成的建筑安装工程费用和建设工程总费用。即人们通常说的工程发承包价格。

在建筑市场中，工程造价对交易的不同主体有着不同的意义：

(1)对建设工程投资者来说，市场经济条件下的工程造价就是项目投资，是“购买”项目要付出的价格，同时也是投资者在作为市场供给主体“出售”项目时定价的基础。

(2)对承包人、供应商和规划、设计等机构来说，工程造价是其作为市场供给主体出售商品和劳务的价格总和，或者是特指范围的工程造价，如建筑安装工程造价。

1.1.2　工程造价的特点

工程造价是工程建设项目的价格，其特点必然由其建设项目的特点所决定。工程造价的特点如图 1-2 所示。

工程造价的特点

大额性
层次性
工程造价的特点
个别性
兼容性
动态性

工程造价及其控制(1)

图 1-2　工程造价的特点

1. 个别性

任何一项工程都有特定的用途、功能和规模。因此，对每一项工程的结构、造型、空间分割、设备配置和内外装饰都有具体的要求，即工程内容和实物形态都具有个别性。产品个别性决定了工程造价的个别性，同时，每项工程所处的地区、地段都不相同，这使得工程造价的个别性更加突出。

2. 大额性

能够发挥投资效用的任何一项工程，不仅实物形体庞大，而且造价高。其中，特大型工程项目的造价可达数亿元(表 1-1)。工程造价的大额性使其关系到有关各方面的重大经济利益，同时也会对宏观经济产生重大的影响，这就决定了工程造价的特殊地位，也说明了工程造价管理的重要意义。

表 1-1　　　　我国部分特大型工程项目造价

项目名称	工程造价
水立方(国家游泳中心)	约为 10.2 亿元
鸟巢	约为 31.0 亿元
广州新电视塔“小蛮腰”	约为 29.5 亿元
世博会的中国馆	约为 20.0 亿元
浦东世博轴	约为 28.7 亿元
国家大剧院	约为 30.67 亿元

3. 层次性

工程造价的层次性取决于工程的层次性。一个建设项目往往含有多个能独立发挥设计效能的单项工程(如教学楼、图书馆、宿舍楼、实验楼等),一个单项工程又是由能够各自发挥专业效能的多个单位工程(如土建工程、电气安装工程等)组成的。与此相对应,工程造价有五个层次:建设项目总造价、单项工程造价、单位工程造价、分部工程(如大型土方工程、基础工程、装饰工程等)造价和分项工程造价。

4. 动态性

任何一项工程从决策到竣工交付使用,都有一个较长的建设期,在此期间,经常会出现许多影响工程造价的因素,如工程变更、设备材料价格、工资标准以及利率、汇率的变化等,这些变化必然会影响到工程造价的变动。由此可见,工程造价在整个建设期内处于不确定状态,直至竣工决算后才能最终决定实际造价。

5. 兼容性

工程造价的兼容性首先表现在它具有两重含义,其次表现在工程造价构成因素的广泛性和复杂性。在工程造价中,成本因素非常复杂,其中为获得建设工程用地而支付的费用、项目可行性研究和规划的实际费用、与政府一定时期政策(特别是产业政策和税收政策)相关的费用占有相当大的份额,此外,盈利的构成也较为复杂,资金成本也较大。

1.1.3　工程造价计价的特征

工程造价计价是确定工程造价的形成过程,所以造价的特点决定了计价的特征。

1. 工程造价计价的多次性

建设工期周期长、规模大、造价高,需要按建设程序决策和实施,工程造价计价也需要在不同阶段多次进行,以保证工程造价计算的准确性和控制的有效性。多次计价是个逐步深化、逐步细化和逐步接近实际造价的过程。大型建设工程项目的造价计价过程如图 1-3 所示。

(1)投资估算

投资估算是指通过编制估算文件预先测算和确定建设项目投资额的过程。在项目建议书可行性研究阶段,对投资进行估算是一项不可缺少的工作内容。投资估算是决策、筹资和控制造价的主要依据。

(2)设计概算

设计概算是指在初步设计阶段,根据设计意图,通过编制工程概算文件预先测算和限定的工

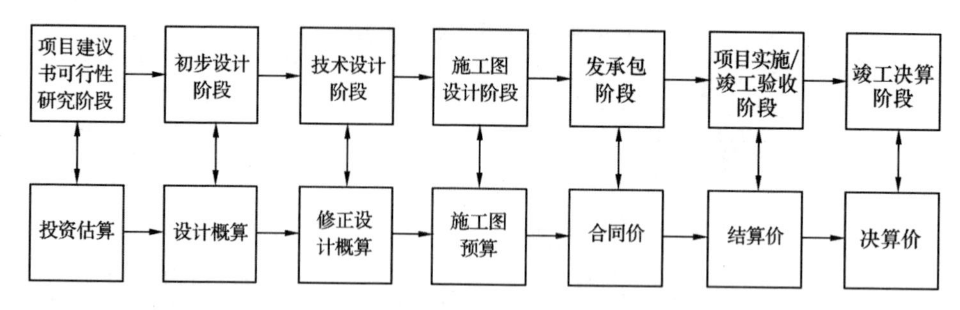

图 1-3　大型建设工程项目的造价计价过程

程造价。与投资估算造价相比，设计概算的准确性有所提高，但受估算造价的控制，设计概算的层次性十分明显，分建设项目概算总造价、各个单项工程概算综合造价、各单位工程概算造价。

(3)修正设计概算

修正设计概算是指在技术设计阶段，根据技术设计要求，通过编制修正概算文件预先测算和限定的工程造价。修正设计概算对初步设计进行修正调整，比设计概算准确，但受设计概算控制。

(4)施工图预算

施工图预算是指在施工图设计阶段，根据施工图，通过编制预算文件预先测算和限定工程造价。它比设计概算或修正设计概算更为详尽和准确，但同样受前一阶段所限定的工程造价的控制。

(5)合同价

合同价是指在工程发承包阶段通过签订总承包合同、建筑安装工程承包合同、设备采购合同以及技术和咨询服务合同所确定的价格。合同价属于市场价格，但它并不等同于最终决算的实际工程造价。按计价方法不同，建设工程合同有许多类型，不同类型的合同价格内涵也有所不同。

(6)结算价

结算价是指在项目实施/竣工验收阶段，在工程结算时按合同调价范围和调价方法，对实际发生的工程量增减、设备和材料价差等进行调整后计算和确定的价格。结算价是该结算工程的实际价格。

(7)决算价

决算价是指在竣工决算阶段，以实物数量和货币指标为计量单位，综合反映竣工项目从筹建开始到项目竣工交付使用为止的全部建设费用。

2. 工程造价计价的组合性

工程造价的计算是分部组合而成的，这一特征和建设项目的组合性有关。一个建设项目是一个工程综合体，它可以分解为许多有内在联系的工程，如图 1-4 所示。从计价和工程管理的角度看，分部分项工程还可以进一步地分解。建设项目的组合性决定了设计概算和施工图预算的逐步组合过程，同时也反映到合同价和结算价的确定过程中。工程造价的计算过程：分部分项工程单价→单位工程造价→单项工程造价→建设项目总造价。

3. 工程造价计价的单件性

产品的单件性决定了每项工程都必须单独计算造价。

4. 工程造价计价方法的多样性

工程的多次计价有各不相同的计价依据，每次计价的精确度要求也各不相同，由此决定了计价方法的多样性。例如，计算投资估算的方法有设备系数法、生产能力指数估算法等；计算概、预

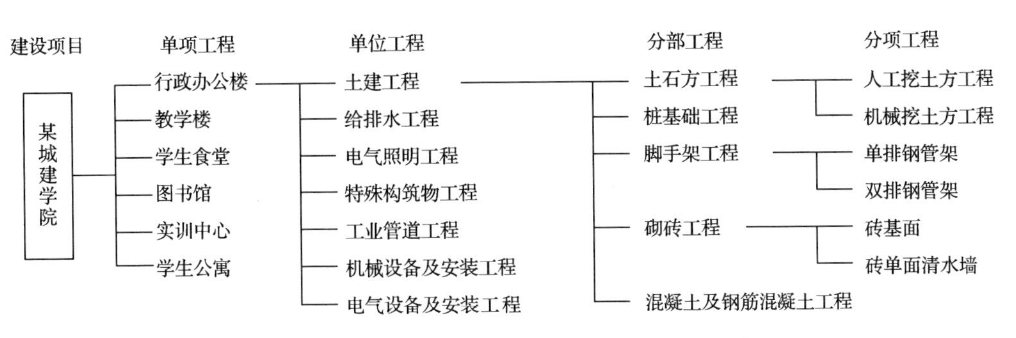

图 1-4　建设项目分解

算造价的方法有单价法和实物量法等。不同的方法也有不同的适用条件，计价时应根据具体情况加以选择。

5. 工程造价计价依据的复杂性

影响造价的因素较多，这决定了计价依据的复杂性。计价依据主要可分为以下七类：

(1)人工、材料、机械等实物消耗量的计算依据：包括投资估算指标、概算定额、预算定额等。

(2)计算设备和工程量的依据，包括项目建议书、可行性研究报告、设计文件等。

(3)计算设备单价的依据，包括设备原价、设备运杂费、进口设备关税等。

(4)计算工程单价的依据，包括人工单价、材料价格、材料运杂费、机械台班费等。

(5)计算措施项目费、其他项目类、规费和税金、工程建设其他费用的依据：主要是相关费用的计算基数和费率。

(6)物价指数和工程造价指数。

(7)国家和地方政府规定的税、费。

工程造价计价依据的复杂性不仅使计算过程复杂，而且要求计价人员熟悉各类依据，并加以正确应用。

1.1.4　工程造价控制的含义

工程造价控制的含义包括两方面：一是建设工程价格管理；二是建设工程投资费用控制。

1. 建设工程价格管理

建设工程价格管理属于价格管理范畴。在社会主义市场经济条件下，价格管理分为两个层次：在微观层次上，是生产企业在掌握市场价格信息的基础上，为实现管理目标而进行的成本控制、计价、定价和竞价的系统活动；在宏观层次上，是政府根据社会经济发展的要求，利用法律手段、经济手段和行政手段对价格进行管理和调控，以及通过市场管理规范市场主体价格行为的系统活动。

2. 建设工程投资费用控制

建设工程投资费用控制即为了实现投资的预期目标，在拟订了规划、设计方案的条件下，预测、计算、确定和监控工程造价及其变动的系统活动；建设工程投资费用控制属于投资管理的范畴，它既涵盖了微观的项目投资费用的管理，也涵盖了宏观的投资费用的管理。

1.1.5　工程造价控制的要点——全面造价管理

全面造价管理是有效地使用专业知识和专门的技术去计划和控制资源、造价、盈利和风险。

建设工程全面造价管理包括全方位造价管理、全要素造价管理、全寿命期造价管理和全过程造价管理。

1. 全方位造价管理

建设工程造价管理不仅仅是业主或承包人的任务，也应该是政府建设行政主管部门、行业协会、业主方、设计方、承包人以及有关咨询机构的共同任务。尽管各方的地位、利益、角度等有所不同，但必须建立完善的协同工作机制，才能实现对建设工程造价的有效控制。

2. 全要素造价管理

建设工程造价管理不能单就工程造价本身谈造价管理，因为除工程本身造价之外，工期、质量、安全及环境等因素均会对工程造价产生影响。为此，控制建设工程造价不仅仅是控制建设工程本身的成本，还应同时考虑工期成本、质量成本、安全与环境成本的控制，从而实现工程造价、工期、质量、安全、环境的集成管理。

3. 全寿命期造价管理

建设工程全寿命期造价是指建设工程初始建造成本和建成后的日常使用成本之和，它包括建设前期、建设期、使用期及拆除期各个阶段的成本。在工程建设及使用的不同阶段，工程造价存在诸多不确定性，这使得工程造价管理至今只能作为一种实现建设工程全寿命最小化的指导思想，用来指导建设工程的投资决策及设计方案的选择。

4. 全过程造价管理

建设工程全过程是指建设工程前期决策、设计、发承包、施工、竣工验收等各个阶段。全过程造价管理覆盖建设工程前期决策及实施的各个阶段，包括：前期决策阶段的项目策划、投资估算、项目经济评价、项目融资方案分析；设计阶段的限额设计、方案比选、概算和预算编制；发承包阶段的标段划分、发承包模式及合同形式的选择、标底编制；施工阶段的工程计量与结算、工程变更控制、索赔管理；竣工验收阶段的竣工结算与决算等。

1.1.6 工程造价控制的基本内容

工程造价控制的基本内容就是合理确定和有效控制工程造价。

1. 工程造价的合理确定

工程造价的合理确定就是在建设程序的各个阶段，合理确定投资估算、设计概算、修正设计概算、施工图预算、合同价、结算价、决算价(实际造价)，见表 1-2。

工程造价及其控制(2)

表 1-2　各建设阶段工程造价的确定

建设阶段	编制内容	合理确定造价的范围	备　注
项目建议书阶段	初步投资估算	列入国家中长期计划和开展前期工作的控制造价	需经有关部门批准
项目可行性研究阶段	投资估算	项目的控制造价	需经有关部门批准
初步设计阶段	初步设计总概算	拟建项目工程造价的最高限额	需经有关部门批准
施工图设计阶段	施工图预算	拟建项目的预算价	核实预算是否超过概算
发承包阶段	最高投标限价和投标报价	拟建项目投标报价的最高限额	中标后形成合同价
项目实施阶段	施工结算	实际发生的工程费用，即结算价	考虑工程变更、物价因素
竣工验收阶段	竣工决算	建设工程的实际造价	全面汇集全部费用

2. 工程造价的有效控制

工程造价的有效控制就是在优化建设方案、设计方案的基础上，在建设程序的各个阶段，采用一定的方法和措施把工程造价控制在合理的范围和核定的造价限额以内。具体说就是：用投资估算控制设计方案的选择和初步设计概算；用设计概算控制技术设计和修正设计概算；用设计概算或修正设计概算控制施工图设计和预算。通过工程造价的有效控制以求合理使用人力、物力和财力，取得较好的投资效益。

有效控制工程造价的三项原则：

(1)技术与经济相结合是控制工程造价最有效的手段。要有效地控制工程造价，应从组织、技术、经济等多方面采取措施。从组织上采取的措施包括明确项目组织结构，明确造价控制及其任务，明确管理职能分工；从技术上采取的措施包括重视设计多方案选择，严格审查监督初步设计、技术设计和施工图设计，深入技术领域研究节约投资的可能性；从经济上采取的措施包括动态地控制造价的计划值和实际值，严格审核各项费用支出，采取对节约投资的有力奖惩措施等。

(2)以设计阶段为重点的建设全过程造价控制。工程造价控制贯穿项目建设全过程的同时，应注意工程设计阶段的造价控制。工程造价控制的关键在于前期决策和设计阶段，而在项目投资决策完成之后，控制工程造价的关键在于设计。建设工程全寿命期费用包括工程造价和工程交付使用后的经常开支费用(含经营费用、日常维护修理费用、使用期内大修理和局部更新费用)以及该项目使用期满后的报废拆除费用等。

(3)主动控制以取得令人满意的结果。在工程建设全过程中工程造价控制不仅是在调查—分析—决策的基础之上进行的偏离—纠偏—再纠偏的被动控制，更为重要和有效的是必须立足于事先主动地采取控制措施，实现主动控制。也就是说，工程造价控制不仅要反映投资决策，设计、发包和施工(被动地控制工程造价)，更要能动地影响投资决策，设计、发包和施工(主动地控制工程造价)。

1.1.7 工程造价管理的组织

工程造价管理的组织是指为实现工程造价的科学及合理管理而进行有效活动的组织，以及与造价管理功能相关的有机群体。目前，我国建设工程造价管理体系有三大系统：政府行政管理系统、建设工程造价协会管理系统以及企事业单位管理系统，如图1-5所示。

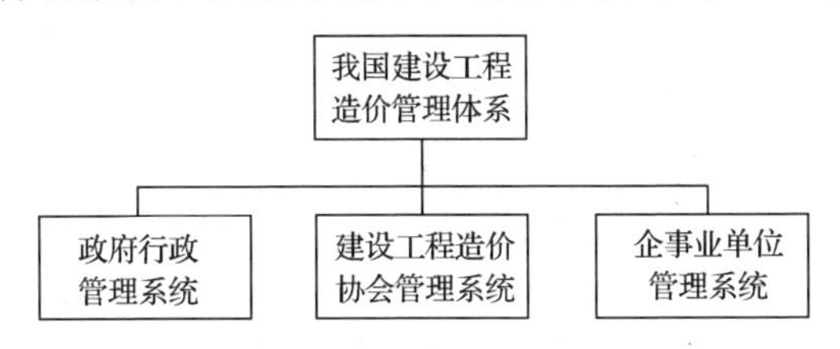

图1-5 我国建设工程造价管理体系

1. 政府行政管理系统

政府在工程造价管理中既是宏观管理主体，也是政府投资的微观管理主体。从宏观管理角度来讲，政府对工程造价管理有一个严密的组织系统，设置了多层次管理机构，规定了管理权限和职责范围。各级政府工程造价管理系统见表1-3。

表 1-3　　各级政府工程造价管理系统

级别	管理机构	职责范围	归口单位
第一级	中华人民共和国住房和城乡建设部	全国建设工程造价的管理	标准定额司
第二级	各省、自治区、直辖市的建设厅(局、委)	本省建设工程造价的管理	建设工程造价管理总站
第三级	地、市的建设行政部门	本市建设工程造价的管理	建设工程造价管理站
第四级	县级建设行政部门	本县建设工程造价的管理	建设工程造价管理科

2. 建设工程造价协会管理系统

中国建设工程造价管理协会及各省、自治区、直辖市建设工程造价管理协会和地、市、州的建设工程造价管理协会由从事建设工程造价管理及工程造价服务的单位组成，经建设部门同意，民政部门核准登记注册的非营利性民间社会组织，属于行业组织，对造价行为进行自律性管理。

3. 企事业单位管理系统

企事业单位对工程造价的管理属微观管理的范畴，是各个与建设工程造价有关的单位在不同的建设阶段对工程造价的管理，包括建设单位、设计单位、施工承包人的工程造价管理部门以及工程造价中介服务机构。

1.2 工程造价的构成

工程造价的构成

工程造价的构成

建设项目投资是指在工程项目建设阶段所需全部费用的总和。我国现行生产性建设项目总投资包括建设投资、建设期贷款利息和流动资产投资三部分；非生产性建设项目总投资包括建设投资和建设期贷款利息两部分，其和对应于固定资产投资。固定资产投资与建设项目的工程造价在量上是相等的。

建设投资包括工程费用、工程建设其他费用和预备费三部分。工程费用是指直接构成固定资产实体的各种费用，包括设备及工器具购置费和建筑安装工程费用；工程建设其他费用是指根据国家有关规定应在投资中支付，并列入建设工程总造价或单项工程造价的费用；预备费是指为了保证工程项目的顺利进行，避免在难以预料的情况下投资不足而预先安排的一笔费用。我国现行工程造价的具体构成如图 1-6 所示。

【例 1-1】 某建设项目投资构成中，设备购置费 2 000 万元，工器具及生产家具购置费 300 万元，建筑工程费 900 万元，安装工程费 600 万元，工程建设其他费用 300 万元，基本预备费 200 万元，价差预备费 400 万元，建设期贷款 3 000 万元，应计利息 150 万元，流动资金 600 万元，则该项目的工程造价为多少？

【解】 按我国目前的规定，工程总投资由固定资产投资和流动资产投资组成，其中固定资产投资即通常所说的工程造价，流动资产投资即流动资金。所有工程造价中不含流动资金部分，另外，建设期贷款不属于工程造价。则工程造价为

$$2\,000+300+900+600+300+200+400+150=4\,850 \text{ 万元}$$

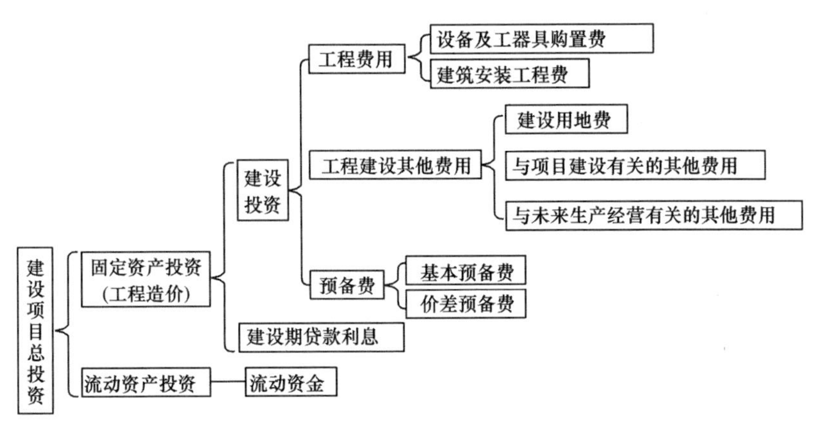

图 1-6 我国现行工程造价的具体构成

1.3 设备及工器具购置费的构成

设备及工器具购置费由设备购置费和工器具及生产家具购置费两部分构成。在生产性工程建设中,设备及工器具购置费占工程造价的比例愈大,意味着生产力和资本有机构成的提高愈多,所以,设备及工器具购置费是固定资产投资中的积极部分。

设备及工器具购置费的构成(1)

1.3.1 设备购置费的构成及计算

设备购置费是指为建设工程购置或自制的达到固定资产标准的设备、工具、器具的费用。所谓固定资产标准,是指使用年限在一年以上,单位价值在国家或各级主管部门规定的限额以上。新建项目和扩建项目的新建车间购置或自制的全部设备、工具、器具,不论是否达到固定资产标准,均计入设备、工器具购置费中。

设备购置费包括设备原价和设备运杂费,计算公式为

$$设备购置费=设备原价+设备运杂费 \tag{1-1}$$

式中,设备原价系指国产标准设备、非标准设备的原价或进口设备原价;设备运杂费系指设备原价的包装和包装材料费、运费、装卸费、采购费及仓库保管费、供销部门手续费等。

1. 国产设备原价的构成及其计算

国产设备原价分为国产标准设备原价和国产非标准设备原价,其构成及确定方法见表 1-4。

表 1-4 国产设备原价的构成及确定方法

设备类型	特点	费用构成	确定方法
国产标准设备	按标准图纸和技术要求,批量生产,符合国家质检标准	设备制造厂的交货价,即出厂价。计算时采用带有备件的原价	根据生产厂或供应商的询价、报价、合同价确定
国产非标准设备	国家尚无定型标准,不可能批量生产,只能一次订货,根据具体的图纸制造	材料费、加工费、辅助材料费、专用工具费、废品损失费、外购配套件费、包装费、利润、税金、非标准设备设计费	成本计算估价法、系列设备插入估价法、分部组合估价法、定额估价法

单台国产非标准设备原价可用以下公式表示:

设备及工器具购置费的构成(2)

国产非标准设备原价的计算

单台国产非标准设备原价＝{[(材料费＋加工费＋辅助材料费)×(1＋专用工具费费率)×(1＋废品损失率)＋外购配套件费]×(1＋包装费费率)－外购配套件费}×(1＋利润率)＋销项税金＋外购配套件费＋国产非标准设备设计费　(1-2)

2. 进口设备原价的构成及其计算

进口设备的原价即进口设备抵岸价，是指抵达买方边境港口或边境车站，且交完关税以后的价格。进口设备抵岸价的构成与进口设备的交货类别有关。

(1)进口设备的交货类别

进口设备的交货类别有内陆交货类、目的地交货类、装运港交货类三种，具体含义见表1-5。

表1-5　进口设备的交货类别

交货类别	交货地点	特点	风险分担
内陆交货类	在出口国的内陆某地	在交货地点卖方及时提交合同规定的货物和有关凭证，并承担交货前的一切费用和风险，买方按时接收货物，交付货款，承担接货后的一切费用和风险，并自行办理出口手续并装运出口	买方承担的风险较大
目的地交货类	在进口国的港口或内地	买卖双方承担的责任、费用和风险是以目的地约定交货点为分界线，只有当卖方在交货点将货物置于买方控制下方算交货，方能向买方收取货款	卖方承担的风险较大
装运港交货类	在出口国的装运港	卖方按照约定的时间在装运港交货，只要卖方把合同规定的货物装船后提供货运单据便完成交货任务，并可凭单据收回货款	买卖双方承担的风险基本相当

其中，装运港交货类是我国进口设备采用最多的一种形式，交货价主要有：装运港船上交货价(FOB)，习惯称为离岸价；运费在内价(CFR)；运费、保险费在内价(CIF)，习惯称为抵岸价。其关系如图1-7所示，具体说明见表1-6。

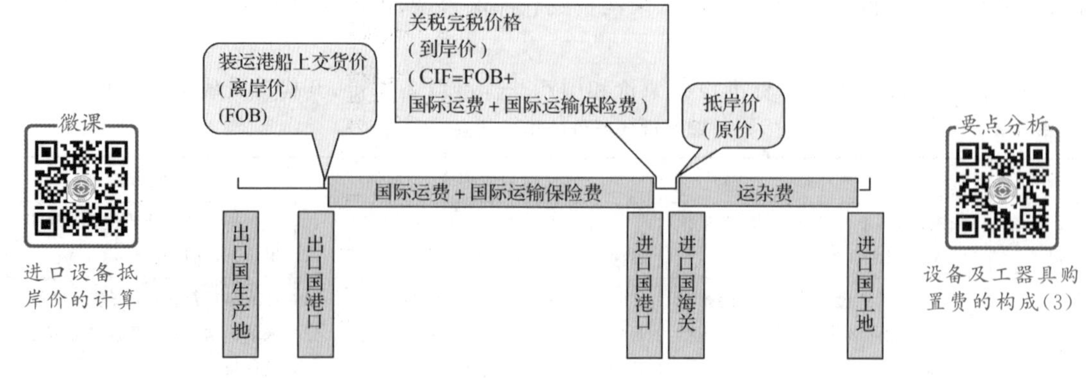

图1-7　离岸价、到岸价、抵岸价关系图

表 1-6　　　　装运港交货类交易价格

交易价格	含义与说明	卖方基本义务	买方基本义务
FOB (离岸价)	装运港船上交货价是指当货物在指定的装运港越过船舷时，卖方即完成交货义务。 费用划分与风险转移以在指定的装运港货物越过船舷时为分界点	①办理出口相关手续； ②定期定港装货上船； ③承担装船前费用和风险； ④提供发票和装运单据	①负责租船订舱，按时派船接货，支付运费，通知卖方； ②承担装船后的费用和风险； ③负责获取进口许可证，办理货物入境手续； ④受领单证，支付货款
CFR (运费在内价)	成本加运费价是指在装运港货物越过船舷，卖方即完成交货，卖方支付运费，交货后的风险和费用，即由卖方转移到买方。 与FOB相比，CFR的费用划分与风险转移的分界点是不一致的	①提供货物，租船订舱，装货上船，支付运费； ②办理出口清关手续，提供出口许可证； ③承担装船前的费用和风险； ④提供运输单据和发票	①承担装船后风险及费用； ②受领货物，办理进口清关手续，交纳进口税； ③受领卖方CFR提供的单证，支付货款
CIF (到岸价)	成本加运费、保险费价(也称到岸价)	除负有与CFR相同的义务外，还应办理货物在运输途中最低险别的海运保险，并应支付保险费	除保险这项义务之外，买方的义务也与CFR相同

(2)进口设备抵岸价的构成

进口设备如果采用装运港船上交货价(FOB)，其抵岸价构成可概括为

$$\text{进口设备抵岸价}=\text{货价}+\text{国际运费}+\text{国际运输保险费}+\text{银行财务费}+\text{外贸手续费}+\text{进口关税}+\text{增值税}+\text{消费税}+\text{车辆购置附加费} \quad (1\text{-}3)$$

或

$$\text{进口设备抵岸价}=\text{CIF}+\text{银行财务费}+\text{外贸手续费}+\text{进口关税}+\text{增值税}+\text{消费税}+\text{车辆购置附加费} \quad (1\text{-}4)$$

式中：

①货价：一般指装运港船上交货价(FOB)。设备货价分为原币货价和人民币货价，原币货价一律折算为美元，人民币货价由原币货价乘以外汇市场美元兑换人民币中间价确定，进口设备货价按有关生产厂商询价、报价、订货合同价计算。

②国际运费：从装运港(站)到达我国抵达港(站)的运费。我国进口设备大部分采用海洋运输，小部分采用铁路运输，个别采用航空运输。

③国际运输保险费：对外贸易货物运输保险是由保险人(保险公司)与被保险人(出口人或进口人)订立保险契约，在被保险人交付议定的保险费后，保险人根据保险契约的规定对货物在运输过程中发生的承保责任范围内的损失给予经济上的补偿，这属于财产保险。

④银行财务费：一般是指中国银行手续费。

⑤外贸手续费：是指按对外经济贸易部规定的外贸手续费费率计取的费用，外贸手续费费率一般取1.5%。

⑥进口关税：关税是由海关对进出国境或关境的货物和物品征收的一种税。进口关税税率分为优惠税率和普通税率两种，普通税率适用于与我国未订有关税互惠条款的贸易条约或协定的国家或地区的进口设备，当进口货物来自与我国签订有关税互惠条款的贸易条约或协定的国家或地区时，按优惠税率征税。进口关税税率按中华人民共和国海关总署发布的进口关税税率计算。

⑦增值税：增值税是我国政府对从事进口贸易的单位和个人，在进口商品报关进口后征收的税种。我国增值税条例规定，进口应纳税产品均按组成计税价格或增值税税率直接计算应纳税额。增值税税率根据规定的税率计算。

⑧消费税：对部分进口设备（如轿车、摩托车等）征收。

⑨车辆购置附加费：进口车辆需缴纳进口车辆购置附加费。

各项具体计算见表1-7。

表1-7　　进口设备原价（抵岸价）的构成及计算

进口设备原价构成		计算公式	备注
到岸价	货价	*FOB*＝原币货价	—
	国际运费	国际运费（海、陆、空）＝原币货价×运费费率 或国际运费（海、陆、空）＝运量×单位运价	海运运费费率取6%，空运运费率取8.5%，铁路运费费率取1%
	国际运输保险费	$\frac{原币货价+国际运费}{1-保险费费率}\times 保险费费率$	保险费费率按保险公司规定的进口货物保险费费率计算
进口从属费	银行财务费	离岸价×人民币外汇汇率×银行财务费费率	费率为0.4%～0.5%
	外贸手续费	到岸价×人民币外汇汇率×外贸手续费费率	费率为1.5%
	进口关税	到岸价×人民币外汇汇率×进口关税税率	进口关税税率一般取1.5%； 到岸价作为关税计征基数时，通常又可称为关税完税价格
	消费税	$\frac{到岸价\times人民币外汇汇率+进口关税}{1-消费税税率}\times 消费税税率$	
	增值税	（关税完税价格＋进口关税＋消费税）×增值税税率	
	车辆购置附加费	（关税完税价格＋进口关税＋消费税）×车辆购置附加费费率	

【例1-2】 某项目进口一批工艺设备，其银行财务费为4.25万元，外贸手续费为18.9万元，关税税率为20%，增值税税率为17%，抵岸价为1 792.19万元，该批设备无消费税，则该批设备的到岸价（CIF）为多少？

【解】 根据式（1-3）：进口设备抵岸价＝货价＋国际运费＋国际运输保险费＋银行财务费＋外贸手续费＋进口关税＋增值税＋消费税＋车辆购置附加费，则

1 792.19＝4.25＋18.9＋CIF＋CIF×20%＋（CIF×20%＋CIF）×17%

1 792.19－4.25－18.9＝CIF＋CIF×20%＋CIF×20%×17%＋CIF×17%

1 792.19－4.25－18.9＝CIF×20%×（1＋17%）＋CIF×（1＋17%）

所以到岸价

CIF＝（1 792.19－4.25－18.9）/（1＋17%）×（1＋20%）＝1 260万元

3. 设备运杂费

（1）设备运杂费的构成

设备运杂费通常由运费和装卸费、包装费、供销部门的手续费、采购与仓库保管费构成。具体构成内容见表1-8。

表 1-8　　设备运杂费的构成

设备运杂费构成	内容
运费和装卸费	国产标准设备是指由设备制造厂交货地点起至工地仓库(或施工组织设计指定的需要安装设备的堆放地点)止所发生的运费和装卸费
	进口设备是指由我国到岸港口、边境车站起至工地仓库(或施工组织设计指定的需要安装设备的堆放地点)止所发生的运费和装卸费
包装费	在设备出厂价格中没有包含的设备包装和包装材料器具费
供销部门的手续费	按有关部门规定的统一费率计算
采购与仓库保管费	指采购、验收、保管和收发设备所发生的各种费用,包括设备采购、保管和管理人员的工资、工资附加费、办公费、差旅交通费,设备供应部门办公和仓库所占固定资产使用费、工具用具使用费、劳动保护费、检验试验费等。可按主管部门规定的采购及保管费费率计算

(2)设备运杂费的计算

设备运杂费按设备原价乘以设备运杂费费率计算,其计算公式为

设备运杂费=设备原价×设备运杂费费率　　(1-5)

1.3.2　工器具及生产家具购置费的构成及计算

工器具及生产家具购置费是指新建项目或扩建项目初步设计规定所必须购置的不够固定资产标准的设备、仪器、工卡模具、器具、生产家具和备品备件的费用,其一般计算公式为

工器具及生产家具购置费=设备购置费×定额费率　　(1-6)

1.4　建筑安装工程费用的构成

建筑安装工程费用是指建筑安装工程的建设所需的费用,包括建筑工程费用和安装工程费用。要想了解其费用构成,必先了解其对应内容。

1. 建筑工程费用

建筑工程费用包括以下几方面:

(1)各类房屋建筑工程和列入房屋建筑工程预算的供水、供暖、卫生、通风、煤气等设备费用及其装饰、油饰工程的费用,列入建筑工程预算的各种管道、电力、电信的敷设工程的费用。

(2)设备基础、支柱、工作台、烟囱、水塔、水池等建筑工程以及各种炉窑的砌筑工程和金属结构工程的费用。

(3)为施工而进行的场地平整工程和水文地质勘察,原有建筑物和障碍物的拆除以及施工临时用水、电、气、路和完工后的场地清理,环境绿化、美化等工作的费用。

(4)矿井开凿,井巷延伸,露天矿剥离,石油、天然气钻井,修建铁路、公路、桥梁、水库、堤坝、灌渠及防洪等工程的费用。

2. 安装工程费用

安装工程费用包括以下两方面:

（1）生产、动力、起重、运输、传动和医疗、实验等各种需要安装的机械设备的装配费用，与设备相连的工作台、梯子、栏杆等装设工程费用，附属于被安装设备的管线敷设工程费用，以及被安装设备的绝缘、防腐、保温、油漆等工作的材料费和安装费。

（2）为测定安装工程质量，对单台设备进行单机试运转、对系统设备进行系统联动无负荷试运转工作的调试费。

注意　建筑工程费用不仅包括建筑物和构筑物本身的费用，而且还包括使之能够发挥其功能的配套设施及安装的费用；安装工程费用并不是指建筑工程内建筑设备的安装费用。

1.4.1　建筑安装工程费用的内容及构成概述

建筑安装工程费用项目组成

根据住房和城乡建设部、财政部颁布的“关于印发《建筑安装工程费用项目组成》的通知”（建标〔2013〕44 号），我国现行建筑安装工程费用项目按两种不同的方式划分，即按费用构成要素划分和按工程造价形成顺序划分，其具体构成如图 1-8 所示。

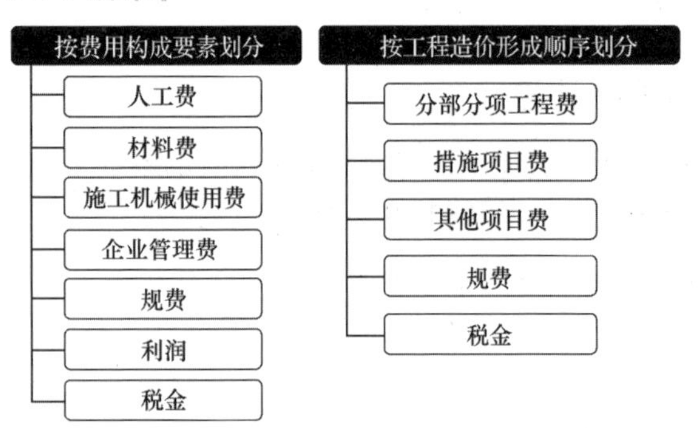

建筑安装工程费用的构成（1）

建筑安装工程费用的构成（2）

建筑安装工程费用的构成（3）

图 1-8　建筑安装工程费用项目的构成

根据《建设工程工程量清单计价规范》（GB 50500—2013）的规定，建设工程发承包及其实施阶段的工程造价（其中主要内容是建筑安装工程费用）由分部分项工程费、措施项目费、其他项目费、规费和税金组成，具体内容将在本书模块 2 中详述。

1.4.2　按费用构成要素划分建筑安装工程费用项目的构成与计算

按费用构成要素划分，建筑安装工程费用包括人工费、材料费（包含工程设备）、施工机具使用费、企业管理费、规费、利润和税金。

1. 人工费

建筑安装工程费中的人工费是指按照工资总额构成规定，支付给直接从事建筑安装工程施工作业的生产工人和附属生产单位工人的各项费用。内容包括计时工资或计件工资、奖金、津贴补贴、加班加点工资、特殊情况下支付的工资。计算人工费的基本要素有两个，即人工工日消耗量和人工日工资单价。

人工费的基本计算公式为

$$人工费=\sum(人工工日消耗量\times人工日工资单价) \tag{1-7}$$

式中：

(1)人工工日消耗量是指在正常施工生产条件下，生产建筑安装产品(分部分项工程或结构构件)必须消耗的某种技术等级的人工工日数量。它由分项工程所综合的各个工序劳动定额包括的基本用工、其他用工两部分组成。

(2)人工日工资单价是指施工企业平均技术熟练程度的生产工人在每工作日(国家法定工作时间内)按规定从事施工作业应得的日工资总额。其构成与主要内容见表1-9。

表1-9　　人工日工资单价的构成与主要内容

构成	主要内容
计时工资或计件工资	按计时工资标准和工作时间或对已做工作按计件单价支付给个人的劳动报酬
奖金	对超额劳动和增收节支支付给个人的劳动报酬。如节约奖、劳动竞赛奖等
津贴、补贴	为了补偿职工特殊或额外的劳动消耗和因其他特殊原因支付给个人的津贴，以及为了保证职工工资水平不受物价影响支付给个人的物价补贴。如流动施工津贴、特殊地区施工津贴、高温(寒)作业临时津贴、高空津贴等
加班加点工资	按规定支付的在法定节假日工作的加班工资和在法定日工作时间外延时工作的加点工资
特殊情况下支付的工资	根据国家法律、法规和政策规定，因病、工伤、产假、计划生育假、婚丧假、事假、探亲假、定期休假、停工学习、执行国家或社会义务等原因按计时工资标准或计时工资标准的一定比例支付的工资

2.材料费

建筑安装工程费中的材料费是指工程施工过程中耗费的各种原材料、辅助材料、构配件、零件、半成品或成品、工程设备的费用。包括材料原价、运杂费、运输损耗费、采购及保管费。计算材料费的基本要素是材料消耗量和材料单价。

材料费的基本计算公式为

$$材料费=\sum(材料消耗量\times材料单价) \tag{1-8}$$

$$材料单价=(材料原价+运杂费)\times[1+运输损耗率(\%)]\times[1+采购及保管费费率(\%)] \tag{1-9}$$

(1)材料消耗量：是指在合理使用材料的条件下，生产建筑安装产品(分部分项工程或结构构件)必须消耗的一定品种、规格的原材料、辅助材料、构配件、零件、半成品或成品等的数量。它包括材料净用量和材料不可避免的损耗量。

(2)材料单价：是指建筑材料从其来源地运至工地仓库直至出库形成的综合平均单价。其构成与内容见表1-10。

表1-10　　材料单价的构成与主要内容

材料单价的构成	主要内容
材料原价	材料、工程设备的出厂价格或商家供应价格
运杂费	材料、工程设备自来源地运至工地仓库或指定堆放地点所产生的全部费用
运输损耗费	材料在运输、装卸过程中不可避免的损耗所产生的费用
采购及保管费	指为组织采购、供应和保管材料过程中所需的各项费用。包括采购费、仓储费、工地保管费、仓储损耗费

注：当一般纳税人采用一般计税方法时，材料单价中的材料原价、运杂费等均应扣除增值税进项税额。

工程设备是指构成或计划构成永久工程一部分的机电设备、金属结构设备、仪器装置及其他

类似的设备和装置。工程设备费的基本计算公式为

$$工程设备费=\sum(工程设备量\times工程设备单价) \tag{1-10}$$

$$工程设备单价=(设备原价+运杂费)\times[1+采购及保管费费率(\%)] \tag{1-11}$$

3. 施工机具使用费

建筑安装工程费中的施工机具使用费是指施工作业所发生的施工机械、仪器仪表使用费或其租赁费。

(1)施工施工机具费:其基本要素是施工机械台班消耗量和施工机械台班单价,以施工机械台班消耗量乘以施工机械台班单价表示,即

$$施工施工机具费=\sum(施工机械台班消耗量\times施工机械台班单价) \tag{1-12}$$

式中:

①施工机械台班消耗量是指在正常施工生产条件下,生产单位假定建筑安装产品必须消耗的某类某种型号施工机械的台班数量。

②施工机械台班单价其内容包括折旧费、检修费、维护费、安拆费及场外运费、人工费、燃料动力费和其他费用。具体内容见表 1-11。

表 1-11　　施工机械台班单价的各项费用

费用类别	费用构成	含义说明
第一类费用(不变费用)属于分摊性质的费用	折旧费	是指施工机械在规定的使用期限(即耐用总台数)内,陆续收回其原值的费用
	检修费	是指施工机械在规定的耐用总台班内,按规定的检修间隔进行必要的检修,以恢复其正常功能所需的费用
	维护费	是指施工机械在规定的耐用总台班内,按规定的维护间隔进行各级维护和临时故障排除所需的费用
	安拆费及场外运费	安拆费是指施工机械在现场进行安装与拆卸所需的人工、材料、机械和试运转费用以及机械辅助设施的折旧、搭设、拆除等费用。 场外运费指施工机械整体或分体自停放地点运至施工现场或由一施工地点运至另一施工地点的运输、装卸、辅助材料以及架线费用
第二类费用(可变费用)属于支出性质的费用	燃料动力费	是指机械在运转施工作业中所耗用的燃料及水、电等费用
	人工费	是指机上司机(司炉)和其他操作人员的工作日人工费及上述人员在机械规定的年工作台班以外的人工费
	其他费用	是指施工机械按照国家规定应缴纳的车船税、保险费及检测费等

(2)仪器仪表使用费:指工程施工所需使用的仪器仪表的摊销及维修费用。其基本计算公式为

$$仪器仪表使用费=\sum(仪器仪表台班消耗量\times仪器仪表台班单价) \tag{1-13}$$

仪器仪表台班单价通常由折旧费、维护费、校验费和动力费组成。

当一般纳税人采用一般计税方法时,施工机械台班单价和仪器仪表台班单价中的相关子项均需扣除增值税进项税额。

4. 企业管理费

企业管理费是指建筑安装企业组织施工生产和经营管理所需的费用。其构成如图 1-9 所

示，由 14 项费用组成，具体介绍如下：

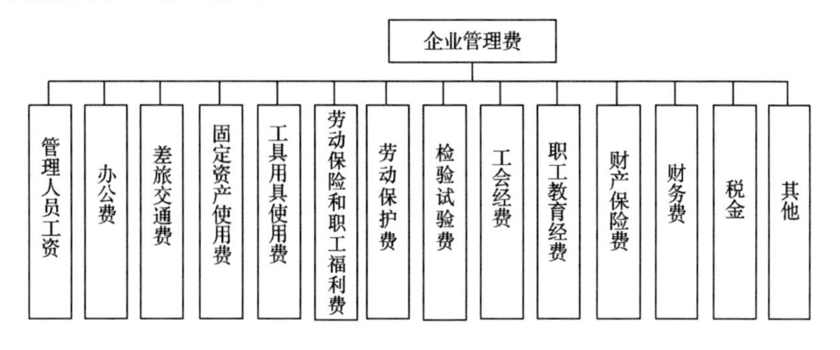

图 1-9　企业管理费的构成

(1)管理人员工资：是指按规定支付给管理人员的计时工资、奖金、津贴补贴、加班加点工资及特殊情况下支付的工资等。

(2)办公费：是指企业管理办公用的文具、纸张、账表、印刷、邮电、书报、办公软件、现场监控、会议、水电、烧水和集体取暖降温(包括现场临时宿舍取暖降温)等费用。当一般纳税人采用一般计税方法时，办公费中增值税进项税额的抵扣原则：以购进货物适用的相应税率扣减，其中购进自来水、暖气和冷气、图书、报纸、杂志等适用的税率为 10%，接受邮政和基础电信服务等适用的税率为 10%，接受增值电信服务等适用的税率为 6%，其他一般为 16%。

(3)差旅交通费：是指职工因公出差、调动工作的差旅费和住勤补助费，市内交通费和午餐补助费，职工探亲路费，劳动力招募费，职工退休、退职一次性路费，工伤人员就医路费，工地转移费以及管理部门使用的交通工具的油料、燃料等费用。

(4)固定资产使用费：是指管理和试验部门及附属生产单位使用的属于固定资产的房屋、设备、仪器等的折旧、大修、维修或租赁费。当一般纳税人采用一般计税方法时，固定资产使用费中增值税进项税额的抵扣原则：2016 年 5 月 1 日后以直接购买、接受捐赠、接受投资入股、自建以及抵债等各种形式取得并在会计制度上按固定资产核算的不动产或者在 2016 年 5 月 1 日后取得的不动产在建工程，其进项税额应自取得之日起分两年扣减，第一年抵扣比例为 60%，第二年抵扣比例为 40%。设备、仪器的折旧、大修、维修或租赁费以购进货物、接受修理修配劳务或租赁有形动产服务适用的税率扣减，均为 16%。

(5)工具用具使用费：是指企业施工生产和管理使用的不属于固定资产的工具、器具、家具、交通工具和检验、试验、测绘、消防用具等的购置、维修和摊销费。当一般纳税人采用一般计税方法时，工具用具使用费中增值税进项税额的抵扣原则：以购进货物或接受修理修配劳务适用的税率扣减，均为 16%。

(6)劳动保险和职工福利费：是指由企业支付的职工退职金，按规定支付给离休干部的经费，集体福利费，夏季防暑降温、冬季取暖补贴，上下班交通补贴等。

(7)劳动保护费：是指企业按规定发放的劳动保护用品的支出。如工作服、手套、防暑降温饮料以及在有碍身体健康的环境中施工的保健费用等。

(8)检验试验费：是指施工企业按照有关标准规定，对建筑以及材料、构件和建筑安装物进行一般鉴定、检查所发生的费用，包括自设试验室进行试验所耗用的材料等费用。不包括新结构、新材料的试验费，对构件做破坏性试验及其他特殊要求检验试验的费用和建设单位委托检测机构进行检测的费用，对此类检测发生的费用，由建设单位在工程建设其他费用中列支。但对施工企业提供的具有合格证明的材料进行检测不合格的，该检测费用由施工企业支付。当一般纳税人采用一般计税方法时，检验试验费中增值税进项税额现代服务业以适用税率的6%扣减。

(9)工会经费：是指企业按《工会法》规定的全部职工工资总额比例计提的工会经费。

(10)职工教育经费：是指按职工工资总额的规定比例计提，企业为职工进行专业技术和职业技能培训，专业技术人员继续教育、职工职业技能鉴定、职业资格认定以及根据需要对职工进行各类文化教育所发生的费用。

(11)财产保险费：是指施工管理用财产、车辆等的保险费用。

(12)财务费：是指企业为施工生产筹集资金或提供预付款担保、履约担保、职工工资支付担保等所发生的各种费用。

(13)税金：是指企业按规定缴纳的房产税、车船使用税、土地使用税、印花税等。

(14)其他：包括技术转让费、技术开发费、投标费、业务招待费、绿化费、广告费、公证费、法律顾问费、审计费、咨询费、保险费等。

企业管理费的基本计算公式为

$$企业管理费=计算基础\times企业管理费费率 \tag{1-14}$$

企业管理费费率按其取费基数的不同分为三种，见表1-12。

表1-12　企业管理费费率

序号	计算基础（取费基数）	企业管理费费率
1	分部分项工程费	$\frac{生产工人年平均管理费}{年有效施工天数\times人工单价}\times人工费占分部分项工程费比例(\%)$
2	人工费和机械费合计	$\frac{生产工人年平均管理费}{年有效施工天数\times(人工单价-每一工日施工机具费)}\times100\%$
3	人工费合计	$\frac{生产工人年平均管理费}{年有效施工天数\times人工单价}\times100\%$

注：上述公式适用于施工企业投标报价时自主确定企业管理费，是工程造价管理机构编制计价定额、确定企业管理费的参考依据。

5.规费

规费是指按国家法律、法规规定，由省级政府和省级有关权力部门规定必须缴纳或计取的费用。如图1-10所示，它由三部分构成，包括：

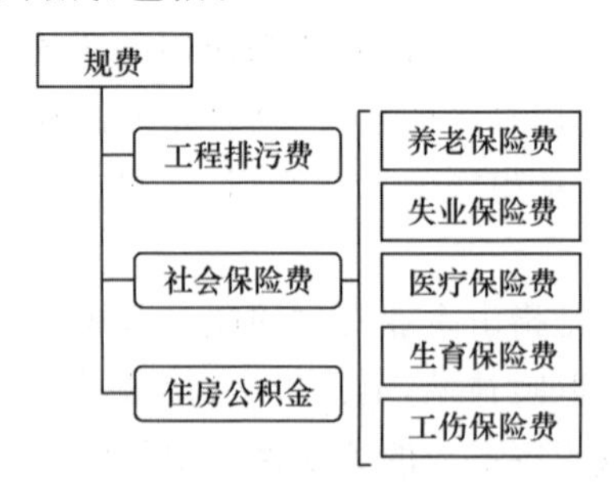

图1-10　规费的构成

(1)工程排污费：是指按照规定标准缴纳的施工现场工程排污费。

(2)社会保险费

①养老保险费：是指企业按照规定标准为职工缴纳的基本养老保险费。

②失业保险费：是指企业按照规定标准为职工缴纳的失业保险费。

③医疗保险费:是指企业按照规定标准为职工缴纳的基本医疗保险费。

④生育保险费:是指企业按照规定标准为职工缴纳的生育保险费。

⑤工伤保险费:是指企业按照规定标准为职工缴纳的工伤保险费。

(3)住房公积金:是指企业按照规定标准为职工缴纳的住房公积金。

规费的计算说明如下:

(1)社会保险费和住房公积金应以定额人工费为计算基础,根据工程所在地的省、自治区、直辖市或行业建设主管部门规定费率计算,其计算公式为

$$社会保险费和住房公积金 = \sum(工程定额人工费 \times 社会保险费和住房公积金费率) \quad (1\text{-}15)$$

式中,社会保险费和住房公积金费率可以每万元发承包价的生产工人人工费和管理人员工资含量与工程所在地规定的缴纳标准综合分析取定。

(2)工程排污费等其他应列而未列入的规费应按工程所在地环境保护等部门规定的标准缴纳,按实计取列入。

6. 利润

利润是指施工企业完成所承包工程获得的盈利。施工企业应根据企业自身需求并结合建筑市场实际自主确定,列入报价(分部分项工程和措施项目)中。

7. 税金

建筑安装工程费用中的税金是指按照国家税法规定的应计入建筑安装工程造价内的增值税额,按税前造价乘以增值税税率确定。税前造价为人工费、材料费、施工机具使用费、企业管理费、利润和规费之和,增值税税率随计税方法不同而不同,具体见表 1-13。

增值税税率表

表 1-13 增值税的计算

计税方法	计税基数	增值税税率	计算公式
一般计税方法	以不包含增值税可抵扣进项税额的价格计算的税前造价	9%	增值税=税前造价×9%
简易计税方法	以包含增值税进项税额的含税价格计算的税前造价	3%	增值税=税前造价×3%

根据《营业税改征增值税试点有关事项的规定》以及《营业税改征增值税试点实施办法》的规定,简易计税方法主要适用于以下几种情况:

(1)小规模纳税人发生应税行为适用简易计税方法计税。小规模纳税人通常是指纳税人提供建筑服务的年应征增值税销售额未超过 500 万元,并且会计核算不健全,不能按规定报送有关税务资料的增值税纳税人。年应税销售额超过 500 万元,但不经常发生应税行为的单位也可选择按照小规模纳税人计税。

(2)一般纳税人以清包工方式提供的建筑服务,可以选择适用简易计税方法计税。以清包工方式提供建筑服务,是指施工方不采购建筑工程所需的材料或只采购辅助材料,并收取人工费、管理费或者其他费用的建筑服务。

(3)一般纳税人为甲供工程提供的建筑服务,就可以选择简易计税方法计税。甲供工程,是指全部或部分设备、材料、动力由工程发包人自行采购的建筑工程。

(4)一般纳税人为建筑工程老项目提供的建筑服务,可以选择简易计税方法计税。建筑工程老项目是指"建筑工程施工许可证"注明的合同开工日期在 2016 年 4 月 30 日前的建筑工程项目;或未取得"建筑工程施工许可证"的,建筑工程承包合同注明的开工日期在 2016 年 4 月 30 日前的建筑工程项目。

1.4.3 按工程造价形成顺序划分建筑安装工程费用项目的构成与计算

按工程造价形成顺序划分，建筑安装工程费由分部分项工程费、措施项目费、其他项目费、规费、税金组成。其中，分部分项工程费、措施项目费、其他项目费包含人工费、材料费、施工机具使用费、企业管理费和利润。

1. 分部分项工程费

分部分项工程费是指各专业工程的分部分项工程应予列支的各项费用。

建筑安装工程费用的构成(4)

(1)专业工程

专业工程是指按现行国家计量规范划分的房屋建筑与装饰工程、仿古建筑工程、通用安装工程、市政工程、园林绿化工程、矿山工程、构筑物工程、城市轨道交通工程、爆破工程等。

(2)分部分项工程

分部分项工程是指按现行国家计量规范对各专业工程划分的项目。如房屋建筑与装饰工程划分的土石方工程、地基处理与桩基工程、砌筑工程、钢筋及钢筋混凝土工程等。

各类专业工程的分部分项工程划分见国家或行业计量规范。

分部分项工程费通常用分部分项工程量乘以综合单价进行计算，其计算公式为

$$分部分项工程费=\sum(分部分项工程量\times 综合单价) \tag{1-16}$$

式中，综合单价包括人工费、材料费、施工机具使用费、企业管理费和利润，以及一定范围的风险费用。

2. 措施项目费

(1)措施项目费的组成

措施项目费是指为完成建设工程施工，发生于该工程施工前和施工过程中的技术、生活、安全、环境保护等方面的费用。其内容包括：

①安全文明施工费：是指工程施工期间按照国家现行的环境保护、建筑施工安全、施工现场环境与卫生标准和有关规定，购置和更新施工安全防护用具及设施、改善安全生产条件和作业环境所需要的费用。通常由环境保护费、文明施工费、安全施工费、临时设施费组成。

- 环境保护费：是指施工现场为达到环保部门要求所需要的各项费用。
- 文明施工费：是指施工现场文明施工所需要的各项费用。
- 安全施工费：是指施工现场安全施工所需要的各项费用。
- 临时设施费：是指施工企业为进行建设工程施工所必须搭设的生活和生产用的临时建筑物、构筑物和其他临时设施费用。包括临时设施的搭设、维修、拆除、清理费或摊销等。

②夜间施工增加费：是指因夜间施工所发生的夜班补助费、夜间施工降效、夜间施工照明设备摊销及照明用电等费用。

③非夜间施工照明费：是指为保证工程施工正常进行，在地下室等特殊施工部位施工时所采用的照明设备的安拆、维护及照明用电等费用。

④二次搬运费：是指因施工场地条件限制而发生的材料、构配件、半成品等一次运输不能到达堆放地点，必须进行二次或多次搬运所发生的费用。

⑤冬雨季施工增加费：是指在冬季或雨季施工需增加的临时设施、防滑、排除雨雪，人工及施工机具效率降低等费用。

⑥地上、地下设施及建筑物的临时保护设施费：是指在工程施工过程中，对已建成的地上、地下设施和建筑物进行的遮盖、封闭、隔离等必要保护措施所发生的费用。

⑦已完工程及设备保护费：是指竣工验收前，对已完工程及设备采取的覆盖、包裹、封闭、隔离等必要保护措施所发生的费用。

⑧脚手架工程费：是指施工需要的各种脚手架搭、拆、运费用以及脚手架购置费的摊销（或租赁）费用。

⑨混凝土模板及支架（撑）费：是指混凝土施工过程中需要的各种钢模板、木模板、支架等的支拆、运费用及模板、支架的摊销（或租赁）费用。

⑩垂直运费：是指现场所用材料、机具从地面运至相应高度以及职工人员上下工作面等所发生的运费用。

⑪超高施工增加费：当单层建筑物檐口高度超过 20 m、多层建筑物超过 6 层时，可计算超高施工增加费。

⑫大型机械设备进出场及安拆费：是指机械整体或分体自停放场地运至施工现场或由一个施工地点运至另一个施工地点，所发生的机械进出场运输及转移费用及机械在施工现场进行安装、拆卸所需的人工费、材料费、机械费、试运转费和安装所需的辅助设施的费用。

⑬施工排水、降水费：是指将施工期间有碍施工作业和影响工程质量的水排到施工场地以外，以及防止在地下水位较高的地区开挖深基坑出现基坑浸水，地基承载力下降，在动水压力作用下还可能引起流沙、管涌和边坡失稳等现象而必须采取有效的降水和排水措施费用。

⑭其他：根据项目的专业特点或所在地区不同，可能会出现其他的措施项目。如工程定位复测费和特殊地区施工增加费等。

措施项目及其包含的内容详见各类专业工程的现行国家或行业计量规范。

（2）措施项目费的计算

按照有关专业计量规范规定，措施项目分为应予计量的措施项目和不宜计量的措施项目两类。

①应予计量的措施项目。基本与分部分项工程费的计算方法相同，其计算公式为

$$\text{措施项目费} = \sum(\text{措施项目工程量} \times \text{综合单价}) \tag{1-17}$$

不同的措施项目其工程量的计算单位是不同的，分列如下：

- 脚手架工程费通常按建筑面积或垂直投影面积以 m^2 为单位计算。
- 混凝土模板及支架（撑）费通常是按照模板与现浇混凝土构件的接触面积以 m^2 为单位计算。
- 垂直运费可根据需要用两种方法进行计算：一是按照建筑面积以 m^2 为单位计算；二是按照施工工期日历天数以天为单位计算。
- 超高施工增加费通常按照建筑物超高部分的建筑面积以 m^2 为单位计算。
- 大型机械设备进出场及安拆费通常按照机械设备的使用数量以台次为单位计算。
- 施工排水、降水费分两个不同的独立部分计算：一是成井费用，通常按照设计图示尺寸以钻孔深度按 m 计算；二是排水、降水费用，通常按照排、降水日历天数按昼夜计算。

②不宜计量的措施项目。对于不宜计量的措施项目，通常用计算基数乘以费率的方法予以计算。其计算公式为

$$\text{措施项目费} = \text{计算基数} \times \text{措施项目费费率}(\%) \tag{1-18}$$

不宜计量的措施项目的计算基数与费率见表 1-14。

表 1-14　　不宜计量的措施项目的计算基数与费率

措施项目	计算基数	相应费率
安全文明施工费	定额基价(定额分部分项工程费+定额中可以计量的措施项目费)或定额人工费或定额人工费+定额机械费	安全文明施工费费率(%) 由工程造价管理机构根据各专业工程的特点综合确定
夜间施工增加费 非夜间施工照明费 二次搬运费 冬雨季施工增加费 地上、地下设施,建筑物的临时保护设施费 已完工程及设备保护费等	定额人工费或定额人工费+定额机械费	措施项目费费率(%) 由工程造价管理机构根据各专业工程的特点和调查资料综合分析后确定

3. 其他项目费

(1)暂列金额

暂列金额是指建设单位在工程量清单中暂定并包括在工程合同价款中的一笔款项。用于施工合同签订时尚未确定或者不可预见的所需材料、工程设备、服务的采购,施工中可能发生的工程变更、合同约定调整因素出现时的工程价款调整以及发生的索赔、现场签证确认等的费用。由建设单位根据工程特点,按有关计价规定估算,施工过程中由建设单位掌握使用,扣除合同价款调整后如有余额,归建设单位。

(2)计日工

计日工是指在施工过程中,施工企业完成建设单位提出的施工图以外的零星项目或工作所需的费用。由建设单位和施工企业按施工过程中的签证计价。

(3)总承包服务费

总承包服务费是指总承包人为配合、协调建设单位进行的专业工程发包,对建设单位自行采购的材料、工程设备等进行保管以及施工现场管理、竣工资料汇总整理等服务所需的费用。由建设单位在最高投标限价中根据总包服务范围和有关计价规定编制,施工企业投标时自主报价,施工过程中按签约合同价执行。

1.5 工程建设其他费用的构成

要点分析

工程建设其他费用的构成(1)

工程建设其他费用是指应在建设项目的建设投资中支出的,从工程筹建起到工程竣工验收交付使用止的整个建设期间,除建筑安装工程费用和设备及工器具购置费用以外的,为保证工程建设顺利完成和交付使用后能够正常发挥效用而发生的各项费用。它包括建设用地费、与项目建设有关的其他费用、与未来生产经营有关的其他费用三部分,如图 1-11 所示。

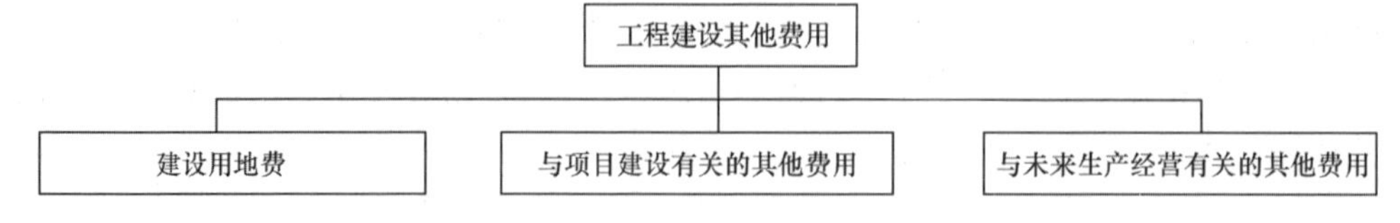

图 1-11　工程建设其他费用的构成

1.5.1 建设用地费

任何一个建设项目都固定于一定地点与地面相连接，必须占用一定量的土地，也就必然要发生为获得建设用地而支付的费用，这就是建设用地费。它是指为获得工程项目建设土地的使用权而在建设期内发生的各项费用，包括通过划拨方式取得土地使用权而支付的土地征用及迁移补偿费，或者通过土地使用权出让方式取得土地使用权而支付的土地使用权出让金。

1. 建设用地取得的基本方式

建设用地的取得，实质是依法获取国有土地的使用权。《中华人民共和国城市房地产管理法》规定，获取国有土地使用权的基本方式有两种：一是出让方式，二是划拨方式。建设土地取得的其他方式还包括租赁和转让方式。

(1)通过出让方式获取国有土地使用权

国有土地使用权出让是指国家将国有土地使用权在一定年限内出让给土地使用者，由土地使用者向国家支付土地使用权出让金的行为。

(2)通过划拨方式获取国有土地使用权

国有土地使用权划拨是指县级以上人民政府依法批准，在土地使用者缴纳补偿、安置等费用后将该幅土地交付其使用，或者将土地使用权无偿交付给土地使用者使用的行为。

国有土地使用权的获取方式见表 1-15。

表 1-15　　国有土地使用权的获取方式

基本方式	适用范围	备注说明
出让(投标、竞拍、挂牌和协议)	工业(包括仓储用地，但不包括采矿用地)、商业、旅游、娱乐和商品住宅等各类经营性用地	同一宗地有两个以上意向用地者的，也应当采用招标、拍卖或者挂牌方式出让；以协议方式出让国有土地使用权的，出让金不得低于按国家规定所确定的最低价
划拨	国家机关和军事用地，城市基础设施和公益事业用地，国家重点扶持的能源、交通、水利等基础设施用地	依法以划拨方式取得土地使用权的，除法律、行政法规另有规定外，没有使用期限的限制

2. 建设用地取得的费用

建设用地若通过行政划拨方式取得，则须承担征地补偿费用或对原用地单位或个人的拆迁补偿费用；若通过市场机制取得，则不但承担以上费用，还须向土地所有者支付有偿使用费，即土地出让金。

(1)征地补偿费用

征地补偿费用由以下几个部分构成：

①土地补偿费。土地补偿费是对农村集体经济组织因土地被征用而造成的经济损失的一种补偿。征用耕地的补偿费，为该耕地被征前三年平均年产值的 6～10 倍。征用其他土地的补偿费标准，由省、自治区、直辖市参照征用耕地的补偿费标准规定。土地补偿费归农村集体经济组织所有。

②青苗补偿费和地上附着物补偿费。青苗补偿费是因征地时对其正在生长的农作物受到损害而做出的一种赔偿。地上附着物是指房屋、水井、树木、涵洞、桥梁、公路、水利设施、林木等地面建筑物、构筑物、附着物等。其补偿标准由省(自治区、直辖市)规定。

③安置补助费。安置补助费应支付给被征地单位和需要安置劳动力的单位，作为劳动力安

置与培训的支出，以及不能就业人员的生活补助。每一个需要安置的农业人口的安置补助费标准，为该耕地被征收前三年平均年产值的4～6倍。但是，每公顷被征收耕地的安置补助费，最高不得超过被征收前三年平均年产值的15倍。

④新菜地开发建设基金。新菜地开发建设基金是指征用城市郊区商品菜地时支付的费用。这项费用交给地方财政，作为开发建设新菜地的投资。菜地是指城市郊区为供应城市居民蔬菜，连续三年以上常年种菜的商品菜地或者养殖鱼、虾等的精养鱼塘。

⑤耕地占用税。耕地占用税是对占用耕地建房或者从事其他非农业建设的单位和个人征收的一种税收。耕地是指用于种植农作物的土地。耕地占用税征收范围，不仅包括占用耕地，还包括占用鱼塘、园地、菜地及其农业用地建房或者从事其他非农业建设，均按实际占用的面积和规定的税额一次性征收。

⑥土地管理费。土地管理费主要作为征地工作中所发生的办公、会议、培训、宣传、差旅、借用人员工资等必要的费用。土地管理费的收取标准，一般是在土地补偿费、青苗补偿费和地面附着物补偿费、安置补助费四项费用之和的基础上提取2%～4%。

(2)拆迁补偿费用

在城市规划区内的国有土地上实施房屋拆迁，拆迁人应当对被拆迁人给予补偿、安置。

①拆迁补偿

拆迁补偿的方式可以实行货币补偿，也可以实行房屋产权调换。

货币补偿的金额，根据被拆迁房屋的区位、用途、建筑面积等因素，以房地产市场评估价格确定。具体办法由省(自治区、直辖市)制定。

实行房屋产权调换的，拆迁人与被拆迁人按照计算得到的被拆迁房屋的补偿金额和所调换房屋的价格，结清产权调换的差价。

②搬迁、安置补助费

拆迁人应当对被拆迁人或者房屋承租人支付搬迁补助费，对于在规定的搬迁期限届满前搬迁的，拆迁人可以付给提前搬家奖励费；在过渡期限内，被拆迁人或者房屋承租人自行安排住处的，拆迁人应当支付临时安置补助费；被拆迁人或者房屋承租人使用拆迁人提供的周转房的，拆迁人不支付临时安置补助费。

搬迁补助费和临时安置补助费的标准，由省(自治区、直辖市)制定。

(3)出让金、土地转让金

土地使用权出让金为用地单位向国家支付的土地所有权收益，其标准一般参考城市基准地价并结合其他因素制定。基准地价由市土地管理局会同市物价局、市国有资产管理局、市房地产管理局等部门综合平衡后报市级人民政府审定通过，它以城市土地综合定级为基础，用某一地价或地价幅度表示某一类别用地在某一土地级别范围的地价，以此作为土地使用权出让价格的基础。

1.5.2 与项目建设有关的其他费用

根据项目的不同，与项目建设有关的其他费用的构成也不尽相同，一般包括建设管理费、可行性研究费、研究试验费、勘察设计费等11项费用，具体内容见表1-16。

工程建设其他费用的构成(2)

关于进一步放开建设项目专业服务价格的通知

表 1-16　　与项目建设有关的其他费用的构成

费用构成	含义与计算	包括内容
建设管理费	建设单位为组织完成工程项目建设，在建设期内发生的各类管理性费用。 建设单位管理费＝工程费用×建设单位管理费费率(%) 建设单位管理费费率按照建设项目的不同性质、不同规模确定。 工程监理费按国家规定计算	建设单位管理费和工程监理费
可行性研究费	在建设项目前期工作中，编制和评估项目建议书和可行性研究报告所需的费用。按前期委托合同计算或参照国家有关规定计算	
研究试验费	为建设项目提供或验证设计参数、数据、资料等所进行的必要的研究试验以及设计规定在施工中必须进行的试验、验证所需的费用。 按照设计单位根据本工程项目的需要提出的研究试验内容和要求计算	自行或委托其他部门研究试验所需人工费、材料费、实验设备及仪器使用费等
勘察设计费	指委托勘察设计单位进行工程水文地质勘察、工程设计所发生的费用。 按国家有关规定计算	工程勘察费、初步设计费、施工图设计费和设计模型制作费
环境影响评价费	指按国家有关规定全面、详细评价本建设项目对环境可能产生的污染或造成重大影响所需的费用。 按国家有关规定计算	编制环境影响报告书(或表)、评估环境影响报告书(或表)费
劳动安全卫生评价费	指按国家有关规定，为预测和分析建设项目存在的职业危险、危害因素的种类和危险危害程度，并提出先进、科学、合理可行的劳动安全卫生技术和管理对策所需的费用	编制预评大纲和预评报告书费、工程分析和环境现状调查费
场地准备及临时设施费	(1)场地准备费是指建设项目为达到工程开工条件进行的场地平整和对建设场地余留的有碍于施工建设的设施进行拆除清理的费用。 (2)临时设施费是指为满足施工建设需要而供到场地界区的、未列入工程费用的临时水、电、路、气、通信等其他工程费用和建设单位的现场临时建(构)筑物的搭设、维修、拆除、摊销或建设期间租赁费用，以及施工期间专用公路或桥梁的加固、养护、维修等费用	
	场地准备及临时设施费的计算： (1)场地准备及临时设施应尽量与永久性工程统一考虑。建设场地的大型土石方工程应进入工程费用中的总图运费用中。 (2)新建项目的场地准备和临时设施费应根据实际工程量估算，或按工程费用的比例计算。改扩建项目一般只计拆除清理费。 场地准备和临时设施费＝工程费用×费率(%)＋拆除清理费 (3)发生拆除清理费时可按新建同类工程造价或主材费、设备费的比例计算。凡可回收材料的拆除工程采用以料抵工方式冲抵拆除清理费	
引进技术和引进设备其他费	指为引进技术和进口设备所需，但未计入设备购置费中的费用。包括引进项目图纸资料翻译复制费、备品备件测绘费、出国人员费用、来华人员费用、银行担保及承诺费	
工程保险费	指建设项目在建设期间根据需要对建筑工程、安装工程、机器设备和人身安全进行投保而发生的保险费用	建筑安装工程的一切保险、引进设备财产保险和人身意外伤害险等
特殊设备安全监督检验费	指在施工现场组装的锅炉及压力容器、压力管道、消防设备、燃气设备、电梯等特殊设备和设施，由安全监察部门按照有关安全监察条例和实施细则以及设计技术要求进行安全检验，应由建设项目支付的、向安全监察部门缴纳的费用。 此项费用按照建设项目所在省(自治区、直辖市)安全监察部门的规定标准计算。无具体规定的，在编制投资估算和概算时可按受检设备现场安装费的比例估算	
市政公用设施费	指使用市政公用设施的建设项目，按照项目所在地省一级人民政府有关规定建设或缴纳的费用。 此项费用按工程所在地人民政府规定标准计列	市政公用设施建设配套费用和绿化工程补偿费用

1.5.3 与未来生产经营有关的其他费用

1. 联合试运转费

联合试运转费是指新建项目或新增加生产能力的工程，在交付生产前按照批准的设计文件所规定的工程质量标准和技术要求，进行整个生产线或装置的负荷联合试运转或局部联动试车所发生的费用净支出(试运转支出大于收入的差额部分费用)。

联合试运转中支出的费用包括：试运转所需的原料、燃料、油料和动力的费用，施工机具费用，低值易耗品及其他物品的购置费用和施工单位参加联合试运转人员的工资等。试运转收入包括试运转产品销售和其他收入。

联合试运转费不包括应由设备安装工程费项下开支的单台设备调试费及试车费用，以及在试运转中暴露出来的因施工原因或设备缺陷等所发生问题的处理费用。联合试运转费一般根据不同性质的项目按需要试运转车间的工艺设备购置费的百分比计算。

2. 专利及专有技术使用费

(1)专利及专有技术使用费的主要内容

①国外设计及技术资料费，引进有效专利、专有技术使用费和技术保密费。

②国内有效专利、专有技术使用费。

③商标权、商誉和特许经营权费等。

(2)专利及专有技术使用费的计算

在专利及专有技术使用费计算时应注意以下问题：

①按专利使用许可协议和专有技术使用合同的规定计列。

②专有技术的界定应以省、部级鉴定批准为依据。

③项目投资中只计需在建设期支付的专利及专有技术使用费。协议或合同规定，在生产期支付的使用费应在生产成本中核算。

④一次性支付的商标权、商誉及特许经营权费按协议或合同规定计列。协议或合同规定在生产期支付的商标权或特许经营权费应在生产成本中核算。

⑤为项目配套的专用设施投资，包括专用铁路线、专用公路、专用通信设施、送变电站、地下管道、专用码头等，如由项目建设单位负责投资但产权不归属本单位的，应作为无形资产处理。

3. 生产准备及开办费的内容

(1)生产准备及开办费的定义

生产准备及开办费是指在建设期间内，建设单位为保证正常生产(或营业、使用)而发生的人员培训费、提前进场费以及投产使用必备的生产办公、生活家具用具及工器具等购置费用。

(2)生产准备及开办费的计算

①新建项目以设计定员为基数计算，改扩建项目以新增设计定员为基数计算。

$$生产准备费=设计定员\times生产准备费指标(元/人) \quad (1\text{-}19)$$

②可采用综合的生产准备费指标进行计算。

③按费用内容的分类指标计算。

【例 1-3】 下列属于工程建设其他费用中生产准备及开办费的是(　　)。

A. 特许经营权费　　B. 人员培训及提前进场费

C. 国外设计及技术资料费　　D. 工程监理费

【答案】 B

【解题思路】 本题考核的是与未来生产经营有关的其他费用的构成。其中包括的一项是生产准备及开办费,具体包括:

(1)人员培训费及提前进场费。包括自行组织培训或委托其他单位培训的人员工资、工资性补贴、职工福利费、差旅交通费、劳动保护费、学习资料费等。

(2)为保证初期正常生产(或营业、使用)所必须的生产办公、生活家具用具购置费。

(3)为保证初期正常生产(或营业、使用)所必须的第一套不够固定资产标准的生产工具、器具、用具购置费。不包括备品备件费。

因此,选项B是正确的。选项A、C属于专利及专有技术使用费,选项D属于与建设项目有关的其他费用。

【例1-4】 下列项目中,在计算联合试运转费时需要考虑的费用包括(　　)。

A. 试运转所需原料、动力的费用

B. 单台设备调试费

C. 试运转所需的施工机具费

D. 试运转产品的销售收入

E. 施工单位参加联合试运转人员的工资

【答案】 ACE

【解题思路】 本题考核的是联合试运转费用的构成。联合试运转费是指新建企业或新增加生产工艺过程的扩建企业在竣工验收前,按照设计规定的工程质量标准,整个车间的负荷或无负荷联合试运转发生的费用支出大于试运转收入的亏损部分。试运转支出包括试运转所需原材料、燃料及动力消耗、低值易耗品、其他物料消耗、工具用具使用费、施工机具费、保险金、施工单位参加试运转人员工资以及专家指导费等,因此,正确答案为ACE,选项B属于安装工程费。

1.6 预备费的计算

预备费的计算

预备费包括基本预备费和价差预备费。

1.6.1 基本预备费

1. 基本预备费的概念与内容

基本预备费是指针对项目实施过程中可能发生难以预料的支出而事先预留的费用,又称为工程建设不可预见费,主要指设计变更及施工过程中可能增加工程的费用,基本预备费一般由以下四部分构成,如图1-12所示。

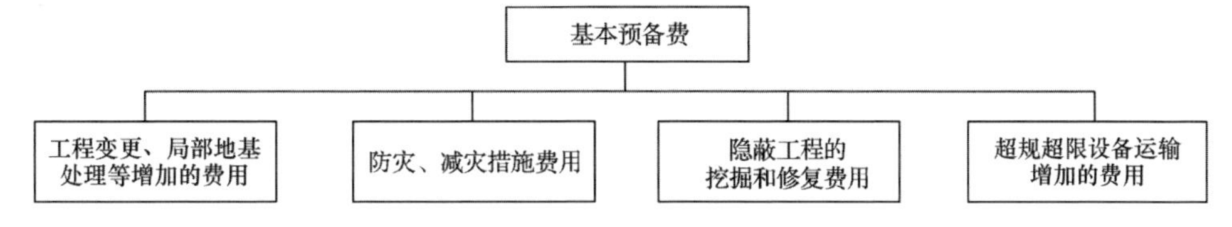

图1-12　基本预备费的构成

（1）在批准的初步设计范围内，技术设计、施工图设计及施工过程中所增加的工程费用；设计变更、工程变更、材料代用、局部地基处理等增加的费用。

（2）一般自然灾害造成的损失和预防自然灾害所采取的措施费用。实行工程保险的工程项目，该费用应适当降低。

（3）竣工验收时为鉴定工程质量对隐蔽工程进行必要的挖掘和修复费用。

（4）超规超限设备运输增加的费用。

基本预备费在实践中一般用于零星设计、施工中的变更、局部地基处理等增加的费用及施工中的技术措施费。

2. 基本预备费的计算

$$基本预备费=工程建设费用\times基本预备费费率(\%) \tag{1-20}$$

式中

$$工程建设费用=设备及工器具购置费+建筑安装工程费+工程建设其他费用 \tag{1-21}$$

基本预备费费率的取值应执行国家及部门的有关规定，不同阶段取值不同，见表 1-17。

表 1-17　基本预备费费率的取值

建设阶段	基本预备费费率
项目建议书阶段和可行性研究阶段	10%～15%
初步设计阶段	7%～10%

1.6.2　价差预备费

1. 价差预备费的概念与内容

价差预备费是指建设项目在建设期间内由于利率、汇率或价格等因素的变化而预留的可能增加的费用，亦称为价格变动不可预见费。

价差预备费的内容包括：人工、设备、材料、施工机具的价差费，建筑安装工程费及工程建设其他费用调整，利率、汇率调整等增加的费用。

2. 价差预备费的计算

价差预备费的测算方法，一般根据国家规定的投资综合价格指数，按估算年份价格水平的投资额为基数，采用复利方法计算。计算公式为

$$PF=\sum_{t=1}^{n}I_t[(1+f)^m(1+f)^{0.5}(1+f)^{t-1}-1] \tag{1-22}$$

式中　PF——价差预备费；

n——建设期年份数；

m——建设前期年限（从编制估算到开工建设，单位：年）；

I_t——建设期中第 t 年的投资计划额（I_t=设备及工器具购置费+建筑安装工程费+工程建设其他费用+基本预备费）；

f——年均投资价格上涨率。

【例 1-5】　某建设项目，经投资估算确定的工程费用与工程建设其他费用合计 2 000 万元，项目建设期为 2 年，每年各完成投资计划 50%。在基本预备费为 5%、年均投资价格上涨率为 10%的情况下，求该建设项目建设期间的价差预备费。

【解】

基本预备费＝2 000×5％＝100 万元

静态投资＝2 000＋100＝2 100 万元

建设期第一、二年完成投资为 2 100×50％＝1 050 万元

$PF_1=I_1[(1+f)(1+f)^{0.5}-1]=1\ 050\times[(1+10\%)\times(1+10\%)^{0.5}-1]=161.37$ 万元

$PF_2=I_2[(1+f)(1+f)^{0.5}(1+f)-1]=1\ 050\times[(1+10\%)\times(1+10\%)^{0.5}\times(1+10\%)-1]=282.51$ 万元

所以，建设期的价差预备费为

$PF=161.37+282.51=443.8$ 万元

【例 1-6】 某建设项目建设期为 3 年，第一年投资 6 400 万元，第二年投资 8 400 万元，第三年投资 3 200 万元，年均投资价格上涨率为 5％，则建设期第一年、第二年的价差预备费合计为多少万元？

【解】 该题考核价差预备费的计算，考核的关键是计算公式。

$PF_1=6\ 400\times[(1+5\%)\times(1+5\%)^{0.5}-1]=485.95$ 万元

$PF_2=8\ 400\times[(1+5\%)^2\times(1+5\%)^{0.5}-1]=1\ 089.70$ 万元

所以第一年、第二年的价差预备费合计为：

$PF_1+PF_2=485.95+1\ 089.70=1\ 575.65$ 万元

建设期贷款利息的计算

1.7 建设期贷款利息的计算

1. 建设期贷款利息的概念

建设期贷款利息是指建设项目向国内银行和其他非银行金融机构贷款、出口信贷、外国政府贷款、国际商业银行贷款以及在境内外发行的债券等所产生的利息。

2. 建设期贷款利息的计算

当贷款在年初一次性贷出且利率固定时，建设期贷款利息的计算公式

$$I=P(1+i)^n-P \tag{1-23}$$

式中 P——一次性贷款数额；

i——年利率；

n——计息期；

I——贷款利息。

当总贷款是分年均衡发放时，建设期贷款利息的计算可按当年借款在年中支用考虑，即当年贷款按半年计息，上年贷款按全年计息。计算公式为

$$q_j=(P_{j-1}+\frac{1}{2}A_j)i \tag{1-24}$$

建设期贷款利息的计算

式中 q_j——建设期第 j 年应计利息；

P_{j-1}——建设期第$(j-1)$年末贷款累计金额与利息累计金额之和；

A_j——建设期第 j 年贷款金额；

i——年利率。

为了简化，建设期贷款利息的计算一般是按当年借款在年中支用考虑，即常用式(1-24)进行计算。

【例 1-7】 某新建项目建设期为 3 年，分年均衡进行贷款，第一年贷款为 300 万元，第二年为 600 万元，第三年 400 万元，年利率为 12%，则建设期贷款利息为多少？

【解】 在建设期，各年利息计算如下：

$$q_1=\frac{1}{2}\cdot A_1 i=1/2\times 300\times 12\%=18\text{ 万元}$$

$$q_2=(P_1+\frac{1}{2}\cdot A_2)i=(300+18+1/2\times 600)\times 12\%=74.16\text{ 万元}$$

$$q_3=(P_2+\frac{1}{2}\cdot A_3)i=(300+18+600+74.16+1/2\times 400)\times 12\%=143.06\text{ 万元}$$

则建设期贷款利息＝18.00＋74.16＋143.06＝235.22 万元

1.8 综合应用案例

【综合案例 1-1】

某进口设备 FOB(装运港船上交货价)为 800 万美元，设备重 350 吨，海运费为 2.5 美元/吨，运输保险费费率为 2.66‰，银行财务手续费费率为 0.5%，外贸手续费费率为 1.5%，关税税率为 20%，增值税税率为 17%，已知设备运杂费费率为 2%，经测算该项目工器具及生产家具购置费为设备费的 10%，求该进口设备购置费及项目的工器具购置费(已知人民币外汇牌价为 1 美元＝6.80 元人民币)。

【案例解析】

设备购置费由设备原价和设备运杂费两部分构成，其中设备原价即进口设备抵岸价是求解的关键。根据进口设备抵岸价公式计算即可，但要注意将进口设备货价单位通过外汇汇率转为人民币。

(1)设备购置费＝设备原价＋设备运杂费(其中设备原价＝进口设备抵岸价)

①货价＝800×6.8＝5 440 万元

②国际运费＝350×2.5×6.8＝5 950 元＝0.595 万元

③运输保险费＝[(5 440＋0.595)/(1－2.66‰)]×2.66‰＝14.51 万元

④银行财务费＝5 440×0.5%＝27.20 万元

⑤外贸手续费＝(5 440＋14.51＋0.595)×1.5%＝81.83 万元

⑥关税＝(5 440＋0.595＋14.51)×20%＝1 091.02 万元

⑦增值税＝(5 440＋0.595＋14.51＋1 091.02)×17%＝1 112.84 万元

⑧设备原价＝进口设备抵岸价＝①＋②＋③＋④＋⑤＋⑥＋⑦＝7 768 万元

⑨设备购置费＝7 768×(1＋2%)＝7 923.36 万元

(2)工器具及生产家具购置费＝7 923.36×10%＝792.34 万元

【综合案例 1-2】

某建设项目，设备购置费为 5 000 万元，工器具及生产家具购置费费率为 5%，建筑安装工程费为 580 万元，工程建设其他费为 150 万元，基本预备费费率为 3%，建设期为 2 年，各年投资比例分别为 40%、60%，建设期内年均投资价格上涨率为 6%，如果 3 000 万元为银行贷款，其余为自有资金，各年贷款比例分别为70%、30%，求建设期价差预备费、建设期贷款利息，假设贷款年利率为10%；项目建设前期年限为1年，如果本工程为鼓励发展的项目，求本工程造价。

【案例解析】

(1)工器具及生产家具购置费＝5 000×5%＝250万元

(2)基本预备费＝(5 000＋250＋580＋150)×3%＝179.40万元

(3)静态投资＝250＋5 000＋580＋150＋179.40＝6 159.40万元

(4)第一年价差预备费＝6 159.40×40%×($1.06\times1.06^{0.5}-1$)＝225.03万元

第二年价差预备费＝6 159.40×60%×($1.06\times1.06^{0.5}\times1.06-1$)＝579.54万元

建设期价差预备费＝225.03＋579.54＝804.57万元

(5)第一年贷款利息＝3 000×70%×1/2×10%＝105万元

第二年贷款利息＝(3 000×70%＋105＋3 000×30%×1/2)×10%＝265.50万元

建设期贷款利息＝105＋265.50＝370.50万元

工程造价＝设备及工器具购置费＋建筑安装工程费用＋工程建设其他费用＋预备费＋建设期贷款利息

＝6 159.40＋804.57＋370.50＝7 334.47万元

【综合案例1-3】

某建筑大学实训中心拟建一栋实训楼，该楼一层为数控车间，二至三层为工程造价工作室。建筑面积为1 500 m^2。根据扩大初步设计图纸计算出该实训楼分部分项工程费合计为9 358.42万元，其中人工费为1 570万元，其他项目费为125万元。按照住房和城乡建设部、财政部“关于印发《建筑安装工程费用项目组成》的通知”(建标〔2013〕44号)文件的费用组成，各项费用现行费率分别为：措施项目费按标准计费费率为9%，规费费率为5%，利润率为18%，税率为3.48%。

试根据建标〔2013〕44号文件的取费程序和所给费率，以分部分项工程费为基础计算措施项目费，以人工费为基础计算规费，编制土建单位工程概算书。

【案例解析】

根据建标〔2013〕44号文件和背景材料给定费率，列表计算土建单位工程概算造价，具体过程见表1-18。

表1-18　　某建筑大学实训楼土建单位工程概算费用计算表

序号	费用名称	费用计算表达式	费用	备注
1	分部分项工程费	分部分项工程费	9 358.42	
2	措施项目费	(1)×9%	842.26	
3	其他项目费		125.00	
4	规费	人工费×5%	78.50	
5	税金	[(1)＋(2)＋(3)＋(4)]×3.48%	362.07	
6	土建单位工程概算造价	(1)＋(2)＋(3)＋(4)＋(5)	10 766.25	

【综合案例1-4】

按照学生创业中心大楼基础工程工程量和《全国统一建筑工程基础定额》消耗指标，进行工料分析，计算得出某大学学生创业中心大楼各项资源消耗量及该地区相应的市场价格见表1-19。其他项目费为1万元。按照建标〔2013〕44号文件关于建筑安装工程费用的组成和规定取费，各项费用的费率如下：措施费费率为8%、企业管理费费率为3%、规费费率为10%、利润率为18%、税率为3.48%。

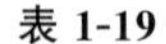

表 1-19　　各项资源消耗及该地区相应的市场价格

资源名称	单位	消耗量	单价/元	资源名称	单位	消耗量	单价/元
综合工日	工日	1 207	23.31	砂浆搅拌机	台班	16.24	42.84
325＃水泥	kg	1 740.840	0.32	5 t载重汽车	台班	14	310.59
425＃水泥	kg	18 101.650	0.34	挖土机	台班	1	1 060
净砂	m^3	70.760	30	混凝土搅拌机	台班	4.35	152.15
碎石	m^3	40.230	41.2	翻斗车	台班	16.26	101.59
水	m^3	42.900	2	钢筋切断机	台班	2.79	161.47
钢模	m^3	152.960	9.95	钢筋弯曲机	台班	6.67	152.22
钢筋 ϕ10 以内	t	2.307	3 100	插入式振动器	台班	32.37	11.82
钢筋 ϕ10 以上	t	5.526	3 200				

(1)根据表 1-19 中的各项资源消耗量和相应的市场价格，列表计算该基础工程的人工费、材料费和施工机具使用费。

(2)根据背景材料给定的费率，按照建标〔2013〕44 号文件关于建筑安装工程费用的组成，计算该基础工程的施工图预算造价。

【案例解析】

(1)根据表 1-19 中的各项资源消耗量和相应的市场价格，列表计算该基础工程的人工费、材料费和施工机具使用费，具体过程见表 1-20。

表 1-20　　基础工程的人工费、材料费和施工机具使用费计算表

资源名称	单位	消耗量	单价/元	合价/元
综合工日	工日	1 207	23.31	28 135.17
人工费小计				28 135.17
325＃水泥	kg	1 740.840	0.32	557.07
425＃水泥	kg	18 101.650	0.34	6 154.56
净砂	m^3	70.760	30	2 122.80
碎石	m^3	40.230	41.2	1 657.48
水	m^3	42.900	2	85.80
钢模	m^3	152.960	9.95	1 521.95
钢筋 ϕ10 以内	t	2.307	3 100	7 151.70
钢筋 ϕ10 以上	t	5.526	3 200	17 683.20
材料费小计				36 934.56
砂浆搅拌机	台班	16.240	42.84	695.72
5 t载重汽车	台班	14	310.59	4 348.26
挖土机	台班	1	1060	1 060.00
混凝土搅拌机	台班	4.350	152.15	661.85
翻斗车	台班	16.260	101.59	1 651.85
钢筋切断机	台班	2.790	161.47	450.50
钢筋弯曲机	台班	6.670	152.22	1 015.31
插入式振动器	台班	32.370	11.82	382.61
施工机具使用费小计				10 266.10

注：表中合价＝消耗量×单价，材料费小计为各种材料费之和，施工机具使用费小计为各种机械台班费之和。

(2)由表 1-20 计算得知

人工费＝28 135.17 元，材料费＝36 934.56 元，施工机具使用费＝10 266.10 元

人工费＋施工机具使用费＝28 135.17＋10 266.10＝38 401.27 元

则：企业管理费＝（人工费＋施工机具使用费）×3％＝38 401.27×0.03＝1 152.04 元

利润＝人工费×18％＝28 135.17×0.18＝5 064.33 元

从而，根据背景材料给定的费率，按照建标〔2013〕44 号文件关于建筑安装工程费用的组成，计算该基础工程的施工图预算造价，具体过程见表 1-21。

表 1-21　　学生创业中心大楼基础工程预算费用计算表

序号	费用名称	费用计算表达式	费用/元	备注
1	分部分项工程费	人工费＋材料费＋施工机具使用费＋企业管理费＋利润	81 552.20	
2	措施项目费	(1)×8％	6 524.18	
3	其他项目费		10 000.00	
4	规费	人工费×10％	2 813.52	
5	税金	[(1)＋(2)＋(3)＋(4)]×3.48％	3 510.97	
6	基础工程预算造价	(1)＋(2)＋(3)＋(4)＋(5)	104 400.87	

【综合案例 1-5】

拟建某工业建设项目，已知各项数据如下：

(1)主要生产项目为 7 400 万元（其中：建筑工程费为 2 800 万元，设备购置费为 3 900 万元，安装工程费为 700 万元）。

(2)辅助生产项目为 4 900 万元（其中：建筑工程费为 1 900 万元，设备购置费为 2 600 万元，安装工程费为 400 万元）。

(3)公用工程为 2 200 万元（其中：建筑工程费为 1 320 万元，设备购置费为 660 万元，安装工程费为 220 万元）。

(4)总图运输工程为 330 万元（其中：建筑工程费为 220 万元，设备购置费为 110 万元）。

(5)服务性工程建筑工程费为 160 万元。

(6)工程建设其他费用为 400 万元。

(7)基本预备费费率为 10％。

(8)建设期各年价差预备费费率为 6％。

(9)建设期为 2 年，每年建设投资相等，建设资金来源为第一年贷款 5 000 万元。第二年贷款 4 800 万元，其余为自有资金，贷款年利率为 6.09％。

问题：

(1)试将以上数据填入表 1-22（建设项目固定资产投资估算表）。

(2)列式计算基本预备费、价差预备费和建设期贷款利息，并将费用名称和相应计算结果填入表 1-22 中。

(3)完成该建设项目固定资产投资估算表。

表 1-22　　建设项目固定资产投资估算表　　万元

序号	工程费用名称	估算价				
		建筑工程费	设备购置费	安装工程费	其他费用	合　计
1	工程费用					
1.1	主要生产项目					
1.2	辅助生产项目					
1.3	公用工程					
1.4	环境保护工程					
1.5	总图运输工程					
1.6	服务性工程					
1.7	生活福利工程					
1.8	场外工程					
2	工程建设其他费用					
	1～2 小计					
3	预备费					
3.1	基本预备费					
3.2	价差预备费					
4	建设期贷款利息					
	总　计					

【案例解析】

(1)经分析，将以上已知数据分类分别填入建设项目固定资产投资估算表(表 1-23)中。

表 1-23　　建设项目固定资产投资估算表　　万元

序号	工程费用名称	估算价				
		建筑工程费	设备购置费	安装工程费	其他费用	合计
1	工程费用	6 400	7 270	1 320		14 990
1.1	主要生产项目	2 800	3 900	700		7 400
1.2	辅助生产项目	1 900	2 600	400		4 900
1.3	公用工程	1 320	660	220		2 200
1.4	环境保护工程					
1.5	总图运输工程	220	110			330
1.6	服务性工程	160				160
1.7	生活福利工程					
1.8	场外工程					
2	工程建设其他费用				400	400
	1～2 小计	6 400	7 270	1 320	400	15 390
3	预备费				3 639	3 639
3.1	基本预备费				1 539	1 539
3.2	价差预备费				2 100	2 100
4	建设期贷款利息				612	612
	总计	6 400	7 270	1 320	4 651	19 641

(2)列式计算基本预备费、价差预备费和建设期贷款利息。

①基本预备费=15 390×10%=1 539 万元

工程费用+工程建设其他费用+基本预备费=15 390+1 539=16 929 万元

由题意知每年建设投资相等，所以每年建设投资=16 929/2=8 464.5 万元

②价差预备费=$8\ 464.5\times(1.06\times1.06^{0.5}-1)+8\ 464.5\times(1.06\times1.06^{0.5}\times1.06-1)$
=2 100 万元

③建设期贷款利息计算如下：

第一年利息=1/2×5 000×6.09%=152 万元

第二年利息=(5 000+152+1/2×4 800)×6.09%=460 万元

计算建设期贷款利息为 152+460=612 万元

(3)将上述计算结果填入表 1-23 中，完成该建设项目固定资产投资估算。

本章小结

本模块在简单而准确地阐述了工程造价的含义、特点、计价特征及工程造价控制内容的基础上，以我国现行建设项目工程造价的构成图为线索，详细地介绍了设备及工器具购置费的构成及计算、我国现行的建筑安装工程费用的构成、工程建设其他费用的构成、预备费、建设期贷款利息的含义及计算方法。其中，重点是我国现行建设项目工程造价的构成及建筑安装工程费用的构成；难点是进口设备抵岸价、价差预备费和建设期贷款利息的计算，应特别注意计算基数的区别及建设期贷款利息计算中当年贷款额取一半计算的问题。

通过本模块的学习，学生能够明确工程造价的含义，初步认识建筑工程造价管理的内容，熟悉我国现行的工程造价构成内容，能够进行相关费用的计算。

在本模块的学习过程中，学生可以参考全国建设工程造价员资格考试培训教材《建设工程造价管理基础知识》；全国造价工程师执业资格考试培训教材《工程造价管理》《建设工程计价》以及住房和城乡建设部、财政部“关于印发《建筑安装工程费用项目组成》的通知”(建标〔2013〕44 号文件)的具体内容。

模块 1

模块 2 建设工程造价确定依据

模块 2

子模块	知识目标	能力目标
建设工程定额	了解建设工程定额的概念；熟悉建设工程定额的特点及作用；掌握定额消耗量和人、材、机单价的确定方法；掌握不同计价性定额的概念、作用与表达方式	能正确理解各类建设工程定额的概念；能根据给定条件计算人、材、机定额消耗量；能应用定额进行计价
工程量清单	了解工程量清单在招投标中的作用；熟悉工程量清单的概念及类别；掌握工程量清单的组成、包括的主要内容以及编制要点	能正确理解工程量清单的概念及作用；能根据计价规范确定分项工程项目编码，正确填写相应内容
其他造价确定依据	了解工程技术文件和建设工程环境条件的内容；掌握要素市场价格信息的获得方法	能正确把握工程技术文件的要点，正确认识建设工程环境条件的影响；会查找市场价格信息

在建设工程招投标的过程中，需要进行多次计价，如决策阶段的投资估算、初步设计阶段的设计概算、施工图设计阶段的施工图预算、招标工程的标底、投标报价、工程合同价等。那么确定这些不同阶段工程造价的依据是什么呢？建设工程造价确定依据包括工程定额，人工、材料、机械台班及设备单价，工程量清单，工程造价指数，工程量计算规则以及相关法规政策等。

2.1 建设工程定额

建设工程定额(1)

2.1.1 建设工程定额的概念

定额即规定的额度。该名词是由美国工程师弗雷德里克·温斯洛·泰罗提出的，是其科学管理理论的基础。

建设工程定额是指在合理地劳动组织和合理地使用材料与机械的条件下，完成一定计量单位合格建筑产品所消耗资源的数量标准。这种规定的额度所反映的是在一定的社会生产力发展水平下，完成某项工程建设产品与各种生产消耗之间特定的数量关系，考虑的是正常的施工条件，目前大多数施工企业的技术装备程度，合理的施工工期、施工工艺和劳动组织，反映的是一种社会平均消耗水平。其含义如图 2-1 所示。

例如，某省《建筑工程预算定额》中规定，采用 M2.5 混合砂浆、机制红砖砌筑 10 m^3 一砖厚混水砖墙需消耗综合人工工日 13.88 个；机制红砖 5 280 块；M2.5 混合砂浆 2.37 m^3；水 1.060 m^3；

200 L 灰浆搅拌机 0.3 台班；基价 1 524.14 元/10 m^3。在正常施工条件下，砌 10 m^3 产品（一砖厚混水砖墙）和消耗的各种资源之间的关系是特定的，其数量标准也是固定的。

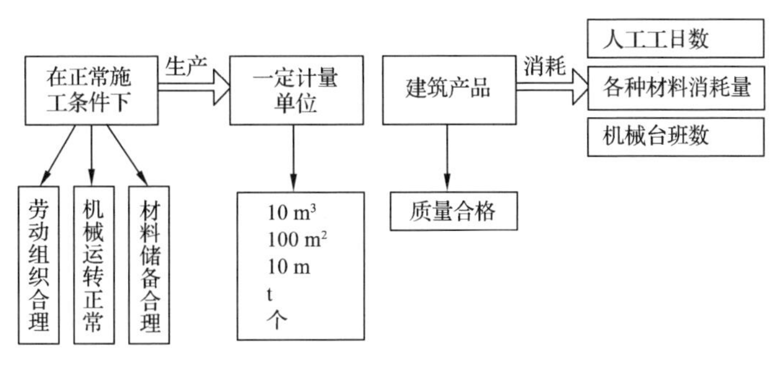

图 2-1　定额的含义图示

2.1.2　建设工程定额的发展

我国吸取了欧、美、日等国家有关定额方面的管理经验，并结合我国在各个时期工程施工的实际情况，编制了适合我国工程建设的建设工程定额。中华人民共和国建设部于 1995 年 12 月，编制颁发了《全国统一建筑工程基础定额》（土建部分，GJD-101—1995）；1999 年 8 月，批准发布了《全国统一市政工程预算定额》（GYD-301～309—1999）；2001 年 12 月，发布了《全国统一建筑装饰装修工程消耗量定额》（GYD-901—2002）；2006 年 9 月，编制颁发了《全国统一安装工程基础定额》（GJD-201～209—2006）。

随着管理科学的发展和新技术、新工艺的不断出现，定额的内容也在不断地扩充、完善。在工程管理中，建设工程定额可以给企业提供可靠的基本管理数据，也是科学管理工程的基础和必备条件，所以建设工程定额在工程管理中占有极其重要的地位。

2.1.3　建设工程定额的特点和作用

1. 建设工程定额的特点

（1）系统性

由于工程建设就是庞大的实体系统，所以为之服务的建设工程定额也就具有了系统性的特点。建设工程定额是由多种定额组合而成的有机整体，在规划、可行性研究、设计、施工、竣工交付使用、投入使用后的维修等不同建设阶段中，都需要相应的定额来配合，这就形成了建设工程定额的多层次、多种类。

（2）科学性

建设工程定额是在与定额相适应的生产力发展水平条件下制定出来的，遵循了工程建设中生产消费的客观规律，反映了当前建筑业的生产力水平。定额的确定是建立在广泛收集资料、大量测定数据和综合分析研究基础之上，采用科学的理论、手段和方法来实现的。

（3）指导性

建设工程定额的指导性的客观基础是定额的科学性。建设工程定额的指导性体现在两个方面：一方面建设工程定额作为国家各地区和行业颁布的指导性依据，可以规范建设市场的交易行为，在具体的建设产品定价过程中也可以起到相应的参考性作用；另一方面，在现行的工程量清单计价方式下，招标人编制最高投标限价的主要依据是建设工程定额，投标人报价的主要依据是企业定额，而且企业定额的编制和完善也离不开统一定额的指导。

(4)统一性

国家对经济发展有计划的宏观调控职能决定了建设工程定额的统一性。对工程建设进行规划、组织、调节、控制也需要借助于某些标准、定额、参数等才可实现。

建设工程定额的统一性主要体现在其影响力和执行范围方面，如全国统一定额、地区统一定额和行业统一定额等；也体现在定额的制定、颁布和贯彻使用方面，如有统一的程序、原则、要求和用途。

(5)稳定性与时效性

建设工程定额是一定时期技术发展和管理水平的反映，所以在一段时间内都表现出稳定的状态。稳定的时间有长有短，一般在5年至10年。保持定额的稳定性是维护定额的指导性所必须的，也是有效地贯彻定额所必须的。如果某种定额经常修改变动，那么必然会造成执行中的困难和混乱，很容易导致定额丧失指导作用。

但是工程定额的稳定性是相对的。当生产力向前发展时，定额就会与生产力发展不相适应。这样，它原有的作用就会逐步减弱以至消失，需要重新编制或修订。

建设工程定额的特点如图2-2所示。

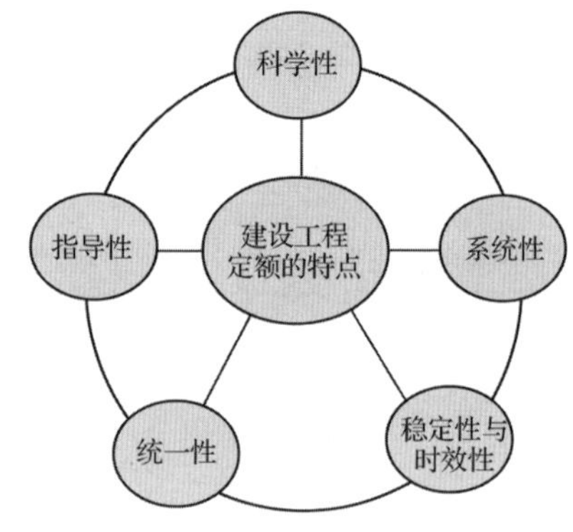

图2-2　建设工程定额的特点

2.建设工程定额的作用

建设工程定额具有以下几方面作用：

(1)建设工程定额是编制工程量计算规则、项目划分、计量单位的依据。工程量计算规则的确定、项目划分、计量单位以及计算方法都必须依据建设工程定额。

(2)建设工程定额是完成规定计量单位分项工程计价所需的人工、材料、施工机具台班的消耗量标准。建筑企业各自的生产条件都不相同，企业的工人素质、技术装备、管理水平、经济实力等也有区别，因此完成某项特定工程所消耗的人力、物力和财力资源就存在着差别，而建设工程定额就为个别劳动之间存在的这种差异制定了一个一般消耗量的标准，即人工、材料、机械台班的消耗量标准。

(3)建设工程定额是编制建筑安装工程地区单位估价表的依据。建筑安装工程地区单位估价表的编制过程就是根据定额规定消耗的各类资源(人、材、机)的消耗量乘以该地区基期资源价格，然后进行分类汇总的过程。

(4)建设工程定额是编制概算定额和投资估算指标的基础。投资估算指标通常是根据历史的预、结算资料和价格变动等资料，依据预算定额、概算定额所编制的反映一定计量单位的建(构)筑物或工程项目所需费用的指标。

(5)建设工程定额是编制施工图预算、招标工程标底以及投标报价的基础。建设工程定额的制定，其主要目的就是为了计价。施工图预算、招标工程标底以及投标报价的编制，主要是依据工程所在地的单位估价表(定额的另一种形式)和行业定额来制定的。

2.1.4 建设工程定额的分类

建设工程定额是工程建设中各类定额的总称，包括多种定额。为了对建设工程定额有一个全面的了解，可以按照不同的原则和方法对其进行科学的分类。具体的分类如图 2-3 所示。

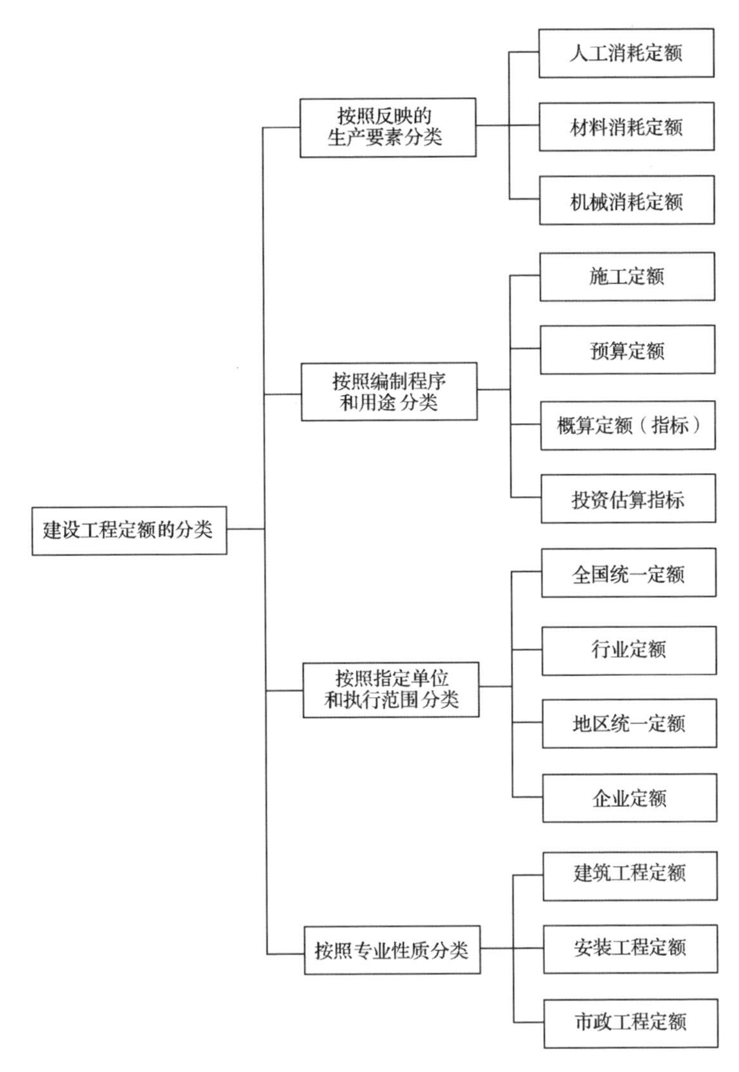

图 2-3 建设工程定额的分类

1. 按照反映的生产要素分类

按照反映的生产要素可将建设工程定额分为人工消耗定额、材料消耗定额和机械消耗定额。

(1)人工消耗定额是指完成一定的合格产品所消耗的人工的数量标准。

(2)材料消耗定额是指完成一定的合格产品所消耗的材料的数量标准。

(3)机械消耗定额是指完成一定的合格产品所消耗的施工机械的数量标准。

2. 按照编制程序和用途分类

按照编制程序和用途可将建设工程定额分为施工定额、预算定额、概算定额(指标)、投资估算指标。其联系与区别见表 2-1。

表 2-1 各种定额关系比较

定额种类	施工定额	预算定额	概算定额	概算指标	投资估算指标
对象	工序	分项工程	扩大分项工程	整个建筑物或构筑物	独立的单项工程或者完整的工程项目
用途	编制施工图预算	编制施工图预算	编制扩大初步设计概算	编制初步设计概算	编制投资估算
项目划分	最细	细	较粗	粗	很粗
定额水平	平均	平均	平均	平均	平均
定额性质	生产性定额	计价性定额	计价性定额	计价性定额	计价性定额

(1)施工定额是以工序为研究对象,表示生产产品数量和时间消耗关系的定额。施工定额属于施工企业内部用来组织生产和加强管理的定额,是企业定额的一种。施工定额是建设工程定额中分项最细、定额子目最多的一种定额,也是建设工程定额中的基础性定额,可用来编制预算定额。

(2)预算定额是完成规定计量单位分项工程计价的人工、材料、施工机械台班消耗量的标准,是统一预算工程量计算规则、项目划分、计量单位的依据;是编制地区单位计价表、确定工程价格、编制施工图预算的依据;也是编制概算定额(指标)的基础;可作为制定招标工程标底、企业定额和投标报价的基础。预算定额一般适用于新建、扩建、改建工程。

(3)概算定额(指标)是在预算定额基础上以主要分项工程综合相关分项的扩大定额,是编制初步设计概算的依据,还可作为编制施工图预算和投资估算指标的依据。

(4)投资估算指标是编制项目建议书、可行性研究报告、投资估算的依据,是在现有工程价格资料的基础上分析、整理得出的。投资估算指标为建设工程的投资估算提供依据,是合理确定项目投资的基础。

3. 按照指定单位和执行范围分类

按照指定单位和执行范围可将建设工程定额分为全国统一定额、行业定额、地区统一定额和企业定额四种。

全国消耗量定额 2015

(1)全国统一定额是由国家主管部门制定颁发的,在全国范围内执行的定额。如《全国统一建筑工程基础定额》《全国统一建筑装饰装修工程消耗量定额》等。

(2)行业定额是由中央各部门制定颁发的,只在本行业和相同专业性质的范围内使用的专业定额,如铁路建设工程定额、水利建筑工程定额等。

(3)地区统一定额包括省、自治区、直辖市定额。地区统一定额主要是考虑地区性特点和为全国统一定额水平做适当调整和补充而编制成的。

(4)企业定额是施工企业根据本企业的施工技术和管理水平以及有关工程造价资料制定的,并供本企业使用的人工、材料和机械台班消耗量标准,只在本企业内部使用,是企业素质的一个标志。

4. 按照专业性质分类

根据专业性质不同,建设工程定额一般分为建筑工程定额、安装工程定额(包括电气工程、设备安装工程、水暖工程、通风工程等)、市政工程定额等。

2.1.5 建设工程定额消耗量的确定

要点分析

建设工程定额(2)

1. 人工定额消耗量的确定

人工定额有两种表现形式,其一是表明每个工人在一定的劳动时间内所生产的合格产品数量，称为产量定额；其二是表明生产单位合格产品所需消耗的工作时间，称为时间定额。两者互为倒数，即：时间定额×产量定额=1。

时间定额以工日为计量单位。一个工人8小时的工作时间为1个工日。例如，某定额规定：人工挖土方工程，挖1 m^3 二类土的时间定额是0.994工日。产量定额是单位时间(1个工日)内完成合格产品的数量。例如，某定额规定：人工挖土方工程，挖二类土一个工日的产量是1.006 m^3。

通过对工人工作时间的分析，将工人在整个生产过程中消耗的时间予以科学地划分和归纳可知：定额时间由基本工作时间、辅助工作时间、准备与结束工作时间、不可避免中断时间和休息时间五部分组成，即

$$定额时间=基本工作时间+辅助工作时间+准备与结束工作时间+不可避免中断时间+休息时间 \quad (2\text{-}1)$$

工作时间是指施工过程中的工作班延续时间(不包括午休时间)。我国现实行8小时工作制，建筑、安装施工企业一个工作班的延续时间为8小时。

定额时间是指工人在正常施工条件下，为完成一定数量的产品或符合要求的工作所必须消耗的工作时间。

基本工作时间是指施工活动中直接完成基本施工工艺过程的操作所需消耗的时间。通过这些工艺过程可以使材料改变外形，如钢筋煨弯等；可以改变材料的结构与性质，如混凝土制品的养护干燥等；基本工作时间的长短和工作量大小成正比。

辅助工作时间是指为保证基本工作能顺利完成所消耗的时间。辅助工作时间的确定方法与基本工作时间相同。如果有现行的工时规范，可以直接利用工时规范中规定的辅助工作时间的百分比来计算。

准备与结束工作时间是指生产工人在执行任务前的准备工作及施工任务完成后结束整理工作所消耗的时间。

不可避免中断时间是指生产工人在施工过程中，由于施工工艺的要求，在施工组织或作业中引起的难以避免或不可避免的中断操作所必须消耗的时间。

休息时间是指工人在工作过程中为恢复体力所必须的短暂休息和生理需要的时间消耗。

在建筑产品的施工过程中集中反映各种因素，主要的必须消耗的工作时间是基本工作时间和辅助工作时间，我们可以将其合并，称之为工序作业时间，即

$$工序作业时间=基本工作时间+辅助工作时间 \quad (2\text{-}2)$$

或

$$工序作业时间=基本工作时间/(1-辅助工作时间\%) \quad (2\text{-}3)$$

同样，我们将工序作业时间以外的准备与结束工作时间、不可避免中断时间以及休息时间(通常可以根据工时规范，以占工日的百分比表示)统称为规范时间。即

$$规范时间=准备与结束工作时间+不可避免中断时间+休息时间 \quad (2\text{-}4)$$

从而，利用工时规范，可以计算劳动定额的时间定额，计算公式是

$$定额时间=工序作业时间+规范时间 \quad (2\text{-}5)$$

或

$$定额时间=\frac{工序作业时间}{1-规范时间\%} \quad (2\text{-}6)$$

人工定额消耗量的具体确定可按如图 2-4 所示的步骤进行。

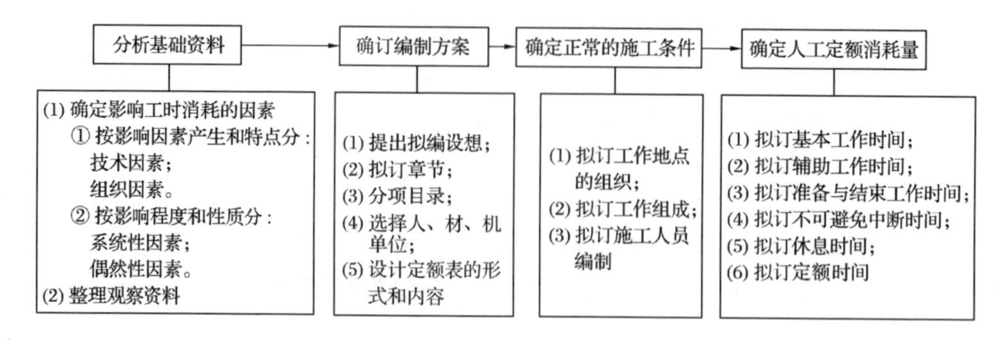

图 2-4　人工定额消耗量确定程序

【例 2-1】 通过计时观察资料得知：人工挖二类土 1 m^3 的基本工作时间为 6 h，辅助工作时间占工序作业时间的 4%。准备与结束工作时间、不可避免中断时间、休息时间分别占工日的 5%、3%、16%。该人工挖二类土的时间定额和产量定额分别为多少？

【解】 基本工作时间＝6 h，6/8＝0.75 工日/m^3

工序作业时间＝0.75/(1－4%)≈0.781 工日/m^3

时间定额＝0.781/(1－5%－3%－16%)≈1.028 工日/m^3

产量定额＝1/1.028≈0.973 m^3/工日

微课

机械台班定额消耗量的确定

2. 机械台班定额消耗量的确定

机械台班定额消耗量是指在正常的施工生产条件及合理的劳动组合和合理使用施工机械的条件下，生产单位合格产品所必须消耗的一定品种、规格施工机械的作业时间标准，其中包括有效工作时间、不可避免的无负荷工作时间及不可避免中断时间。

机械台班定额消耗量以台班为单位，每一台班按 8 小时计算。其表现形式有机械产量定额和机械时间定额两种，二者互为倒数。机械台班定额消耗量确定的具体过程如下：

(1)拟定正常的施工条件：主要是拟定工作地点的合理组织和合理的施工人员编制。

(2)确定机械纯工作 1 小时的正常生产率。

机械纯工作时间是指施工机械必须消耗的净工作时间，它包括正常工作负荷下、有根据降低负荷下不可避免的无负荷工作时间及不可避免中断时间。机械纯工作 1 小时的正常生产率就是在正常施工条件下，由具备一定技能的技术工人操作施工机械净工作 1 小时的劳动生产率。

①对于循环动作型施工机械

机械一次循环的正常延续时间＝$\sum$循环各组成部分正常延续时间－交叠时间　(2-7)

机械纯工作 1 小时的循环次数＝60×60/一次循环正常延续时间　(2-8)

机械纯工作 1 小时的正常生产率＝机械纯工作 1 小时循环次数×生产的产品数量　(2-9)

②对于连续动作型施工机械

机械纯工作 1 小时的正常生产率＝工作时间内生产的产品数量/工作时间　(2-10)

(3)确定机械正常利用系数

机械正常利用系数是指机械在工作班内对工作时间的利用率。

机械正常利用系数＝机械在一个工作班内纯工作时间/一个工作班延续时间(8 h)　(2-11)

(4)计算机械台班定额

前已述及,机械台班定额同样有两种表现形式,即时间定额和产量定额,两者互为倒数,其中

机械台班产量定额=机械纯工作1小时的正常生产率×工作班延续时间×机械正常利用系数　(2-12)

【例2-2】 已知某挖土机挖土的一次正常循环工作时间是4 min,每循环工作一次挖土0.5 m^3,工作班的延续时间为8 h,机械正常利用系数为0.8,则其产量定额和时间定额分别为多少?

【解】 挖土机纯工作1小时的正常生产率=0.5×60/4=7.5 m^3

产量定额=7.5×8×0.8=48 m^3/台班

时间定额=1/48≈0.021台班/m^3

【例2-3】 已知某工地采用了出料容量为300 L的混凝土搅拌机,该搅拌机在每次工作循环中的装料时间为2 min,搅拌时间为4 min,卸料时间为1 min,中断时间为1 min。机械正常利用系数为0.9,试求该搅拌机的台班产量定额。

【解】 该搅拌机一次循环的正常延续时间=2+4+1+1=8 min

该搅拌机纯工作1小时的循环次数=60/8=7.5次

该搅拌机纯工作1小时的正常生产率=7.5×300=2 250 L=2.25 m^3

该搅拌机的台班产量定额=2.25×8×0.9=16.2 m^3/台班

3.材料定额消耗量的确定

材料定额消耗量是指在正常的施工条件下和合理使用材料的情况下,生产质量合格的单位产品所必须消耗的一定品种、规格建筑安装材料的数量标准,包括各种原材料、燃料、半成品、构配件及周转性材料等。

材料可按照不同分类原则划分为不同种类,其分类见表2-2。

表2-2　材料分类

分类原则	划分内容	含义
按材料消耗性质分类	必要消耗材料	合理用料条件下,生产合格产品所需消耗的材料
	损失材料	不合理用料条件下,生产产品所损失的材料
按材料消耗与工程实体的关系分类	实体材料	直接构成工程实体的材料,包括主要材料和辅助材料
	非实体材料	施工中必须使用但又不构成工程实体的施工措施性材料

材料定额消耗量可以通过以下测定方法求得:

(1)现场技术测定法,是指根据对材料消耗过程的测定和观察,完成产品数量和材料消耗量的计算,确定各种材料消耗定额。该方法主要用来编制材料损耗量定额。

(2)实验室试验法,主要用来编制材料净用量定额。通过试验,获得混凝土、砂浆、沥青、油漆等材料的精确计算数据,编制出材料净用量定额。

(3)现场统计法,是由施工现场积累的材料统计资料整理、分析得到材料消耗数据。该方法不能分清材料消耗的性质,不能直接作为确定净用量定额和材料损耗量定额的依据。

(4)理论计算法,运用一定的数学公式计算材料消耗定额。

材料消耗定额包括:

直接用于建筑安装工程上的材料——构成材料净用量定额

$$\left.\begin{array}{l}\text{不可避免产生的施工废料}\\\text{不可避免的施工操作损耗}\end{array}\right\}\text{构成材料损耗量定额}$$

$$\begin{aligned}\text{材料消耗量}&=\text{材料净用量}+\text{材料合理损耗量}\\&=\text{材料净用量}\times(1+\text{材料损耗率})\end{aligned}\tag{2-13}$$

材料损耗率是材料合理损耗量与材料净用量之比，即

$$\text{材料损耗率}=(\text{材料合理损耗量}/\text{材料净用量})\times 100\%\tag{2-14}$$

【例 2-4】 计算 100 m^2 的 10 mm 厚水泥砂浆结合层镶贴 300 mm×300 mm×5 mm 瓷砖墙面中瓷砖和砂浆的消耗量(灰缝宽 2 mm，瓷砖损耗率 1.5%，砂浆损耗率 1%)。

【解】 100 m^2 墙面瓷砖净用量＝100÷[(0.3＋0.002)×(0.3＋0.002)]≈1 096.443 块

100 m^2 墙面中瓷砖消耗量＝1 096.44×(1＋1.5%)≈1 112.890 块

100 m^2 墙面中结合层砂浆净用量＝100×0.01＝1 m^3

100 m^2 墙面中灰缝砂浆净用量＝(100－1 096.44×0.3×0.3)×0.005≈0.007 m^3

100 m^2 墙面中水泥砂浆消耗量＝(1＋0.007)×(1＋1%)≈1.017 m^3

2.1.6 建筑安装工程人工、材料、机械台班单价的组成和确定方法

1. 人工日工资单价的组成和确定方法

(1)人工日工资单价及其组成内容

人工日工资单价是指一个建筑安装工人一个工作日在预算中应计入的全部人工费用。它基本上反映了建筑安装工人的工资水平和一个工人在一个工作日中可以得到的报酬。其组成内容包括计时工资或计件工资、奖金、津贴补贴、加班加点工资、特殊情况下支付的工资。

(2)人工日工资单价的确定方法

$$\text{人工日工资单价}(G)=\sum_{i=1}^{5}G_i\left\{\begin{array}{l}\text{计时工资或计件工资}\\\text{奖金}\\\text{津贴补贴}\\\text{加班加点工资}\\\text{特殊情况下支付的工资}\end{array}\right.\tag{2-15}$$

①年平均每月法定工作日。人工日工资单价是每一个法定工作日的工资总额，因此需要对年平均每月法定工作日进行计算。计算公式为

$$\text{年平均每月法定工作日}=\frac{\text{全年日历日}-\text{法定假日}}{12}\tag{2-16}$$

式中，法定假日指双休日和法定节假日。

②人工日工资单价的计算。确定了年平均每月法定工作日后，将上述工资总额进行分摊，即形成了人工日工资单价。计算公式为

$$\text{人工日工资单价}=\frac{\begin{array}{c}\text{生产工人平均}\\\text{月工资(计时、计件)}\end{array}+\text{平均月}\left(\text{奖金}+\text{津贴补贴}+\begin{array}{c}\text{加班加}\\\text{点工资}\end{array}+\begin{array}{c}\text{特殊情况下}\\\text{支付的工资}\end{array}\right)}{\text{年平均每月法定工作日}}\tag{2-17}$$

2. 材料单价的组成和确定方法

(1)材料单价的组成

材料单价是指材料(包括构件、成品及半成品等)从其来源地(或交货地点)到达施工工地仓

库后的出库价格。材料单价一般由材料原价、供销部门手续费、包装费、运杂费、采购及保管费组成。

(2)材料单价的确定方法

材料单价是由材料原价、运杂费、运输损耗费和采购及保管费合计求得的。

①材料原价是指国内采购材料的出厂价格，国外采购材料抵达买方边境、港口或车站并交纳完各种手续费、税费(不含增值税)后形成的价格。在确定原价时，凡同一种材料因来源地、交货地、供货单位、生产厂家不同，而有几种价格(原价)时，根据不同来源地供货数量比例，采取加权平均的方法确定其综合原价。计算公式为

$$加权平均原价=\frac{K_1C_1+K_2C_2+\cdots+K_nC_n}{K_1+K_2+\cdots+K_n} \tag{2-18}$$

式中 K_1、K_2、…、K_n——各不同供应点的供应量或各不同使用地点的需求量；

C_1、C_2、…、C_n——各不同供应地点的原价。

若材料供货价格为含税价格，则材料原价应以购进货物适用的税率(16%或10%)或征收率(3%)扣减增值税进项税额。

②材料运杂费是指国内采购材料自来源地、国外采购材料自到岸港运至工地仓库或指定堆放地点发生的费用(不含增值税)。含外埠中转运输过程中所发生的一切费用和过境、过桥费用，包括调车和驳船费、装卸费、运费及附加工作费等。

同一品种的材料有若干个来源地，应采用加权平均的方法计算材料运杂费。计算公式为

$$加权平均运杂费=\frac{K_1T_1+K_2T_2+\cdots+K_nT_n}{K_1+K_2+\cdots+K_n} \tag{2-19}$$

式中 K_1、K_2、…、K_n——各不同供应点的供应量或各不同使用地点的需求量；

T_1、T_2、…、T_n——各不同运距的运费。

若运杂费用为含税价格，则需要按“一票制”和“两票制”两种支付方式分别调整。

- “一票制”支付方式。所谓“一票制”材料，是指材料供应商就收取的货物销售价款和运杂费合计金额，向建筑业企业仅提供一张货物销售发票的材料。在这种方式下，运杂费采用与材料原价相同的方式扣减增值税进项税额。
- “两票制”支付方式。所谓“两票制”材料，是指材料供应商就收取的货物销售价款和运杂费，向建筑业企业分别提供货物销售和交通运输两张发票的材料。在这种方式下，运杂费以接受交通运输与服务适用税率10%扣减增值税进项税额。

③运输损耗费是指材料在运输装卸过程中不可避免的损耗而产生的费用。

$$运输损耗费=(材料原价+运杂费)\times运输损耗率(\%) \tag{2-20}$$

④采购及保管费是指为组织采购、供应和保管材料过程中所需要的各项费用，包含采购费、仓储费、工地保管费和仓储损耗。

采购及保管费一般按照材料到库价格以费率取定。计算公式为

$$\begin{aligned}采购及保管费&=材料运到工地仓库价格\times采购及保管费率(\%)\\&=(材料原价+运杂费+运输损耗费)\times采购及保管费率(\%)\end{aligned} \tag{2-21}$$

因此，材料单价的计算公式为

$$材料单价=[(材料原价+运杂费)\times(1+运输损耗率)]\times(1+采购及保管费率) \tag{2-22}$$

【例 2-5】 某建设项目所需的钢筋(适用16%增值税率)分别从甲、乙两家钢厂采购，其采购

量及有关费用见表2-3，求该项目钢筋的单价（表中原价、运杂费均为含税价格，且材料采用“两票制”）。

表2-3 钢筋采购数据表

	采购量/t	原价/(元·t^{-1})	运杂费/(元·t^{-1})	运输损耗率/%	采购及保管费率/%
钢厂甲	500	4 500	40	0.5	3
钢厂乙	300	4 800	30	0.4	3

【解】 首先应将含税的原价和运杂费调整为不含税价格，具体过程为

来自钢厂甲的不含税钢筋原价=4 500/(1+16%)=3 879.31(元/t)

来自钢厂甲的不含税运杂费=40/(1+10%)=36.36(元/t)

来自钢厂乙的不含税钢筋原价=4 800/(1+16%)=4 137.93(元/t)

来自钢厂乙的不含税运杂费=30/(1+10%)=27.27(元/t)

$$\text{加权平均原价}=\frac{3\ 879.31\times500+4\ 137.93\times300}{500+300}=3\ 976.29(\text{元/t})$$

$$\text{加权平均运杂费}=\frac{36.36\times500+27.27\times300}{500+300}=32.95(\text{元/t})$$

钢厂甲的运输损耗费=(3 879.31+36.36)×0.5%=19.58(元/t)

钢厂乙的运输损耗费=(4 137.93+27.27)×0.4%=16.66(元/t)

$$\text{加权平均运输损耗费}=\frac{19.58\times500+16.66\times300}{500+300}=18.49(\text{元/t})$$

钢筋单价=(3 976.29+32.95+18.49)×(1+3%)=4 148.56(元/t)

3. 机械台班单价的组成和确定方法

根据《建设工程施工机械台班费用编制规则》的规定，施工机械划分为十二个类别：土石方及筑路机械、桩工机械、起重机械、水平运输机械、垂直运输机械、混凝土及砂浆机械、加工机械、泵类机械、焊接机械、动力机械、地下工程机械和其他机械。

施工机械台班单价是指一台施工机械，在正常运转条件下一个工作班（每台班按8小时工作制计算）中所发生的全部费用。它由七项费用构成，包括折旧费、检修费、维护费、安拆费及场外运费、燃料动力费、人工费、其他费用（各项费用的含义见表1-11）。

(1)折旧费的组成及确定

$$\text{台班折旧费}=\frac{\text{机械预算价格}\times(1-\text{残值率})}{\text{耐用总台班}} \tag{2-23}$$

①机械预算价格：对于国产施工机械，其预算价格按照机械原值、相关手续费和一次运杂费以及车辆购置税之和计算；对于进口施工机械，其预算价格按照到岸价格、关税、消费税、相关手续费和国内一次运杂费、银行财务费、车辆购置税之和计算。

②残值率是指机械报废时回收其残余价值占施工机械预算价格的百分数。残值率应按编制期国家有关规定确定：目前各类施工机械均按5%计算。

③耐用总台班是指机械在正常施工作业条件下，从投入使用直到报废止，按规定应达到的使用总台班数。其计算公式为

$$\text{耐用总台班}=\text{折旧年限}\times\text{年工作台班}=\text{检修间隔台班}\times\text{检修周期} \tag{2-24}$$

$$\text{检修周期}=\text{检修次数}+1 \tag{2-25}$$

(2)检修费的组成及确定

检修费是机械使用期限内全部检修费之和在台班费用中的分摊额，它取决于一次检修费、检修次数和耐用总台班的数量。其计算公式为

$$台班检修费=\frac{一次检修费\times检修次数}{耐用总台班}\times除税系数 \tag{2-26}$$

$$除税系数=\frac{自行检修比例+委外检修比例}{1+税率} \tag{2-27}$$

自行检修比例、委外检修比例是指施工机械自行检修、委托专业修理修配部门检修占检修费比例。具体比值应结合本地区(部门)施工机械检修实际综合取定。税率按增值税修理修配劳务适用税率计取。

(3)维护费的组成及确定

维护费包括保障机械正常运转所需替换与随机配备工具附具的摊销和维护费用、机械运转及日常保养维护所需润滑与擦拭的材料费用及机械停滞期间的维护费用等。它的确定即这些费用在总台班费用中的分摊额，其计算公式为

$$台班维护费=\frac{\sum(各级维护一次费用\times除税系数\times维护次数)+临时故障排除费}{耐用总台班} \tag{2-28}$$

当维护费计算公式中各项数值难以确定时，也可按下列公式计算

$$台班维护费=台班检修费\times K \tag{2-29}$$

式中，K——维护费系数，指维护费占检修费的百分数。

(4)安拆费及场外运费的组成和确定

安拆费及场外运费根据施工机械的不同分为计入台班单价、单独计算和不需计算三种类型。

①计入台班单价的情况：是指安拆简单、移动需要起重及运输机械的轻型施工机械。安拆费及场外运费应按下列公式计算

$$台班安拆费及场外运费=\frac{一次安拆费及场外运费\times年平均安拆次数}{年工作台班} \tag{2-30}$$

式中，一次安拆费应包括施工现场机械安装和拆卸一次所需的人工费、材料费、机械费、安全监测部门的检测费及试运转费；一次场外运费应包括运输、装卸、辅助材料和回程等费用。运输距离均按平均 30 km 计算。

②单独计算的情况：包括安拆复杂、移动需要起重及运输机械的重型施工机械；利用辅助设施移动的施工机械，其辅助设施(包括轨道和枕木)等的折旧、搭设和拆除等的费用。

③不需计算的情况：包括不需安拆的施工机械，不计算一次安拆费；不需相关机械辅助运输的自行移动机械，不计算场外运费；固定在车间的施工机械，不计算安拆费及场外运费。

④自升式塔式起重机、施工电梯安拆费的超高起点及其增加费，各地区、部门可根据具体情况确定。

(5)燃料动力费的组成和确定

燃料动力费是指施工机械在运转作业中所耗用的燃料及水、电等费用。其计算公式为

$$台班燃料动力费=\sum(燃料动力消耗量\times燃料动力单价) \tag{2-31}$$

(6)人工费的组成和确定

人工费指机上司机(司炉)和其他操作人员的人工费。按下列公式计算

$$台班人工费=人工消耗量\times\left(1+\frac{年制度工作日-年工作台班}{年工作台班}\right)\times人工日工资单价 \quad (2\text{-}32)$$

(7)其他费用的组成和确定

其他费用是指施工机械按照国家有关规定应交纳的车船使用税、保险费及检测费用等。其计算公式为

$$台班其他费用=\frac{年车船使用税+年保险费+年检测费}{年工作台班} \quad (2\text{-}33)$$

案例分析

人工费在施工企业投标报价时可以自主确定,但由于人工日工资单价在我国具有一定的政策性,因此工程造价管理机构也需要确定人工日工资单价。工程造价管理机构确定人工日工资单价应通过市场调查,根据工程项目的技术要求,参考实物工程量人工单价综合分析确定,发布的最低人工日工资单价不得低于工程所在地人力资源和社会保障部门所发布的最低工资标准的1.3倍(普工)、2倍(一般技工)、3倍(高级技工)。

人工日工资单价的确定会受到很多因素的影响,归纳起来有以下五个方面:

(1)社会平均工资水平。建筑安装工人人工日工资单价必然和社会平均工资水平趋同。社会平均工资水平取决于经济发展水平。由于经济的增长,社会平均工资也会增长,从而使人工日工资单价提高。

(2)生活消费指数。生活消费指数的提高会使人工日工资单价提高,以减少生活水平的下降或维持原来的生活水平。生活消费指数的变动取决于物价的变动,尤其取决于生活消费品物价的变动。

(3)人工日工资单价的组成内容。“关于印发《建筑安装工程费用项目组成》的通知”(建标〔2013〕44号)将职工福利费和劳动保护费从人工日工资单价中删除,这也必然影响了人工日工资单价的变化。

(4)劳动力市场供需变化。劳动力市场如果需求大于供给,则人工日工资单价就会提高;如果供给大于需求,市场竞争激烈,则人工日工资单价就会下降。

(5)政府推行的社会保障和福利政策也会影响人工日工资单价的变动。

2.2 预算定额及其编制

2.2.1 预算定额的概念与作用

1.预算定额的概念

预算定额是指在正常的施工条件下,完成一定计量单位合格分项工程和结构构件所需消耗

的人工、材料、施工机具台班数量及其相应费用标准。预算定额是工程建设中的一项重要技术经济文件，是编制施工图预算的主要依据，是确定和控制工程造价的基础。

2. 预算定额的作用

（1）预算定额是编制施工图预算、确定建筑安装工程造价的基础。

（2）预算定额是编制施工组织设计的依据。

（3）预算定额是工程结算的依据。

（4）预算定额是施工单位进行经济活动分析的依据。

（5）预算定额是编制概算定额的基础。

（6）预算定额是合理编制最高投标限价、投标报价的基础。

拓展资料

广东省综合定额2018

2.2.2 预算定额消耗量的确定方法

确定预算定额人工、材料、机械台班消耗指标时，必须先按施工定额的分项逐项计算出消耗指标，然后再按预算定额的项目加以综合。人工、材料和机械台班消耗量指标，应根据定额编制原则和要求，采用理论与实际相结合、图纸计算与施工现场测算相结合、编制人员与现场工作人员相结合等方法进行计算和确定，使定额既符合政策要求，又与客观情况一致，便于贯彻执行。

1. 预算定额中人工工日消耗量的计算

预算定额中人工工日消耗量一般以劳动定额为基础进行确定；当遇到劳动定额缺项时，也可采用现场工作日写实等测时方法测定和计算定额的人工耗用量。

预算定额中人工工日消耗量是指在正常施工条件下，生产单位合格产品所必须消耗的人工工日数量，是由分项工程所综合的各个工序的劳动定额包括的基本用工、其他用工两部分组成的。

（1）基本用工。基本用工指完成一定计量单位的分项工程或结构构件的各项工作过程的施工任务所必须消耗的技术工种用工。包括完成定额计量单位的主要用工和按劳动定额规定应增（减）计算的用工量。其中完成定额计量单位的主要用工，按综合取定的工程量和相应劳动定额进行计算，计算公式为

$$\text{基本用工}=\sum(\text{综合取定的工程量}\times\text{劳动定额}) \tag{2-34}$$

（2）其他用工。其他用工是辅助基本用工消耗的工日，包括超运距用工、辅助用工和人工幅度差用工。

①超运距用工。超运距是指劳动定额中已包括的材料、半成品场内水平搬运距离与预算定额所考虑的现场材料、半成品堆放地点到操作地点的水平运输距离之差，计算公式为

$$\text{超运距}=\text{预算定额取定运距}-\text{劳动定额已包括的运距} \tag{2-35}$$

$$\text{超运距用工}=\sum(\text{超运距材料数量}\times\text{时间定额}) \tag{2-36}$$

应注意实际工程现场运距超过预算定额取定运距时，可另行计算现场二次搬运费。

②辅助用工。辅助用工指技术工种劳动定额内不包括而在预算定额内又必须考虑的用工。例如机械土方工程配合用工、材料加工（筛砂、洗石、淋化石膏），电焊点火用工等，计算公式为

$$\text{辅助用工}=\sum(\text{材料加工数量}\times\text{相应的加工劳动定额}) \tag{2-37}$$

③人工幅度差用工。即预算定额与劳动定额的差额，主要是指在劳动定额中未包括而在正常施工情况下不可避免但又很难准确计量的用工和各种工时损失。内容包括：

a. 各工种间的工序搭接及交叉作业相互配合或影响所发生的停歇用工。

b. 施工过程中，移动临时水电线路而造成的影响工人操作的时间。

c. 工程质量检查和隐蔽工程验收工作而影响工人操作的时间。

d. 同一现场内单位工程之间因操作地点转移而影响工人操作的时间。

e. 工序交接时对前一工序不可避免的修整用工。

f. 施工中不可避免的其他零星用工。

人工幅度差用工计算公式为

人工幅度差用工＝(基本用工＋辅助用工＋超运距用工)×人工幅度差系数　　(2-38)

人工幅度差系数一般为10％～15％，在预算定额中，人工幅度差的用工量列入其他用工量中。

2. 预算定额中材料消耗量的计算

材料消耗量计算方法主要有：

(1)凡有标准规格的材料，按规范要求计算定额计量单位的耗用量，如砖、防水卷材、块料面层等。

(2)凡设计图纸标注尺寸及下料要求的按设计图纸尺寸计算材料净用量，如门窗制作用材料、方料、板料等。

(3)换算法。各种胶结涂料等材料的配合比用料，可以根据要求条件换算，得出材料用量。

(4)测定法。包括实验室试验法和现场观察法。指各种强度等级的混凝土及砌筑砂浆配合比耗用原材料数量的计算，须按照规范要求试配，经过试压合格以后并经过必要的调整后得出的水泥、砂子、石子、水的用量。对新材料、新结构又不能用其他方法计算定额消耗用量时，须用现场测定方法来确定，根据不同条件可以采用写实记录法和观察法，得出定额的消耗量。

材料损耗量，指在正常条件下不可避免的材料损耗，如现场内材料运输及施工操作过程中的损耗等，其关系式为

材料损耗率＝材料损耗量/材料净用量×100％　　(2-39)

材料损耗量＝材料净用量×材料损耗率(％)　　(2-40)

材料消耗量＝材料净用量＋材料损耗量　　(2-41)

或　材料消耗量＝材料净用量×(1＋材料损耗率(％))　　(2-42)

3. 预算定额中机械台班消耗量的计算

预算定额中的机械台班消耗量是指在正常施工条件下，生产单位合格产品(分部分项工程或结构构件)必须消耗的某种型号施工机械的台班数量。下面主要介绍根据施工定额确定机械台班消耗量的方法。这种方法是指用施工定额中机械台班产量加机械幅度差计算预算定额的机械台班消耗量。

机械台班幅度差是指在施工定额中所规定的范围内没有包括，而在实际施工中又不可避免产生的影响机械或使机械停歇的时间。其内容包括：

(1)施工机械转移工作面及配套机械相互影响损失的时间。

(2)在正常施工条件下，机械在施工中不可避免的工序间歇。

(3)工程开工或收尾时工作量不饱满所损失的时间。

(4)检查工程质量影响机械操作的时间。

(5)临时停机、停电影响机械操作的时间。

(6)机械维修引起的停歇时间。

综上所述,预算定额的机械台班消耗量计算式为

预算定额机械耗用台班=施工定额机械耗用台班×(1+机械幅度差系数)　　(2-43)

【例 2-6】 已知某挖土机挖土,一次正常循环工作时间是 40 秒,每次循环平均挖土量 0.3 m^3,机械正常利用系数为 0.8,机械幅度差系数为 25%。求该机械挖土方 1 000 m^3 的预算定额机械耗用台班量。

【解】 机械纯工作 1 h 循环次数=3 600/40=90(次/小时)

机械纯工作 1 h 正常生产率=90×0.3=27(m^3/小时)

施工机械台班产量定额=27×8×0.8=172.8(m^3/台班)

施工机械台班时间定额=1/172.8=0.005 79(台班/m^3)

预算定额机械耗用台班=0.005 79×(1+25%)=0.007 23(台班/m^3)

挖土方 1 000 m^3 的预算定额机械耗用台班量=1 000×0.007 23=7.23(台班)

2.2.3 预算定额示例

表 2-4 为《房屋建筑与装饰工程消耗量定额》(TY 01-31-2015)中砖砌体部分砖墙、空斗墙、空花墙的示例。

表 2-4　　砖墙、空斗墙、空花墙定额示例

工作内容:调、运、铺砂浆,运、砌砖,安放木砖、垫块。　　计量单位:10 m^3

定额编号				4-2	4-3	4-4	4-5	4-6
项目				单面清水砖墙				
				1/2 砖	3/4 砖	1 砖	1 砖半	2 砖及 2 砖以上
名称			单位	消耗量				
人工	合计工日		工日	17.096	16.599	13.881	12.895	12.125
	其中	普工	工日	4.600	4.401	3.545	3.216	2.971
		一般技工	工日	10.711	10.455	8.859	8.296	7.846
		高级技工	工日	1.785	1.743	1.477	1.383	1.308
材料	烧结煤矸石普通砖 240×115×53		千块	5.585	5.456	5.337	5.290	5.254
	干混砌筑砂浆 DM M10		m^3	1.978	2.163	2.313	2.440	2.491
	水		m^3	1.130	1.100	1.060	1.070	1.060
	其他材料费		%	0.180	0.180	0.180	0.180	0.180
机械	干混砂浆罐式搅拌机		台班	0.198	0.217	0.232	0.244	0.249

预算定额的说明包括定额总说明、分部工程说明及各分项工程说明。涉及各分部需说明的共性问题列入了总说明,属某一分部需说明的事项可在章节说明中查看。

2.2.4 预算定额基价的编制

预算定额基价就是预算定额分项工程或结构构件的单价,只包括人工费、材料费和施工施工机具费(有的地区还包括管理费,如广东),也称工料单价。

预算定额基价一般通过编制单位估价表、地区单位估价表及设备安装价目表确定单价,用于

编制施工图预算。在预算定额中列出的“预算价值”或“基价”应视作该定额编制时的工程单价。

预算定额基价的编制方法，简单说就是工、料、机的消耗量和工、料、机单价的结合过程。其中，人工费是由预算定额中每一分项工程各种用工数，乘以地区人工工日单价之和算出；材料费是由预算定额中每一分项工程的各种材料消耗量，乘以地区相应材料预算价格之和算出；机械费是由预算定额中每一分项工程的各种机械台班消耗量，乘以地区相应施工机械台班预算价格之和，以及仪器仪表使用费汇总后算出。上述单价均为不含增值税进项税额的价格。

分项工程预算定额基价的计算公式为

$$\text{分项工程预算定额基价} = \text{人工费} + \text{材料费} + \text{施工机具费} \tag{2-44}$$

其中：

$$\text{人工费} = \sum(\text{现行预算定额中各种人工工日用量} \times \text{人工日工资单价}) \tag{2-45}$$

$$\text{材料费} = \sum(\text{现行预算定额中各种材料耗用量} \times \text{相应材料单价}) \tag{2-46}$$

$$\text{施工机具费} = \sum(\text{现行预算定额中机械台班用量} \times \text{机械台班单价}) + \sum(\text{仪器仪表台班用量} \times \text{仪器仪表台班单价}) \tag{2-47}$$

要说明的是：预算定额基价是根据现行定额和当地的价格水平编制的，具有相对的稳定性。但是为了适应市场价格的变动，在编制预算时，必须根据工程造价管理部门发布的调价文件对固定的工程预算单价进行修正。修正后的工程单价乘以根据图纸计算出来的工程量，就可以获得符合实际市场情况的人工、材料、机械费用。

【例 2-7】 某预算定额基价的编制过程如表 2-5。其中定额子目 3-1 的定额基价计算过程为

定额人工费＝25.73×11.79＝303.36(元)

定额材料费＝110.82×2.36＋12.70×52.36＋2.06×2.50＝931.66(元)

定额施工机具费＝49.11×0.393＝19.30(元)

定额基价＝303.36＋931.66＋19.30＝1 254.32(元)

表 2-5　　某预算定额基价表(计量单位 10 m^3)

定额编号				3—1		3—2		3—4	
项目		单位	单价/元	砖基础		混水砖墙			
						1/2 砖		1 砖	
				数量	合价	数量	合价	数量	合价
基价		元		1 254.32		1 438.86		1 323.51	
其中	定额人工费	元		303.36		518.20		413.74	
	定额材料费	元		931.66		904.70		891.35	
	定额施工机具费	元		19.30		15.96		18.42	
综合工日		工日	25.73	11.79	303.36	20.14	518.20	16.08	413.74
材料	水泥砂浆 M5	m^3	93.92			1.95	183.14	2.25	211.32
	水泥砂浆 M10	m^3	110.82	2.36	261.53				
	标准砖	百块	12.70	52.36	664.97	56.41	716.41	53.14	674.88
	水	m^3	2.06	2.50	5.15	2.50	5.15	2.50	5.15
机械	灰浆搅拌机 200 L	台班	49.11	0.393	19.30	0.325	15.96	0.375	18.42

2.3 概算定额与概算指标

2.3.1 概算定额的概念与作用

1. 概算定额的概念

概算定额，是在预算定额基础上，确定完成合格的单位扩大分项工程或单位扩大结构构件所需消耗的人工、材料和机械台班的数量标准及其费用标准。概算定额又称扩大结构定额。

概算定额是预算定额的综合与扩大。它将预算定额中有联系的若干个分项工程项目综合为一个概算定额项目。如砖基础概算定额项目，就是以砖基础为主，综合了平整场地、挖地槽、铺设垫层、砌砖基础、铺设防潮层、回填土及运土等预算定额中分项工程项目。

2. 概算定额与预算定额的异同

概算定额与预算定额的不同之处，在于项目划分和综合扩大程度上的差异，同时，概算定额主要用于设计概算的编制。由于概算定额综合了若干分项工程的预算定额，因此，概算工程量计算和概算表的编制，都比编制施工图预算简化一些。

概算定额与预算定额的相同之处，在于它们都是以建（构）筑物各个结构部分和分部分项工程为单位表示的，内容也包括人工、材料和机械台班使用量定额三个基本部分，并列有基准价。概算定额表达的主要内容、主要方式及基本使用方法都与预算定额相近。

3. 概算定额的作用

（1）概算定额是初步设计阶段编制概算、扩大初步设计阶段编制修正概算的主要依据。

（2）概算定额是对设计项目进行技术经济分析比较的基础资料之一。

（3）概算定额是建设工程主要材料计划编制的依据。

（4）概算定额是控制施工图预算的依据。

（5）概算定额是施工企业在准备施工期间，编制施工组织总设计或总规划时，对生产要素提出需要量计划的依据。

（6）概算定额是工程结束后，进行竣工决算和评价的依据。

（7）概算定额是编制概算指标的依据。

拓展资料

概算定额

2.3.2 概算定额的认识

按专业特点和地区特点编制的概算定额，内容基本上是由文字说明、定额项目表和附录三个部分组成。

1. 概算定额的内容与形式

（1）文字说明。文字说明有总说明和分部工程说明。在总说明中，主要阐述概算定额的编制依据、使用范围、包括的内容及作用、应遵守的规则及建筑面积计算规则等。分部工程说明主要阐述本分部工程包括的综合工作内容及分部分项工程的工程量计算规则等。

（2）定额项目表。主要包括以下内容：

①定额项目的划分。概算定额项目一般按以下两种方法划分：一是按工程结构划分：一般是按土石方、基础、墙、梁板柱、门窗、楼地面、屋面、装饰、构筑物等工程结构划分。二是按工程部位

(分部)划分：一般是按基础、墙体、梁柱、楼地面、屋盖、其他工程部位等划分，如基础工程中包括了砖、石、混凝土基础等项目。

②定额项目表。定额项目表是概算定额的主要内容，由若干分节定额组成。各分节定额由工程内容、定额表及附注说明组成。定额表中列有定额编号，计量单位，概算价格，人工、材料、机械台班消耗量指标，综合了预算定额的若干项目与数量。表 2-6 为某现浇钢筋混凝土矩形柱概算定额。

表 2-6　　某现浇钢筋混凝土矩形柱概算定额

工作内容：模板安拆、钢筋绑扎安放、混凝土浇捣养护。

定额编号			3002	3003	3004	3005	3006
项目			现浇钢筋混凝土柱				
			矩形				
			周长 1.5 m 以内	周长 2.0 m 以内	周长 2.5 m 以内	周长 3.0 m 以内	周长 3.0 m 以外
			m^3	m^3	m^3	m^3	m^3
工、料、机名称(规格)		单位	数量				
人工	混凝土工	工日	0.818 7	0.818 7	0.818 7	0.818 7	0.818 7
	钢筋工	工日	1.103 7	1.103 7	1.103 7	1.103 7	1.103 7
	木工(装饰)	工日	4.767 6	4.083 2	3.059 1	2.179 8	1.492 1
	其他工	工日	2.034 2	1.790 0	1.424 5	1.110 7	0.865 3
材料	泵送预拌混凝土	m^3	1.015 0	1.015 0	1.015 0	1.015 0	1.015 0
	木模板成材	m^3	0.036 3	0.031 1	0.023 3	0.016 6	0.014 4
	工具式组合钢模板	kg	9.708 7	8.315 0	6.229 4	4.438 8	3.038 5
	扣件	只	1.179 9	1.010 5	0.757 1	0.539 4	0.369 3
	零星卡具	kg	3.735 4	3.199 2	2.396 7	1.707 8	1.169 0
	钢支撑	kg	1.290 0	1.104 9	0.827 7	0.589 8	0.403 7
	柱箍、梁夹具	kg	1.957 9	1.676 8	1.256 3	0.895 2	0.612 8
	钢丝 18#～22#	kg	0.902 4	0.902 4	0.902 4	0.902 4	0.902 4
	水	m^3	1.276 0	1.276 0	1.276 0	1.276 0	1.276 0
	圆钉	kg	0.747 5	0.640 2	0.479 6	0.341 8	0.234 0
	草袋	m^2	0.086 5	0.086 5	0.086 5	0.086 5	0.086 5
	成型钢筋	t	0.193 9	0.193 9	0.193 9	0.193 9	0.193 9
	其他材料费	%	1.090 6	0.957 9	0.746 7	0.552 3	0.391 6
机械	汽车式起重机 5t	台班	0.028 1	0.024 1	0.018 0	0.012 9	0.008 8
	载重汽车 4t	台班	0.042 2	0.036 1	0.027 1	0.019 3	0.013 2
	混凝土输送泵车 75 m^3/h	台班	0.010 8	0.010 8	0.010 8	0.010 8	0.010 8
	木工圆锯机 ϕ500 mm	台班	0.010 5	0.009 0	0.006 8	0.004 8	0.003 3
	混凝土振捣器插入式	台班	0.100 0	0.100 0	0.100 0	0.100 0	0.100 0

2. 概算定额的应用规则

(1)符合概算定额规定的应用范围。

(2)工程内容、计量单位及综合程度应与概算定额一致。

(3)必要的调整和换算应严格按定额的文字说明和附录进行。

(4)避免重复计算和漏项。

(5)参考预算定额的应用规则。

2.3.3 概算定额基价的编制

概算定额基价和预算定额基价一样,都只包括人工费、材料费和施工机具费。是通过编制扩大单位估价表所确定的单价,用于编制设计概算。概算定额基价和预算定额基价的编制方法相同,单价均为不含增值税进项税额的价格。概算定额基价表示形式见表 2-7。

$$\text{概算定额基价}=\text{人工费}+\text{材料费}+\text{施工机具费} \tag{2-48}$$

其中

$$\text{人工费}=\text{现行概算定额中人工工日消耗量}\times\text{人工单价}$$

$$\text{材料费}=\sum(\text{现行概算定额中材料消耗量}\times\text{相应材料单价}) \tag{2-49}$$

$$\text{施工机具费}=\sum(\text{现行概算定额中机械台班消耗量}\times\text{相应机械台班单价})+\sum(\text{仪器仪表台班用量}\times\text{仪器仪表台班单价}) \tag{2-50}$$

表 2-7　某现浇钢筋混凝土柱概算定额基价

工程内容:模板制作、安装、拆除,钢筋制作。安装、混凝土浇捣、抹灰、刷浆。

概算定额编号				4—3		4—4	
项目		单位	单价/元	矩形柱			
				周长 1.8 m 以内		周长 1.8 m 以外	
				数量	合价	数量	合价
基价		元		19 200.76		17 662.06	
其中	人工费	元		7 888.40		6 443.56	
	材料费	元		10 272.03		10 361.83	
	施工机具费	元		1 040.33		856.67	
合计工日		工日	82.00	96.20	7 888.40	78.58	6 443.56
材料	中(粗)砂(天然)	t	35.81	9.494	339.98	8.817	315.74
	碎石 5~20 mm	t	36.18	12.207	441.65	12.207	441.65
	石灰膏	m^3	98.89	0.221	20.75	0.155	14.55
	普通木成材	m^3	1 000.00	0.302	302.00	0.187	187.00
	圆钢(钢筋)	t	3 000.00	2.188	6 564.00	2.407	7 221.00
	组合钢模板	kg	4.00	64.416	257.66	39.848	159.39
	钢支撑(钢管)	kg	4.85	34.165	165.70	21.134	102.50
	零星卡具	kg	4.00	33.954	135.82	21.004	84.02
	铁钉	kg	5.96	3.091	18.42	1.912	11.40

（续表）

项目		单位	单价/元	矩形柱			
				周长1.8 m以内		周长1.8 m以外	
				数量	合价	数量	合价
材料	镀锌铁丝22#	kg	8.07	8.368	67.53	9.206	74.29
	电焊条	kg	7.84	15.644	122.65	17.212	134.94
	803涂料	kg	1.45	22.901	33.21	16.038	23.26
	水	m^3	0.99	12.700	12.57	12.300	12.21
	水泥425#	kg	0.25	664.459	166.11	517.117	129.28
	水泥525#	kg	0.30	4 141.200	1 242.36	4 141.200	1 242.36
	脚手架	元			196.00		90.60
	其他材料费	元			185.62		117.64
机械	垂直运费	元			628.00		510.00
	其他施工机具费	元			412.33		346.67

2.3.4 概算指标的概念与作用

1. 概算指标的概念

建筑安装工程概算指标通常是以单位工程为对象，以建筑面积、体积或成套设备装置的台或组为计量单位而规定的人工、材料、机械台班的消耗量标准和造价指标。

2. 建筑安装工程概算定额与概算指标的区别

（1）确定各种消耗量指标的对象不同

概算定额是以单位扩大分项工程或单位扩大结构构件为对象，而概算指标则是以单位工程为对象。因此概算指标比概算定额更加综合与扩大。

（2）确定各种消耗量指标的依据不同

概算定额以现行预算定额为基础，通过计算之后才综合确定出各种消耗量指标，而概算指标中各种消耗量指标的确定，则主要来自各种预算或结算资料。

3. 概算指标的作用

概算指标和概算定额、预算定额一样，都是与各个设计阶段相适应的多次性计价的产物，它主要用于初步设计阶段，其作用主要有：

（1）概算指标可以作为编制投资估算的参考。

（2）概算指标是初步设计阶段编制概算书，确定工程概算造价的依据。

（3）概算指标中的主要材料指标可以作为计算主要材料用量的依据。

（4）概算指标是设计单位进行设计方案比较、设计技术经济分析的依据。

（5）概算指标是编制固定资产投资计划，确定投资额和主要材料计划的主要依据。

（6）概算指标是建筑企业编制劳动力、材料计划、实行经济核算的依据。

2.3.5 概算指标的分类和表现形式

1. 概算指标的分类

概算指标可分为两大类，一类是建筑工程概算指标，另一类是设备及安装工程概算指标。如图 2-5 所示。

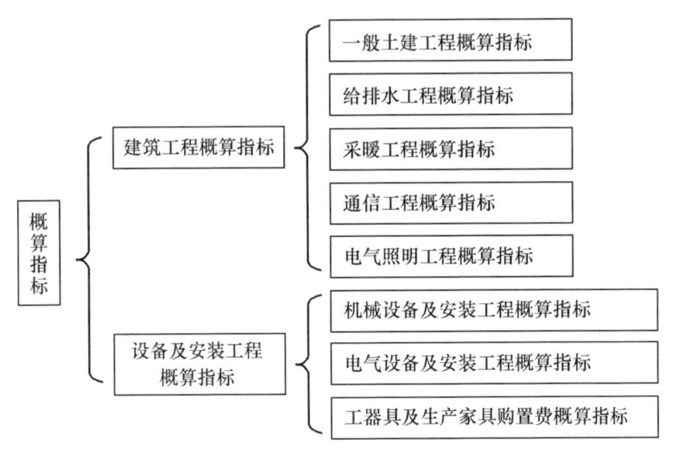

图 2-5 概算指标的分类

2. 概算指标的组成内容及表现形式

(1)概算指标的组成内容一般分为文字说明和列表形式，以及必要的附录。

①总说明和分册说明。其内容一般包括：概算指标的编制范围、编制依据、分册情况、指标包括的内容、指标未包括的内容、指标的使用方法、指标允许调整的范围及调整方法等。

②列表形式包括：

a. 建筑工程列表形式。房屋建筑物、构筑物一般是以建筑面积、建筑体积、“座”“个”等为计算单位，附以必要的示意图，示意图画出建筑物的轮廓示意或单线平面图，列出综合指标：“元/m^2”或“元/m^3”，自然条件(如地耐力、地震烈度等)，建筑物的类型、结构形式及各部位中结构主要特点，主要工程量。

b. 设备及安装工程的列表形式。设备以“t”或“台”为计算单位，也可以设备购置费或设备原价的百分比(%)表示；工艺管道一般以“t”为计算单位；通信电话站安装以“站”为计算单位。列出指标编号、项目名称、规格、综合指标(元/计算单位)之后一般还要列出其中的人工费，必要时还要列出主要材料费、辅材费。

总体来讲建筑工程列表形式分为以下几个部分：

● 示意图。表明工程的结构、工业项目，还表示出吊车及起重能力等。

● 工程特征。对采暖工程特征应列出采暖热媒及采暖形式；对电气照明工程特征可列出建筑层数、结构类型、配线方式、灯具名称等；对房屋建筑工程特征，主要对工程的结构形式、层高、层数和建筑面积进行说明。内浇外砌住宅结构特征见表 2-8。

表 2-8 内浇外砌住宅结构特征

结构类型	层数	层高	檐高	建筑面积
内浇外砌	六层	2.8 m	17.7 m	4 206 m^2

● 经济指标。说明该项目每 100 m^2 的造价指标及其土建、水暖和电气照明等单位工程的相应造价，内浇外砌住宅经济指标见表 2-9。

表 2-9　　内浇外砌住宅经济指标(100 m^2 建筑面积)　　元

项目		合计	其中			
			直接费	间接费	利润	税金
单方造价		30 422	21 860	5 576	1 893	1 093
其中	土建	26 133	1 239	4 790	1 626	939
	水暖	2 565	18 778	470	160	92
	电气照明	1 724	1 239	316	107	62

● 构造内容及工程量指标。说明该工程项目的构造内容和相应计算单位的工程量指标及人工、材料消耗指标。内浇外砌住宅构造内容及工程量指标、人工及主要材料消耗指标见表 2-10、表 2-11。

表 2-10　　内浇外砌住宅构造内容及工程量指标(100 m^2 建筑面积)

序号	构造特征		工程量	
			单位	数量
一、土建				
1	基础	灌注桩	m^3	14.64
2	外墙	2 砖墙、清水墙勾缝、内墙抹灰刷白	m^3	24.32
3	内墙	混凝土墙、1 砖墙、抹灰刷白	m^3	22.70
4	柱	混凝土柱	m^3	0.70
5	地面	碎砖垫层、水泥砂浆面层	m^2	13
6	楼面	120 mm 预制空心板、水泥砂浆面层	m^2	65
7	门窗	木门窗	m^2	62
8	屋面	预制空心板、水泥珍珠岩保温、三毡四油卷材防水	m^2	21.7
9	脚手架	综合脚手架	m^2	100
二、水暖				
1	采暖方式	集中采暖		
2	给水性质	生活给水明设		
3	排水性质	生活排水		
4	通风方式	自然通风		
三、电气照明				
1	配电方式	塑料管暗配电线		
2	灯具种类	日光灯		
3	用电量			

表 2-11　　　　内浇外砌住宅人工及主要材料消耗指标(100 m^2 建筑面积)

序号	名称及规格	单位	数量	序号	名称及规格	单位	数量
一、土建				二、水暖			
1	人工	工日	506	1	人工	工日	39
2	钢筋	t	3.25	2	钢管	t	0.18
3	塑钢	t	0.13	3	暖气片	m^2	20
4	水泥	t	18.10	4	卫生器具	套	2.35
5	白灰	t	2.10	5	水表	个	1.84
6	沥青	t	0.29	三、电气照明			
				1	人工	工日	20
7	红砖	千块	15.10	2	电线	m	283
8	木材	m^3	4.10	3	钢管	t	0.04
9	砂	m^3	41	4	灯具	套	8.43
				5	电表	个	1.84
10	砾石	m^3	30.5	6	配电箱	套	6.1
11	玻璃	m^2	29.2	四、施工机具费		%	7.5
12	卷材	m^2	80.8	五、其他材料费		%	19.57

(2)概算指标的表现形式

概算指标在具体内容的表示方法上，分为综合概算指标和单项概算指标两种形式。

①综合概算指标。综合概算指标是按照工业或民用建筑及其结构类型而制定的概算指标。综合概算指标的概括性较大，其准确性、针对性不如单项概算指标。

②单项概算指标。单项概算指标是指为某种建筑物或构筑物而编制的概算指标。单项概算指标的针对性较强，故指标中对工程结构形式要做介绍。只要工程项目的结构形式及工程内容与单项指标中的工程概况相吻合，编制出的设计概算就比较准确。

2.4 投资估算指标

2.4.1 投资估算指标的概念与作用

工程建设投资估算指标是编制建设项目建议书、可行性研究报告等前期工作阶段投资估算的依据，也可以作为编制固定资产长远规划投资额的参考。与概预算定额相比较，估算指标以独立的建设项目、单项工程或单位工程为对象，综合项目全过程投资和建设中的各类成本和费用，反映出其扩大的技术经济指标，既是定额的一种表现形式，又不同于其他的计价定额。投资估算指标为完成项目建设的投资估算提供依据和手段，它在固定资产的形成过程中起着投资预测、投资控制、投资效益分析的作用，是合理确定项目投资的基础。投资估算指标中的主要材料消耗量也是一种扩大材料消耗量指标，可以作为计算建设项目主要材料消耗量的基础。投资估算指标的正确制定对于提高投资估算的准确度、对建设项目的合理评估、正确决策具有重要意义。

(1)在编制项目建议书阶段,它是项目主管部门审批项目建议书的依据之一,并对项目的规划及规模起参考作用。

(2)在可行性研究报告阶段,它是项目决策的重要依据,也是多方案比选、优化设计方案、正确编制投资估算、合理确定项目投资额的重要基础。

(3)在建设项目评价及决策过程中,它是评价建设项目投资可行性、分析投资效益的主要经济指标。

(4)在项目实施阶段,它是限额设计和工程造价确定与控制的依据。

(5)它是核算建设项目建设投资需要额和编制建设投资计划的重要依据。

(6)合理准确地确定投资估算指标是进行工程造价管理改革,实现工程造价事前管理和主动控制的前提条件。

2.4.2 投资估算指标的内容

投资估算指标是确定和控制建设项目全过程各项投资支出的技术经济指标,其范围涉及建设前期、建设实施期和竣工验收交付使用期等各个阶段的费用支出,内容因行业不同而各异,一般可分为建设项目综合指标、单项工程指标和单位工程指标三个层次。

表 2-12 为某住宅建设项目的投资估算指标示例。

表 2-12　　建设项目投资估算指标

<table>
<tr><td colspan="8">一、工程概况</td></tr>
<tr><td>工程名称</td><td colspan="2">住宅楼</td><td>工程地点</td><td>××市</td><td>建筑面积</td><td colspan="2">4 549 m²</td></tr>
<tr><td>层数</td><td>7层</td><td>层高</td><td>3.00 m</td><td>檐高</td><td>21.60 m</td><td>结构类型</td><td>砖混</td></tr>
<tr><td>地耐力</td><td colspan="2">130 kPa</td><td>地震烈度</td><td>7度</td><td>地下水位</td><td colspan="2">−0.65 m、−0.83 m</td></tr>
<tr><td rowspan="18">土建部分</td><td colspan="2">地基处理</td><td colspan="5"></td></tr>
<tr><td colspan="2">基础</td><td colspan="5">C10 混凝土垫层,C20 钢筋混凝土带形基础,砖基础</td></tr>
<tr><td rowspan="2">墙体</td><td>外</td><td colspan="5">1 砖墙</td></tr>
<tr><td>内</td><td colspan="5">1 砖墙、1/2 砖墙</td></tr>
<tr><td colspan="2">柱</td><td colspan="5">C20 钢筋混凝土构造柱</td></tr>
<tr><td colspan="2">梁</td><td colspan="5">C20 钢筋混凝土单梁、圈梁、过梁</td></tr>
<tr><td colspan="2">板</td><td colspan="5">C20 钢筋混凝土平板,C30 预应力钢筋混凝土空心板</td></tr>
<tr><td rowspan="2">地面</td><td>垫层</td><td colspan="5">混凝土垫层</td></tr>
<tr><td>面层</td><td colspan="5">水泥砂浆面层</td></tr>
<tr><td colspan="2">楼面</td><td colspan="5">水泥砂浆面层</td></tr>
<tr><td colspan="2">屋面</td><td colspan="5">块体刚性屋面,沥青铺加气混凝土块保温层,防水砂浆面层</td></tr>
<tr><td colspan="2">门窗</td><td colspan="5">木胶合板门(带纱),塑钢窗</td></tr>
<tr><td rowspan="3">装饰</td><td>天棚</td><td colspan="5">混合砂浆、106 涂料</td></tr>
<tr><td>内粉</td><td colspan="5">混合砂浆、水泥砂浆、106 涂料</td></tr>
<tr><td>外粉</td><td colspan="5">水刷石</td></tr>
<tr><td rowspan="2">安装</td><td colspan="2">水卫(消防)</td><td colspan="5">给水镀锌钢管,排水塑料管,坐式大便器</td></tr>
<tr><td colspan="2">电气照明</td><td colspan="5">照明配电箱,PVC 塑料管暗敷,穿铜芯绝缘导线,避雷网敷设</td></tr>
</table>

续表

二、每平方米综合造价指标(表二)单位:元/m^2

项目	综合指标	直接费				取费(综合费)
		合价	其中			
			人工费	材料费	机具费	三类工程
工程造价	530.39	407.99	74.69	308.13	25.17	122.40
土建	503.00	386.92	70.95	291.80	24.17	116.08
水卫(消防)	19.22	14.73	2.38	11.94	0.41	4.49
电气照明	8.67	6.35	1.36	4.39	0.60	2.32

三、土建工程各部分占直接工程费的比例及每平方米直接费(表三)

分部工程名称	占直接费/%	元/m^2	分部工程名称	占直接费/%	元/m^2
±0.00 以下工程	13.01	50.40	楼地面工程	2.62	10.13
脚手架及垂直运输	4.02	15.56	屋面及防水工程	1.43	5.52
砌筑工程	16.90	65.37	防腐、保温、隔热工程	0.65	2.52
混凝土及钢筋混凝土工程	31.78	122.95	装饰工程	9.56	36.98
构件运输及安装工程	1.91	7.40	金属结构制作工程		
门窗及木结构工程	18.12	70.09	零星项目		

四、人工、材料消耗指标(表四)

项目	单位	每 100 m^2 消耗量	材料名称	单位	每 100 m^2 消耗量
一、定额用工	工日	382.06	二、材料消耗(土建工程)		
土建工程	工日	363.83	钢材	t	2.11
			水泥	t	16.76
水卫(消防)	工日	11.60	木材	m^3	1.80
			标准砖	千块	21.82
电气照明	工日	6.63	中粗砂	m^3	34.39
			碎(砂)石	m^3	26.20

1. 建设项目综合指标

建设项目综合指标指按规定应列入建设项目总投资的从立项筹建开始至竣工验收交付使用的全部投资额,包括单项工程投资、工程建设其他费用和预备费等。

建设项目综合指标一般以项目的综合生产能力单位投资表示,如"元/t""元/kW",或以使用功能表示,如医院床位:"元/床"。

2. 单项工程指标

单项工程指标指按规定应列入能独立发挥生产能力或使用效益的单项工程内的全部投资额,包括建筑工程费、安装工程费、设备、工器具及生产家具购置费和可能包含的其他费用。单项工程一般划分原则如下:

(1)主要生产设施。指直接参加生产产品的工程项目,包括生产车间或生产装置。

(2)辅助生产设施。指为主要生产车间服务的工程项目。包括集中控制室、中央实验室、机修、电修、仪器仪表修理及木工(模)等车间,原材料、半成品、成品及危险品等仓库。

(3)公用工程。包括给排水系统(给排水泵房、水塔、水池及全厂给排水管网)、供热系统(锅炉房及水处理设施、全厂热力管网)、供电及通信系统(变配电所、开关所及全厂输电、电信线路)以及热电站、热力站、煤气站、空压站、冷冻站、冷却塔和全厂管网等。

(4)环境保护工程。包括废气、废渣、废水等处理和综合利用设施及全厂性绿化。

(5)总图运输工程。包括厂区防洪、围墙大门、传达及收发室、汽车库、消防车库、厂区道路、桥涵、厂区码头及厂区大型土石方工程。

(6)厂区服务设施。包括厂部办公室、厂区食堂、医务室、浴室、哺乳室、自行车棚等。

(7)生活福利设施。包括职工医院、住宅、生活区食堂、俱乐部、托儿所、幼儿园、子弟学校、商业服务点以及与之配套的设施。

(8)厂外工程。如水源工程,厂外输电、输水、排水、通信、输油等管线以及公路、铁路专用线等。

单项工程指标一般以单项工程生产能力单位投资,用“元/t”或其他单位表示。如:变配电站,“元/(kV·A)”;锅炉房,“元/蒸汽吨”;供水站,“元/m^3”;办公室、仓库、宿舍、住宅等房屋则区别不同结构形式以“元/m^2”表示。

3. 单位工程指标

单位工程指标按规定应列入能独立设计、施工的工程项目的费用,即建筑安装工程费用。

单位工程指标一般以如下方式表示:房屋区别不同结构形式以“元/m^2”表示;道路区别不同结构层、面层以“元/m^2”表示;水塔区别不同结构层、容积以“元/座”表示;管道区别不同材质、管径以“元/m”表示。

2.5 建设工程工程量清单

建设工程
工程量清单

我国传统的计价模式是定额计价模式,在定额计价过程中,计价依据是固定的,法定的定额指令性过强,不利于竞争机制的发挥,已经不再适合我国目前建筑市场的状况,而建设工程工程量清单计价是一种区别于定额计价的新计价模式,该模式主要由市场定价,建设市场的建设产品买卖双方根据供求状况、信息状况自由竞价,签订工程合同价格的方法。

2.5.1 工程量清单的概念

工程量清单是载明建设工程分部分项工程项目、措施项目和其他项目的名称和相应数量以及规费和税金项目等内容的明细清单。具体又分为招标工程量清单和已标价工程量清单两种。

(1)招标工程量清单:是指由招标人根据国家标准、招标文件、设计文件以及施工现场实际情况编制的、随招标文件发布供投标报价的工程量清单。它是招标文件的组成部分,体现招标人要求投标人完成的工程项目及相应的工程数量,也是编制最高投标限价和投标报价的依据。

(2)已标价工程量清单:是指作为投标文件组成部分的已标明价格、经算术性错误修正(如有)且承包人已确认的工程量清单,包括对其的说明和表格。

2.5.2 工程量清单的作用

工程量清单作为招标文件的组成部分和工程量清单的计价基础,从工程招投标开始至竣工结算为止，是发包人和承包人编制最高投标限价、投标报价、计算工程量、支付工程款、调整合同价款、办理竣工结算以及工程索赔的依据。工程量清单的主要作用如下：

(1)工程量清单为投标人的投标竞争活动提供了一个平等和共同的基础

招标人编制的招标工程量清单为投标人的投标竞争活动提供了一个平等和共同的基础，在相同的工程项目、工程量和质量要求下，由企业根据自身的实力来填报不同的单价。投标人的这种自主报价，使得企业的优势体现到投标报价中，可在一定程度上规范建筑市场秩序，确保工程质量。

(2)促进企业整体实力的提升，满足市场经济条件下竞争的需要

招投标过程就是竞争的过程，招标人提供工程量清单，投标人根据自身情况确定综合单价，利用单价与工程量逐项计算每个项目的合价，再分别填入工程量清单表内，计算出投标总价。单价成了决定性的因素，定高了不能中标，定低了又要承担过大的风险。单价的高低直接取决于企业管理水平和技术水平的高低，这种局面促成了企业整体实力的竞争，有利于我国建设市场的快速发展。

(3)有利于提高工程计价效率，能真正实现快速报价

采用工程量清单计价方式，避免了传统计价方式下招标人与投标人在工程量计算上的重复工作，各投标人以招标人提供的工程量清单为统一平台，结合自身的管理水平和施工方案进行报价，促进了各投标人企业定额的完善和工程造价信息的积累和整理，体现了现代工程建设中快速报价的要求。

(4)有利于工程款的拨付和工程造价的最终结算

中标后，业主要与中标单位签订施工合同，中标价就是确定合同价的基础，投标清单上的单价就成了拨付工程款的依据。业主根据施工企业完成的工程量，可以很容易地确定进度款的拨付额。工程竣工后，根据设计变更、工程量增减等，业主也很容易确定工程的最终造价，可在某种程度上减少业主与施工单位之间的纠纷。

(5)有利于业主对投资的控制

采用现在的施工图预算形式，业主对因设计变更、工程量的增减所引起的工程造价变化不敏感，往往等到竣工结算时才知道这些变更对项目投资的影响有多大，但此时常常是为时已晚。而采用工程量清单报价的方式则可对投资变化一目了然，在要进行设计变更时，能马上知道它对工程造价的影响，业主就能根据投资情况来决定是否变更或进行方案比较，以决定最恰当的处理方法。

2.5.3 工程量清单的组成与编制

作为招标文件重要组成部分的招标工程量清单，由分部分项工程项目清单、措施项目清单、其他项目清单及规费、税金项目清单组成。应以单位(项)工程为单位，由具有编制能力的招标人或受其委托，具有相应资质的工程造价咨询人或招标代理人编制，其准确性和完整性由招标人负责。《建设工程工程量清单计价规范》(GB 50500—2013)是编制工程量清单的主要依据，它对工程量清单的组成、项目设置、计算规则等做了明确的规定。

1. 分部分项工程项目清单

分部分项工程是分部工程和分项工程的总称。分部工程是单位工程的组成部分，是按结构部位、路段长度及施工特点或施工任务将单位工程划分为若干分部的工程。例如，砌筑工程分为

砖砌体、砌块砌体、石砌体、垫层分部工程。分项工程是分部工程的组成部分，是按不同施工方法、材料、工序及路段长度等将分部工程划分为若干个分项或项目的工程。例如砖砌体分部工程分为砖基础、砖砌挖孔桩护壁、实心砖墙、多孔砖墙、空心砖墙、空斗墙、空花墙、填充墙、实心砖柱、多孔砖柱、砖检查井、零星砌砖、砖散水地坪、砖地沟明沟等分项工程。

分部分项工程项目清单必须载明项目编码、项目名称、项目特征、计量单位和工程量。分部分项工程项目清单必须根据各专业工程计量规范规定的项目编码、项目名称、项目特征、计量单位和工程量计算规则进行编制。其格式见表 2-13，在分部分项工程项目清单的编制过程中，由招标人负责前六项内容的填列，金额部分在编制最高投标限价或投标报价时填列。

表 2-13　　分部分项工程和单价措施项目清单与计价表

工程名称：　　　　　　　　　　标段：

序号	项目编码	项目名称	项目特征描述	计量单位	工程量	金额/元		
						综合单价	合价	其中：暂估价

(1)项目编码

项目编码是分部分项工程和措施项目清单名称的阿拉伯数字标识。分部分项工程项目清单项目编码以五级编码设置，用十二位阿拉伯数字表示。第一、二、三、四级编码为全国统一的，即一至九位应按计价规范附录的规定设置；第五级即十至十二位为清单项目编码，应根据拟建工程的工程量清单项目名称设置，不得有重号，这三位清单项目编码由招标人针对招标工程项目具体编制，并应自 001 起按顺序编制。各级项目编码的含义见表 2-14。

表 2-14　　分部分项工程工程项目清单项目编码的含义

级别	含义	位数
第一级	专业工程代码	2
第二级	附录分类顺序码	2
第三级	分部工程顺序码	2
第四级	分项工程项目名称顺序码	3
第五级	工程量清单项目名称顺序码	3

项目编码的结构如图 2-6 所示(以房屋建筑与装饰工程为例)。

当同一标段(或合同段)的一份工程量清单中含有多个单位工程且工程量清单以单位工程为编制对象时，在编制工程量清单时应特别注意对项目编码十至十二位的设置不得有重码的规定。例如一个标段(或合同段)的工程量清单中含有三个单位工程，每一单位工程中都有项目特征相同的实心砖墙砌体，在工程量清单中又需反映三个不同单位工程的实心砖墙砌体工程量时，则第一个单位工程的实心砖墙砌体的项目编码应为 010401003001，第二个单位工程的实心砖墙砌体的项目编码应为 010401003002，第三个单位工程的实心砖墙砌体的项目编码应为 010401003003，并分别列出各单位工程实心砖墙砌体的工程量。

(2)项目名称

分部分项工程项目清单的项目名称应按各专业工程计量规范附录的项目名称结合拟建工程

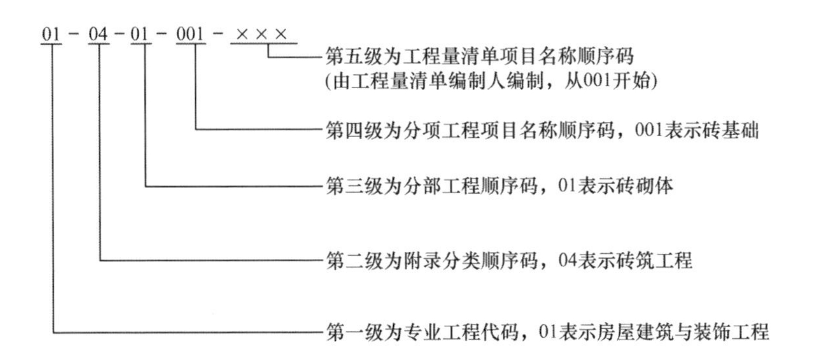

图 2-6　工程量清单项目编码的结构

的实际确定。附录表中的“名称”为分项工程项目名称，是形成分部分项工程项目清单名称的基础。即在编制分部分项工程项目清单时，以附录中的分项工程项目名称为基础，考虑该项目的规格、型号、材质等特征要求，结合拟建工程的实际情况，使其工程量清单项目名称具体化、细化，以反映影响工程造价的主要因素，例如“门窗工程”中的“特殊门”应区分“冷藏门”“冷冻闸门”“保温门”“变电室门”“隔音门”“人防门”“金库门”等。清单项目名称应表达详细、准确，各专业工程计量规范中的分项工程项目名称如有缺陷，招标人可做补充，并报当地工程造价管理机构（省级）备案。

(3)项目特征

项目特征是构成分部分项工程项目、措施项目自身价值的本质特征。项目特征是对项目的准确描述，是确定一个清单项目综合单价不可缺少的重要依据，是区分清单项目的依据，是履行合同义务的基础。分部分项工程项目清单的项目特征应按各专业工程计量规范附录中规定的项目特征，结合技术规范、标准图集、施工图，按照工程结构、使用材质及规格或安装位置等，予以详细而准确的表述和说明。凡项目特征中未描述到的其他独有特征，由清单编制人员视项目具体情况确定，以准确描述清单项目为准。

在各专业工程计量规范附录中还有关于各清单项目“工作内容”的描述。工作内容是指完成清单项目时可能发生的具体工作和操作程序，但应注意的是，在编制分部分项工程项目清单时，工作内容通常无须描述，因为在计价规范中，工程量清单项目与工程量计算规则、工作内容有一一对应关系，当采用计价规范这一标准时，工作内容均有规定。

(4)计量单位

计量单位应采用基本单位，不得使用扩大单位（如 10 m^3、100 m^2），除各专业另有特殊规定外，均按以下单位计量：

①以质量计算的项目——吨或千克(t 或 kg)

②以体积计算的项目——立方米(m^3)

③以面积计算的项目——平方米(m^2)

④以长度计算的项目——米(m)

⑤以自然计量单位计算的项目——个、套、块、樘、组、台……

⑥没有具体数量的项目——宗、项……

各专业有特殊计量单位的，另外加以说明。当计量单位有两个或两个以上时，应根据所编工程量清单项目的特征要求，选择最适宜表现该项目特征并方便计量的单位。

计量单位的有效位数应遵守下列规定：

- 以“t”为单位，应保留小数点后三位数字。
- 以“m”“m^2”“m^3”“kg”为单位，应保留小数点后两位数字。
- 以“个”“件”“根”“组”“系统”等为单位，应取整数。

(5)工程量

工程量主要通过工程量计算规则计算得到。工程量计算规则是指对清单项目工程量的计算规定。除另有说明外，所有清单项目的工程量应以实体工程量为准，并以完成后的净值计算；投标人投标报价时，应在单价中考虑施工中的各种损耗和需要增加的工程量。

根据工程量清单计价与计量规范的规定，工程量计算规则可以分为房屋建筑与装饰工程、仿古建筑工程、通用安装工程、市政工程、园林绿化工程、矿山工程、构筑物工程、城市轨道交通工程、爆破工程九大类。

以房屋建筑与装饰工程为例，其计量规范中规定的实体项目包括土石方工程，地基处理与边坡支护工程，桩基工程，砌筑工程，混凝土及钢筋混凝土工程，金属结构工程，木结构工程，门窗工程，屋面及防水工程，保温、隔热、防腐工程，楼地面装饰工程，墙、柱面装饰与隔断、幕墙工程，天棚工程，油漆、涂料、裱糊工程，其他装饰工程，拆除工程等，分别制定了它们的项目设置和工程量计算规则。

随着工程建设中新材料、新技术、新工艺等的不断涌现，计量规范附录所列的工程量清单项目不可能包含所有项目。在编制工程量清单时，当出现计量规范附录中未包括的清单项目时，编制人应作补充。在编制补充项目时应注意以下三个方面：

①补充项目的编码应按计量规范的规定确定。具体做法如下：补充项目的编码由计量规范的代码与B和三位阿拉伯数字组成，并应从001起顺序编制，例如房屋建筑与装饰工程如需补充项目，则其编码应从01B001开始起顺序编制，同一招标工程的项目不得重码。

②在工程量清单中应附补充项目的项目名称、项目特征、计量单位、工程量计算规则和工作内容。

③将编制的补充项目报省级或行业工程造价管理机构备案。

【例2-8】 某建筑基础如图2-7所示，图示尺寸为轴线尺寸，内、外墙均为240 mm，轴线居中。基础用M5水泥砂浆砌筑。试编制其分部分项工程项目清单。

【解】 编制分部分项工程项目清单如下：

清单编码：010401001001

项目名称：砖基础

项目特征：M5水泥砂浆砌筑标准MU10机制红砖的条形基础，距垫层顶的埋深为3 m

单位：m^3

工程量：外墙中心线：$(6.30+3.30+2.00)\times2=23.20$ m

内墙净长线：$3.30+3.30+3.00-0.12\times4=9.12$ m

砖基断面：$0.24\times3+0.06\times0.12\times6=0.76$ m^2

基础体积：$(23.20+9.12)\times0.76=24.56$ m^3

填写分部分项工程项目清单，见表2-15。

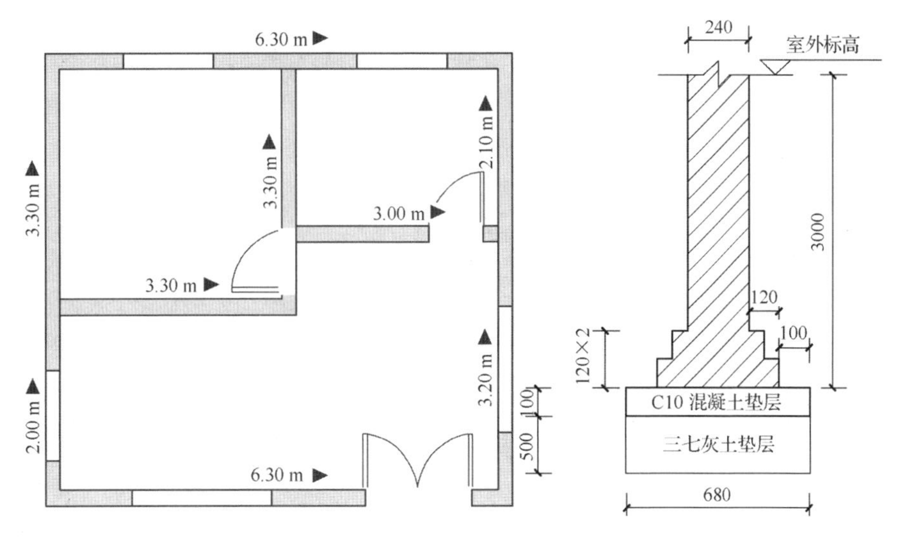

图 2-7　基础示意图

表 2-15　　　　砖基础分部分项工程项目清单与计价表

序号	项目编码	项目名称	项目特征描述	计量单位	工程量	金额/元		
						综合单价	合价	其中:暂估价
1	010401001001	砖基础	1. 砖品种、规格、强度等级:标准 MU10 机制红砖; 2. 基础类型:条形基础; 3. 基础深度:埋深 3 m; 4. 砂浆强度等级:M5 水泥砂浆	m^3	24.56			

2. 措施项目清单

(1)措施项目列项

措施项目是指为完成工程项目施工,发生于该工程施工准备和施工过程中的技术、生活、安全、环境保护等方面的项目。

措施项目清单应根据相关工程现行国家计量规范的规定编制,并应根据拟建工程的实际情况列项。例如,《房屋建筑与装饰工程工程量计算规范》(GB 50854—2013)中规定的措施项目包括脚手架工程,混凝土模板及支架(撑),垂直运输,超高施工增加,大型机械设备进出场及安拆,施工排水、降水,安全文明施工及其他措施项目。

(2)措施项目清单的格式与编制

根据是否可以计算工程量,措施项目可以分为两类,其编制方法与计价方式见表 2-16。相对应的措施项目清单与计价表也分为两种,见表 2-17 和表 2-18。

表 2-16　　措施项目清单类别与编制方法

类　别	一、总价措施项目	二、单价措施项目
措施项目（以房屋建筑与装饰工程为例）	安全文明施工费 夜间施工 非夜间施工照明 二次搬运 冬雨季施工 地上地下设施，建筑物的临时保护设施 已完工程及设备保护	脚手架工程 混凝土模板及支架（撑） 垂直运输 超高施工增加 大型机械设备进出场及安拆 施工排水、降水
工程量	不可以计算	可以计算
编制方法	以“项”为计量单位进行编制，列出项目编码、项目名称	同分部分项工程项目清单，列出项目编码、项目名称、项目特征、计量单位和工程量
计价方式	总价	综合单价

表 2-17　　总价措施项目清单与计价表

工程名称：　　　　　　　　　　　　　　标段：

序号	项目编码	项目名称	计算基础	费率/%	金额/元	调整费率/%	调整后金额/元	备注
		安全文明施工费						
		夜间施工增加费						
		二次搬运费						
		冬雨季施工增加费						
		已完工程及设备保护费						
		…						
合计								

编制人（造价人员）：　　　　　　　　　　　　复核人（造价工程师）：

注：1．“计算基础”中安全文明施工费可为“定额基价”“定额人工费”或“定额人工费＋定额机械费”，其他项目可为“定额人工费”或“定额人工费＋定额机械费”。

2．按施工方案计算的措施项目费，若无“计算基础”和“费率”的数值，也可只填“金额”数值，但应在备注栏说明施工方案出处或计算方法。

表 2-18　　分部分项工程和单价措施项目清单与计价表

序号	项目编码	项目名称	项目特征描述	计量单位	工程量	金额/元	
						综合单价	合价
本页小计							
合计							

注：本表适用于以综合单价形式计价的措施项目。

【例 2-9】 某办公综合楼的结构类型为三层框架结构，梁、板、柱采用现浇混凝土，基础类型为钢筋混凝土筏板基础，土方需要进行大开挖，开挖时采取降水措施。施工中要考虑夜间施工和垂直运输，施工场地狭小。试对该综合楼在施工过程中可能发生的措施项目进行列项。

【解析】

措施项目的列项需要根据工程的特点，再参考现场施工的实际情况，结合招标文件的要求来进行。通常情况下，措施项目清单所列的项目一般有：安全文明施工措施费、二次搬运费、夜间施工措施费、冬雨季施工措施费等费用。本案例中柱、梁、板全是现浇混凝土，因此须列混凝土、钢筋混凝土模板及支架项目；基础为筏板基础，大开挖土方，需要使用机械开挖，因此须列大型机械设备进出场及安拆项目；开挖时采取降水措施，因此须列施工降水项目；施工场地狭小，因此须列二次搬运项目；此外还应列夜间施工和垂直运输项目。

3. 其他项目清单

其他项目清单是指除分部分项工程项目清单、措施项目清单所包含的内容以外，因招标人的特殊要求而发生的与拟建工程有关的其他费用项目和相应数量的清单。其他项目清单包括暂列金额、暂估价（包括材料暂估单价、工程设备暂估单价、专业工程暂估价），计日工和总承包服务费。其他项目清单宜按照表 2-19 的格式编制，出现未包含在表格中内容的项目，可根据工程实际情况补充。

表 2-19　　　　其他项目清单与计价汇总表

序号	项目名称	金额/元	结算金额/元	备注
1	暂列金额			明细详见表 2-20
2	暂估价			
2.1	材料(工程设备)暂估价/结算价	—		明细详见表 2-21
2.2	专业工程暂估价/结算价			明细详见表 2-22
3	计日工			明细详见表 2-23
4	总承包服务费			明细详见表 2-24
5	索赔与现场签证			
合计				

注：材料（工程设备）暂估单价进入清单项目综合单价，此处不汇总。

(1)暂列金额

暂列金额是招标人在工程量清单中暂定并包括在合同价款中的一笔款项，用于工程合同签订时尚未确定或者不可预见的所需材料、工程设备、服务的采购，施工中可能发生的工程变更、合同约定调整因素出现时的合同价款调整以及发生的索赔、现场签证确认等的费用。由于工程建设自身的特性决定了工程的设计需要根据工程进展不断地进行优化和调整，业主需求可能会随工程建设进展出现变化，工程建设过程还会存在一些不能预见、不能确定的因素，暂列金额正是为消化和规避这些不可避免的因素对合同价格的调整而设立的，以便达到合理确定和有效控制工程造价的目的。暂列金额应根据工程特点，按有关计价规定估算。暂列金额可按照表 2-20 的格式列示。

表 2-20 暂列金额明细表

工程名称：　　　　　　　　　　　　　　标段：

序号	项目名称	计量单位	暂定金额/元	备注
1				
2				
3				
合计				—

注：此表由招标人填写，如不能详列，也可只列暂定金额总额，投标人应将上述暂列金额计入投标总价中。

(2)暂估价

暂估价是指招标人在工程量清单中提供的用于支付必然发生但暂时不能确定价格的材料、工程设备的单价以及专业工程的金额，包括材料暂估单价、工程设备暂估单价和专业工程暂估价。暂估价是在发承包阶段预见肯定要发生，只是因为标准不明确或者需要由专业承包人完成，暂时无法确定价格。暂估价数量和拟用项目应当结合工程量清单中的“暂估价表”予以补充说明。其中专业工程的暂估价一般应是综合暂估价，同样包括人工费、材料费、施工机具使用费、企业管理费和利润，不包括规费和税金。

暂估价中的材料(工程设备)暂估单价应根据工程造价信息或参照市场价格估算，列出明细表；专业工程暂估价应分不同专业，按有关计价规定估算，列出明细表。暂估价可按照表 2-21、表 2-22 的格式列示。

表 2-21 材料(工程设备)暂估单价及调整表

工程名称：　　　　　　　　　　　　　　标段：

序号	材料(工程设备)名称、规格、型号	计算单位	数量		暂估/元		确认/元		差额±/元		备注
			暂估	确认	单价	合价	单价	合价	单价	合价	
合计											

注：此表由招标人填写“暂估单价”，并在备注栏说明暂估价的材料，工程设备拟用在哪些清单项目上，投标人应将上述材料、工程设备暂估价计入工程量清单综合单价报价中。

表 2-22 专业工程暂估价及结算价表

工程名称：　　　　　　　　　　　　　　标段：

序号	工程名称	工程内容	暂估金额/元	结算金额/元	差额±/元	备注

注：此表“暂估金额”由招标人填写，投标人应将“暂估金额”计入投标总价中，结算时按合同约定结算金额填写。

(3)计日工

计日工是指在施工过程中，承包人完成发包人提出的工程合同范围以外的零星项目或工作，按合同中约定的单价计价的一种方式。计日工是为了解决现场发生的零星工作的计价而设立的。计日工对完成零星工作所消耗的人工工时、材料数量、施工机械台班进行计量，并按照计日工表中填报的适用项目的单价进行计价支付。计日工适用的所谓零星项目或工作一般是指合同约定之外的或者因变更而产生的、工程量清单中没有相应项目的额外工作,尤其是那些难以事先商定价格的额外工作。

计日工应列出项目名称、计量单位和暂估数量。计日工可按照表 2-23 的格式列示。

表 2-23 计日工表

工程名称: 标段:

编号	项目名称	计量单位	暂估数量	实际数量	综合单价/元	合价/元	
						暂定	实际
一	人工						
1							
2							
……							
人工小计							
二	材料						
1							
2							
……							
材料小计							
三	施工机械						
1							
2							
……							
施工机械小计							
四、企业管理费和利润							
总计							

注:此表项目名称、暂估数量由招标人填写,编制最高投标限价时,单价由招标人按有关计价规定确定;投标时,单价由投标人自主报价,按暂估数量合价计入投标总价中。结算时,按发承包双方确认的实际数量计算合价。

(4)总承包服务费

总承包服务费是指总承包人为配合协调发包人进行的专业工程发包,对发包人自行采购的材料、工程设备等进行保管以及施工现场管理、竣工资料汇总整理等服务所需的费用。招标人应预计该项费用并按投标人的投标报价向投标人支付该项费用。

总承包服务费应列出服务项目及其内容等。总承包服务费按照表 2-24 的格式列示。

表 2-24 总承包服务费计价表

工程名称: 标段:

序号	项目名称	项目价值/元	服务内容	计算基础	费率/%	金额/元
1	发包人发包专业工程					
2	发包人提供材料					
	合计	—	—	—	—	

注:此表中项目名称、服务内容由招标人填写,编制最高投标限价时,费率及金额由招标人按有关计价规定确定;投标时,费率及金额由投标人自主报价,计入投标总价中。

4. 规费、税金项目清单

规费项目清单应按照下列内容列项：社会保险费，包括养老保险费、失业保险费、医疗保险费、工伤保险费、生育保险费；住房公积金；工程排污费；出现计价规范中未列的项目，应根据省级政府或省级有关权力部门的规定列项。

税金项目清单应包括下列内容：增值税；城市维护建设税；教育费附加；地方教育费附加。出现计价规范未列的项目，应根据税务部门的规定列项。

规费、税金项目计价表见表 2-25。

表 2-25　　规费、税金项目计价表

工程名称：　　　　标段：

序号	项目名称	计算基础	计算基数	计算费率/%	金额/元
1	规费	定额人工费			
1.1	社会保险费	定额人工费			
(1)	养老保险费	定额人工费			
(2)	失业保险费	定额人工费			
(3)	医疗保险费	定额人工费			
(4)	工伤保险费	定额人工费			
(5)	生育保险费	定额人工费			
1.2	住房公积金	定额人工费			
1.3	工程排污费	按工程所在地环境保护部门收取标准，按实计入			
2	税金	分部分项工程费＋措施项目费＋其他项目费＋规费－按规定不计税的工程设备金额			

编制人（造价人员）：　　　　复核人（造价工程师）：

2.5.4　工程量清单计价的基本过程

工程量清单计价是以工程量清单为基础，其基本过程可以描述为：在统一的工程量清单项目设置的基础上，按照统一的工程量计算规则，根据具体工程的施工图设计资料计算出各个清单项目的工程量，再根据各种渠道获得的工程造价信息和经验数据计算得到工程造价。即完成由招标人提供的工程量清单项目所需的全部费用，包括分部分项工程费、措施项目费、其他项目费和规费、税金等。

投标人的投标报价就是在业主提供的工程量清单的基础上，根据企业自身所掌握的各种信息、资料、企业定额以及拟建工程的施工组织设计和具体的施工方案，结合自身的实际情况自主报价。

为了简化计价程序，实现与国际接轨，工程量清单计价应采用综合单价（该单价包括人工费、材料费、施工机具使用费、企业管理费、利润，还需要考虑风险因素）计价，规费和税金按照国家及各行业的规定执行。工程量清单计价过程如图 2-8 所示。

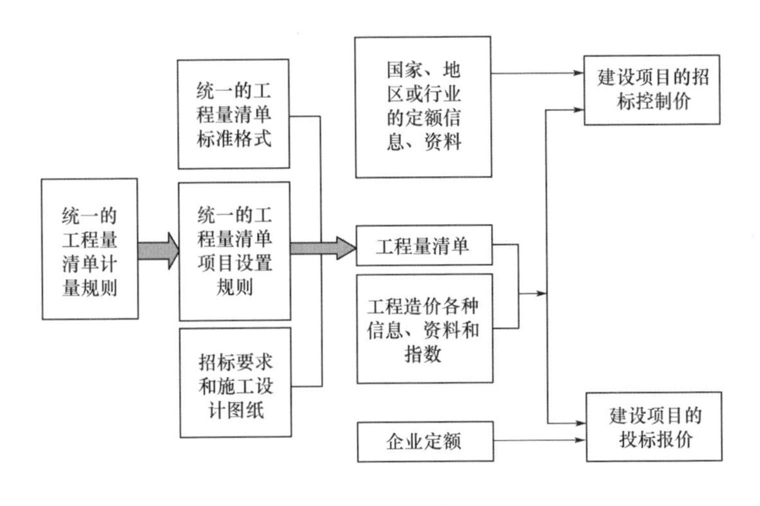

图 2-8　工程量清单计价过程

2.6 其他造价确定依据

其他造价确定依据

除了前述的国家级的工程量清单计价规范和省级的建设工程定额，还有其他的一些文件也是工程造价计价的重要依据。

2.6.1　要素市场价格信息

人工、材料、施工机械等要素是构成建设工程造价的主要组成，相关要素的价格是影响建设工程造价的关键因素。在确定建设工程造价时，由于要素价格是由市场形成的，所需人工、材料、施工机械等资源的价格也都来自市场，其价格会随着市场的变化而变化，因此，确定建设工程造价必须随时掌握市场价格信息，了解市场价格行情，熟悉市场各类资源的供求变化及价格动态。如此得到的建设工程造价才能真实反映工程建造所需费用。

2.6.2　工程技术文件

工程技术文件是反映建设工程项目的规模、内容、标准、功能等的文件。依据工程技术文件，可以将工程结构分解为分部分项工程，对造价计算的子项进行划分；依据工程技术文件，参照相应工程内容、尺寸和标准，可以计算出工程实物量，得到分部分项工程的实物数量。所以，工程技术文件是建设工程造价确定的重要依据。

在建设项目的不同阶段所产生的工程技术文件是不同的。

(1)在项目决策阶段(包括项目意向、项目建议书、可行性研究等阶段)，工程技术文件包括项目策划文件、功能描述书、项目建议书或可行性研究报告等。项目决策阶段的投资估算主要就是依据上述的工程技术文件进行编制。

(2)在初步设计阶段，工程技术文件主要包括初步设计所产生的初步设计图纸及有关设计资料。初步设计阶段设计概算的编制，主要就是依据初步设计图纸等有关设计资料进行。

(3)在施工图设计阶段，工程技术文件表现为施工图设计资料，包括建筑施工图纸、结构施工图纸、设备施工图纸、其他施工图纸和设计资料。施工图设计阶段的施工图预算编制必须依据施工图纸等有关工程技术文件。

(4)在工程发承包阶段,工程技术文件主要包括招标文件、建设单位的特殊要求和相应的工程设计文件等。

2.6.3 建设工程环境和条件

建设工程环境和条件的差异或变化会对确定建设工程造价产生影响。建设工程环境和条件包括工程地质条件、气象条件、现场环境与周边条件,也包括工程建设的实施方案、组织方案、技术方案等。在国际工程承包中,承包人在进行投标报价时,必须对现场环境和条件进行充分调查研究,对工程造价产生影响的因素要进行详细分析。例如工程所在地的政治情况、经济情况、法律情况、交通情况、运输情况、通信情况,生产要素市场情况,历史、文化、宗教情况,气象资料、水文资料、地质资料等自然条件,工程现场地形地貌、周围道路、邻近建筑物、市政设施等施工条件及其他条件,工程业主情况、设计单位情况、咨询单位情况、竞争对手情况等。掌握了工程的环境和条件以后,才能更为准确地确定建设工程造价。

2.7 综合应用案例

【综合案例 2-1】

某工程基础部分为带型基础,截面如图 2-9 所示,基础总长度为 160 m。现场制作混凝土,强度等级为:基础垫层 C10,带型基础 C20。招标文件要求:某承包人拟投标该工程,已算出除基础外其他分项工程合计为 80 万元,并根据本企业管理水平确定管理费费率为 12%(以工料机合计为基数),利润率和风险系数为 5%(以工料机合计为基数计算)。

问题:

(1)根据计价规范,计算该工程带型基础工程量,编制分部分项工程项目清单。

(2)根据所给资料(表 2-26～表 2-28),编制带型基础工程量清单综合单价分析表和分部分项工程项目清单与计价表。

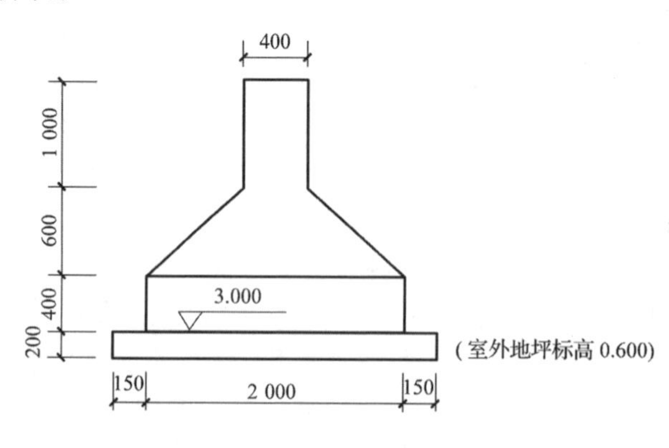

图 2-9　基础截面图

表 2-26　　企业定额消耗量表

企业定额编号			8-16	5-394
项目		单位	混凝土垫层	混凝土带型基础
人工	综合工日	工日	1.225	0.956
材料	现浇混凝土	m^3	1.010	1.015
	草袋	m^2	0.000	0.252
	水	m^3	0.500	0.919
机械	混凝土搅拌机 400 L	台班	0.101	0.039
	插入式振捣器		0.000	0.077
	平板式振捣器		0.079	0.000
	机动翻斗车		0.000	0.078
	电动打夯机		0.000	0.000

表 2-27　　市场资源价格表

序号	1	2	3	4	5	6	7	8	9	10	11	12
资源名称	综合工日	325 水泥	粗砂	砾石 40	砾石 20	水	草袋	混凝土搅拌机 400 L	插入式振捣器	平板式振捣器	机动翻斗车	电动打夯机
单位	工日	t	m^3	m^3	m^3	m^3	m^2	台班	台班	台班	台班	台班
价格/元	35.00	320.00	90.00	52.00	52.00	3.90	2.20	96.85	10.74	12.89	83.31	25.61

表 2-28　　混凝土配合比表

项目		单位	基础垫层 C10	带型基础 C20
材料	325 水泥	kg	249.000	312.000
	粗砂	m^3	0.510	0.430
	砾石 40	m^3	0.850	0.890
	砾石 20	m^3	0.000	0.000
	水	m^3	0.170	0.170

(3)投标方根据施工方案要求预计可能发生以下费用：

①租赁模板所需费用 18 000 元，支、拆模板人工费 10 000 元。

②租赁钢管脚手架所需费用 20 000 元，脚手架支、拆人工费 12 000 元。

③措施项目费中安全文明施工、二次搬运、夜间施工、冬雨季施工等可能发生措施项目费的总额按分部分项工程项目清单合价的 5%计取。

按照上述条件，编制措施项目清单与计价表。

(4)招标文件中规定：暂列金额 300 000 元。专业工程暂估价 500 000 元(总承包服务费按 4%计取)，计日工 60 个工日，编制其他项目清单与计价表。

(5)若规定规费按 5%计取，税金按 3.41%计取，编制单位工程投标报价汇总表。

【案例解析】

(1)带型基础工程量＝[2.0×0.4＋(2＋0.4)÷2×0.6＋0.4×1]×160＝307.2 m^3

带型基础垫层工程量＝2.3×0.2×160＝73.6 m^3

编制分部分项工程量清单，见表 2-29。

表 2-29　　分部分项工程项目清单与计价表

序号	项目编码	项目名称	项目特征描述	计量单位	工程量	金额/元		
						综合单价	合价	其中：暂估价
1	010501001001	带型基础	1. 混凝土强度等级：C20 2. 垫层：体积为 73.6 m^3 的 C10 混凝土垫层	m^3	307.2			

(2)根据所给资料，编制工程量清单综合单价分析表(表 2-30)

表 2-30　　带型基础工程量清单综合单价分析表

项目编码		010501001001		项目名称		带型基础		计量单位	m^3	工程量	307.2
清单综合单价组成明细											
定额编号	定额名称	定额单位	数量	单价/元				合价/元			
				人工费	材料费	机械费	管理费和利润	人工费	材料费	机械费	管理费和利润
5-394	带型基础	m^3	307.20	33.46	192.41	11.10	40.28	10 278.91	59 108.35	3 409.92	12 374.02
8-16	带基垫层	m^3	73.60	42.88	174.10	10.80	38.72	3 155.97	12 813.76	794.88	2 849.79
人工单价		小计						13 434.88	71 922.11	4 204.80	15 223.81
元/工日		未计价材料费									
清单项目综合单价/元								341.10			
材料费明细	主要材料名称、规格、型号					单位	数量	单价/元	合价/元	暂估单价/元	暂估合价/元
	325 水泥					kg	115 793.76	0.32	37 054.00		
	其他材料费							—		—	
	材料费小计							—	37 054.00	—	

根据表 2-30 填写表 2-31。

表 2-31　　分部分项工程项目清单与计价表

序号	项目编码	项目名称	项目特征描述	计量单位	工程量	金额/元		
						综合单价	合价	其中：暂估价
1	010501001001	带型基础	1. 混凝土强度等级：C20 2. 垫层：体积为 73.6 m^3 的 C10 混凝土垫层	m^3	307.2	341.10	104 785.92	
合计							104 785.92	

(3)按所给资料，编制措施项目清单与计价表(表 2-32 和表 2-33)

表 2-32　　措施项目清单与计价表(一)

序号	项目编码	项目名称	计算基础	费率/%	金额/元
1	011707001	安全文明施工费	分部分项工程项目清单合计价格	5	(800 000＋104 785.92)×5%＝45 239.30
2	011707002	夜间施工费	同上		
3	011707004	二次搬运费	同上		
4	011707005	冬雨季施工	同上		
5	011707006	地上、地下设施，建筑物的临时保护设施	同上		
6		已完工程及设备保护	同上		
7		各专业工程的措施项目	同上		
合计					45 239.30

表 2-33　　措施项目清单与计价表(二)

序号	项目编码	项目名称	项目特征描述	计量单位	工程量	金额/元		
						综合单价	合价	其中：暂估价
1	011702001001	混凝土构件模板	租赁费 18 000 元，人工费 10 000 元，管理费费率 12%，利润率 5%	项	1	32 928.00	32 928.00	
2	011701001001	钢管脚手架	租赁费 20 000 元，人工费 12 000 元，管理费费率 12%，利润率 5%	项	1	37 632.00	37 632.00	
合计							70 560.00	

(4)编制其他项目清单与计价表(表 2-34)

表 2-34　　其他项目清单与计价表

序号	项目名称	计量单位	金额/元	备注
1	暂列金额	元	300 000.00	
2	暂估价	元	500 000.00	
2.1	材料暂估价		—	
2.2	专业工程暂估价	元	500 000.00	
3	计日工	元	2 100.00	60×35
4	总承包服务费	元	20 000.00	500 000×4%
合计			822 100.00	

(5)编制单位工程投标报价汇总表(表 2-35)

表 2-35 单位工程投标报价汇总表

序号	汇总内容	金额/元	其中:暂估价/元
1	分部分项工程项目清单合计	104 785.92	
1.1	—	—	
⋮	—	—	
2	措施项目清单合计	115 799.3	
2.1	安全文明施工费	…	
3	其他项目	822 100.00	
3.1	暂列金额	300 000.00	
3.2	专业工程暂估价	500 000.00	
3.3	计日工	2 100.00	
3.4	总承包服务费	20 000.00	
4	规费(1+2+3)×5%	97 134.26	
5	税金(1+2+3+4)×3.41%	69 557.84	
最高投标限价合计=1+2+3+4+5		2 109 377.32	

【综合案例 2-2】

某施工单位需要制定砌筑 1 砖墙 1 m^3 的施工定额,技术测定资料如下:

完成 1 m^3 砖砌体需要基本工作时间 12 h,辅助工作时间占工作班延续时间(8 h)的 3%,准备与结束工作时间占 2%,不可避免中断时间占 2%,休息时间占 15%。

砖墙砌筑砂浆为 M5 水泥砂浆,砖和砂浆的损耗率都是 1%,完成 1 m^3 砖砌体需要用水 0.7 m^3,其他材料费占上述材料费的 4%。

砌筑砂浆采用 400 L 搅拌机现场搅拌,运料需时 3 min,装料 1 min,搅拌 2 min,卸料 1 min,不可避免中断时间 0.5 min。机械正常利用系数为 0.8。

上述 1 砖墙按标准砖(240 mm×115 mm×53 mm)计算,灰缝按 10 mm 计算。

问题:请确定砌筑 1 砖墙 1 m^3 的施工定额。

【案例解析】

施工定额的编制:

(1)人工定额

由题意知:工作班延续时间即为所求定额时间,这里设为 T。

定额时间=基本工作时间+辅助工作时间+准备与结束工作时间+不可避免中断时间+休息时间

$T=12+3\%T+2\%T+2\%T+15\%T$

$T=12/(1-3\%-2\%-2\%-15\%)=15.38\ h$

则:

砌 1 砖墙 1 m^3 的时间定额＝15.38/8＝1.92 工日/m^3

砌 1 砖墙 1 m^3 的产量定额＝8/15.38＝0.52 m^3/工日

(2)材料消耗定额

$$砌 1\ m^3\ 1 砖墙的砖净用量=\frac{1}{(0.115+0.01)\times(0.053+0.01)}\times\frac{1}{0.24}=529 块$$

砖的消耗量＝529×(1＋1%)＝534 块

砌 1 m^3 1 砖墙的砂浆净用量＝1－0.24×0.115×0.053×529＝0.23 m^3

砂浆消耗量＝0.23×(1＋1%)＝0.23 m^3

水用量 0.7 m^3

(3)机械台班定额

由于运料时间为 3 min，而装料、搅拌、卸料、不可避免中断合计为 4.5 min，所以搅拌机循环一次的时间为 4.5 min。

搅拌机纯工作 1 h 的生产率＝60÷4.5×400×0.8＝4 267 L＝4.27 m^3

搅拌机台班产量定额＝4.27×8＝34.16 m^3

砌 1 m^3 1 砖墙搅拌机台班消耗量＝0.23÷34.16＝0.006 7 台班

本章小结

本模块主要介绍了建设工程造价确定的依据，内容包括建设工程定额、工程量清单、工程技术文件、要素市场价格信息、建设工程环境和条件等。其中，建设工程定额和工程量清单对应了我国并行的两种不同的计价模式，是建设工程造价确定的主要依据。建设工程定额和工程量清单的概念、作用和内容是本模块的重点及难点内容，需要重点掌握，因此对之做了详细介绍；对于要素市场价格信息、工程技术文件、建设工程环境和条件等次要依据也做了相应说明。

模块 2

第二篇

控制篇

本篇通过建设工程造价、基本建设程序的典型案例，分别阐述了建设工程决策阶段、设计阶段、发承包阶段、施工阶段和竣工阶段的工程造价控制技术与方法，使学生对不同建设阶段的工程造价控制工作有明确的认识和理解，并能应用所学方法解决工程造价的控制问题。本篇包含五个模块，分别为建设工程决策阶段工程造价控制、建设工程设计阶段工程造价控制、建设工程发承包阶段工程造价控制、建设工程施工阶段工程造价控制和建设工程竣工阶段工程造价控制。

模块 3

建设工程决策阶段工程造价控制

思维导图

模块 3

子模块	知识目标	能力目标
可行性研究	了解可行性研究的概念和作用；熟悉可行性研究的阶段和内容；掌握可行性研究报告的编制方法	能明确可行性研究报告的内容
建设工程投资估算	了解建设工程投资估算的概念和作用；熟悉建设工程投资估算的内容；掌握建设工程投资估算的方法	能明确投资估算的内容，并会计算投资估算
建设项目财务评价	了解建设项目财务评价的内容与评价指标；熟悉建设项目财务评价指标体系；掌握建设项目财务评价方法	能进行建设项目财务评价

项目投资决策是对拟建项目的必要性和可行性进行技术经济论证，评价投资方案是否可行，并对不同建设方案进行技术经济比较以做出判断和决定的过程。项目决策是否正确，与工程造价的高低、投资效果的好坏都有直接关系。因此，合理确定与控制造价的前提就是正确的项目投资决策。

项目投资决策阶段影响工程造价的主要因素如下：

(1)项目合理规模的确定。项目规模合理化的制约因素主要有市场因素、技术因素、环境因素。

(2)建设地区及建设地点(厂址)的选择。

(3)技术方案的确定。产品生产采用的工艺流程和生产方法会对项目的建设成本和运营成本都造成影响。

(4)设备方案的确定。在生产工艺流程和生产技术确定后，根据工厂生产规模和工艺过程的要求，选择设备型号和数量。

(5)工程方案的选择。在已经选定项目建设规模、技术方案和设备方案的基础上，研究论证主要建筑物的建造方案，确定建设标准水平。

(6)环境保护措施的确定。在确定建设方案时，需要对环境条件进行调查，识别和分析拟建项目影响环境的因素，提出治理和保护环境的措施，比选和优化环境保护方案。

3.1 可行性研究报告

要了解一个建设项目是否可行与合理，可对该项目进行可行性研究，围绕项目的可行性和必要性进行分析论证。可行性研究是决定一个项目是否可以被投资的重要环节，也是进行项目决策的直接依据。

3.1.1 可行性研究的概念与作用

1. 可行性研究的概念

对于建设项目而言，可行性研究是在投资决策之前，对与拟建项目有关的社会、经济、技术等各方面进行深入细致的调查研究，对各种可能采用的技术方案和建设方案进行认真的技术经济分析和比较论证，对项目建成后的经济效益进行科学的预测和评价。在此基础上，对拟建项目的技术先进性和适用性、经济合理性和有效性，以及建设必要性和可行性进行全面分析、系统论证、多方案比较和综合评价，由此得出该项目是否应该投资和如何投资等结论性意见，为项目投资决策提供可靠的科学依据。

可行性研究应用多方面知识进行研究分析，其目的在于使项目投资达到最好的经济效益。可行性研究的重点在于论证项目是否有市场发展前景，技术上是否先进适用，经济上是否合理有效，财务上是否能够实施，从而判断项目是否可行。可行性研究有助于避免投资决策的失误，选择最佳投资方案，提高投资效益。

2. 可行性研究的作用

可行性研究是投资前期工作的重要内容，它一方面充分研究建设条件，提出建设的可能性；另一方面进行经济分析评估，提出建设的合理性。它既是项目工作的起点，也是以后一系列工作的基础，其作用概括起来有以下几方面：

(1)作为建设项目论证、审查、决策的依据。

(2)作为编制设计任务书和初步设计的依据。

(3)作为筹集资金，向银行申请贷款的重要依据。

(4)作为与项目有关的部门签订合作、协作合同或协议的依据。

(5)作为引进技术，进口设备和对外谈判的依据。

(6)作为环境部门审查项目对环境影响的依据。

可行性研究报告

3.1.2 可行性研究的阶段

工程项目建设的全过程一般分为三个主要时期：投资前期、投资期和生产运营期。可行性研究工作主要在投资前期进行。投资前期的可行性研究工作主要包括四个阶段：机会研究阶段、初步可行性研究阶段、详细可行性研究阶段、评价与决策阶段，具体内容见表 3-1。

表 3-1　可行性研究各阶段比较

阶　段	工作内容	解决的问题	时间/月
机会研究	对若干个可能的投资机会进行鉴别和筛选，提出投资方向的建议	1. 社会是否需要 2. 有没有开展项目的基本条件	1～3
初步可行性研究	进行市场分析和初步技术经济评价，确定是否进行更深入的研究	1. 确定是否进行详细可行性研究 2. 需要进行辅助性专题研究的关键问题	4～6

续表

阶　段	工作内容	解决的问题	时间/月
详细可行性研究	进行更为细致的分析，减少项目的不确定性，对可能出现的风险制定防范措施	1.提出建设方案 2.效益分析和最终方案选择 3.确定项目投资的最终可行性和选择依据标准	8～12
评价与决策	对可行性研究报告提出评价报告并最终决策	—	—

3.1.3　可行性研究报告的编制

1.编制依据

(1)项目建议书(初步可行性研究报告)及其批复文件。

(2)国家和地方的经济和社会发展规划，行业部门发展规划。

(3)国家有关法律、法规和政策。

(4)对于大中型骨干项目，必须具有国家批准的资源报告、国土开发整治规划、区域规划、江河流域规划、工业基地规划等有关文件。

(5)有关机构发布的工程建设方面的标准、规范和定额。

(6)合资、合作项目各方签订的协议书或意向书。

(7)委托单位的委托合同。

(8)经国家统一颁布的有关项目评价的基本参数和指标。

(9)有关的基础数据。

2.编制要求

(1)编制单位必须具备承担可行性研究的条件

编制单位必须具有经国家有关部门审批登记的资质等级证明，并具有承担编制可行性研究报告的能力和经验。一般需要由具备一定的技术实力、技术装备、技术手段和丰富实践经验的工程咨询公司、工程技术顾问公司、建筑设计院等专门从事可行性研究的单位进行编制。编写人员还应该具有所从事专业的中级以上职称以及相关的知识、技能和工作经验。

(2)确保可行性研究报告的真实性和科学性

可行性研究报告是建设项目投资与否最终决策的重要依据，编制单位和编写人员应该坚持独立、客观、公正、科学、可靠的原则，保证报告的真实性和科学性，对报告质量负完全责任。

(3)可行性研究的深度要规范化和标准化

可行性研究要按照内容完整、文件齐全、结论明确、数据准确、论据充分的要求编写。其深度要符合国家关于可行性研究的相关规定。

(4)可行性研究报告必须经签证和审批

可行性研究报告编制完成之后，应由编制单位的行政、技术、经济方面的负责人签字，并对研究报告的质量负责。另外，还需要上报主管部门审批。

3.编制程序

根据我国现行的工程项目建设程序和国家颁布的《关于建设项目进行可行性研究试行管理

办法》,做出可行性研究的工作程序示意图,如图 3-1 所示。

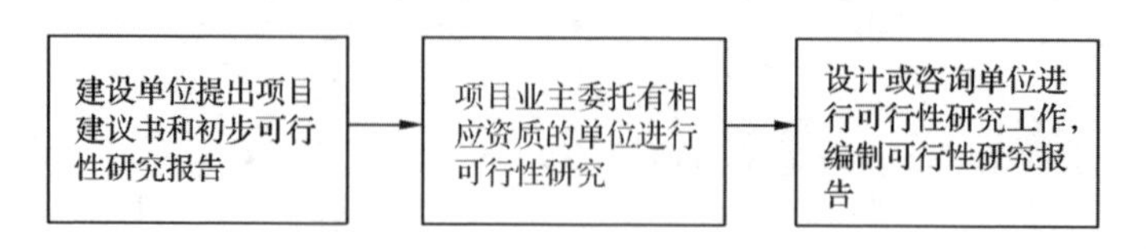

图 3-1　可行性研究的工作程序示意图

设计单位与委托单位签订合同后,即可开展可行性研究工作。一般按图 3-2 所示的五个步骤开展工作。

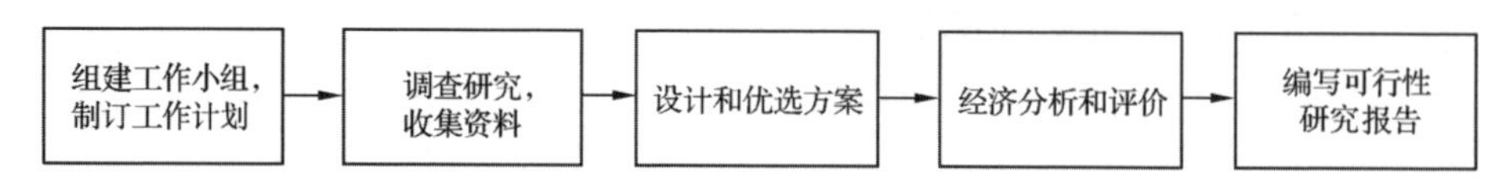

图 3-2　可行性研究工作步骤示意图

4. 编制内容

建设项目可行性研究的内容是论证项目可行性所包含的各个方面,具体有建设项目在技术、财务、经济、商业、管理、环境维护等方面的可行性。不同的建设项目可行性研究的侧重点不同,项目的性质、用途和规模也决定了可行性研究在深度上的差异。

通常,建设项目可行性研究的内容可概括为三大部分:市场研究、技术研究和效益研究,它们共同构成建设项目可行性研究的三大支柱,其内容如图 3-3 所示。

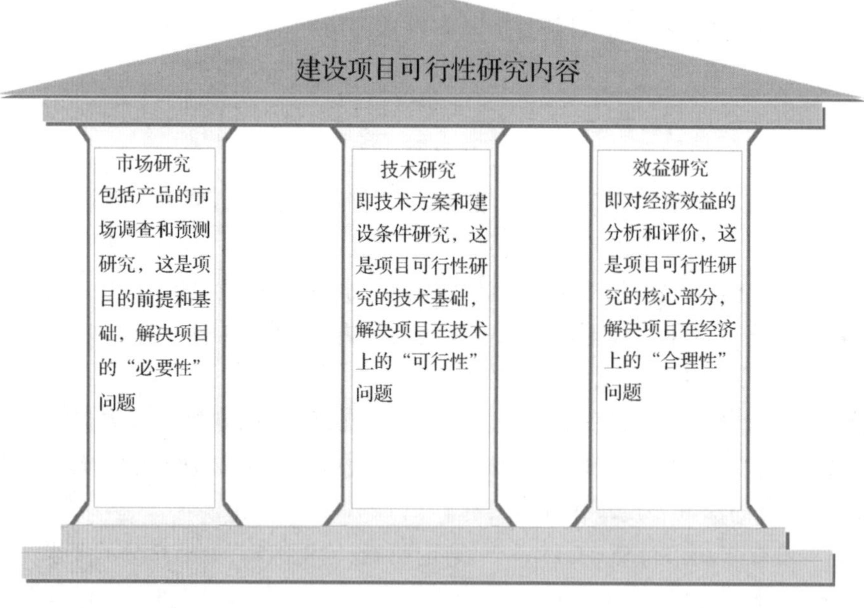

图 3-3　建设项目可行性研究内容

可行性研究的最后成果是编制一份可行性研究报告作为正式文件,其主要内容要以一定的格式反映在报告中,按照原国家发展计划委员会(国家发展和改革委员会前身)审定发行的《投资项目可行性研究指南》(计办投资〔2002〕15 号)的规定,建设项目可行性研究的主要内容包括以下内容:

(1)项目兴建理由、目标和条件:①项目兴建理由;②项目预测目标;③项目基本建设条件。

(2)市场分析与预测:①市场预测内容、市场现状调查;②产品供需预测、价格预测;③竞争力与营销策略;④市场风险分析;⑤市场调查与预测方法。

(3)资源条件评价:资源开发利用的基本要求和评价。

(4)建设规模与产品方案:①建设规模方案选择、产品方案选择;②建设规模与产品方案比选。

(5)场(厂)址选择:①场(厂)址选择的基本要求;②场(厂)址选择研究内容;③场(厂)址方案比选。

(6)技术方案、设备方案和工程方案:①技术方案的选择;②主要设备方案的选择;③工程方案的选择;④节能措施、节水措施。

(7)原材料、燃料供应:主要原材料、燃料供应方案及其供应方案比选。

(8)总图、运输和公用与辅助工程:①总图布置方案;②场(厂)内外运输方案;③公用与辅助工程方案。

(9)环境影响评价:①环境影响评价基本要求;②环境条件调查;③环境影响因素分析;④环境保护措施。

(10)劳动安全卫生与消防:①劳动安全卫生;②消防措施。

(11)组织机构、人力资源配置与员工培训:①组织机构设置及其适应性分析;②人力资源配置;③员工培训。

(12)项目实施进度:建设工期与实施进度安排。

(13)投资估算:①建设投资估算内容;②建设投资估算方法;③流动资金估算、项目投入总资金及分年投入计划。

(14)融资方案:①融资组织形式选择;②资金来源选择;③资本金筹措;④债务资金筹措;⑤融资方案分析。

(15)财务评价:①财务评价内容与步骤;②财务评价基础数据与参数选取;③销售收入与成本费用估算;④新设项目法人项目财务评价;⑤既有项目法人项目财务评价;⑥不确定性分析;⑦非盈利性项目财务评价。

(16)国民经济评价:①国民经济评价范围和内容;②国民经济效益与费用识别;③影子价格的选取与计算;④国民经济评价报表编制;⑤国民经济评价指标计算;⑥国民经济评价参数。

(17)社会评价:①社会评价作用与范围;②社会评价主要内容;③社会评价步骤与方法。

(18)风险分析:①风险因素识别;②风险评估方法;③风险防范对策。

(19)研究结论与建议:①推荐方案总体描述;②主要比选方案描述;③结论与建议。

(20)附件。

注意

对于政府投资项目或使用政府性资金、国际金融组织和外国政府贷款投资建设的项目,实行审批制并需报批项目可行性研究报告。凡不使用政府性投资资金的项目,一律不再实行审批制,并区别不同情况实行核准制和备案制,无须报批项目可行性研究报告。

3.2 建设工程投资估算

要点分析

建设工程投资估算

3.2.1 投资估算的概念和作用

投资估算是指在整个投资决策过程中，依据现有的资料和一定的方法，对建设项目的投资额进行的估计。投资估算总额是指从筹建、施工直至建成投产的全部建设费用，其包括的内容应视项目的性质和范围而定。投资估算是项目建议书和可行性研究报告的重要组成内容，也是投资决策的重要依据。

投资估算在项目开发建设过程中的作用有以下几点：

(1)项目建议书阶段的投资估算，是项目主管部门审批项目建议书的依据之一，并对项目的规划、规模起参考作用。

(2)项目可行性研究阶段的投资估算，是项目投资决策的重要依据，也是研究、分析、计算项目投资经济效果的重要条件。

(3)投资估算对工程设计概算起控制作用，设计概算不得突破批准的投资估算额，并应控制在投资估算额以内。

(4)投资估算可作为项目资金筹措及制订建设贷款计划的依据，建设单位可根据批准的项目投资估算额，进行资金筹措和向银行申请贷款。

(5)投资估算是核算建设项目固定资产投资需要额和编制固定资产投资计划的重要依据。

(6)合理的投资估算是进行工程造价管理改革、实现工程造价事前管理和主动控制的前提条件。

3.2.2 投资估算的阶段划分与精度要求

我国建设项目的投资估算分为以下几个阶段：

1. 规划阶段的投资估算

建设项目规划阶段是指有关部门根据国民经济发展规划、地区发展规划和行业发展规划的要求，编制一个建设项目的建设规划。

2. 建议书阶段的投资估算

在建设项目建议书阶段，按项目建议书中的产品方案、项目建设规模、产品主要生产工艺、企业车间组成、初选建厂地点等，估算建设项目所需要的投资额。

3. 初步可行性研究阶段的投资估算

初步可行性研究阶段，在掌握了更详细、更深入的资料条件下，估算建设项目所需的投资额。

4. 详细可行性研究阶段的投资估算

详细可行性研究阶段的投资估算至关重要，因为这个阶段的投资估算经审查批准之后，便是工程设计任务书中规定的项目投资限额，并可据此列入项目年度基本建设计划。

具体的投资估算的阶段划分与精度要求见表 3-2。

表 3-2　　投资估算阶段划分与精度要求

工作阶段	工作性质	投资估算方法	投资估算误差率%	投资估算作用
机会研究（规划阶段和建议书阶段）阶段	项目设想	生产能力指数法 系数估算法	±30	鉴别投资方向 寻求投资机会 提出投资建议
初步可行性研究阶段	项目初选	比例估算法 指标估算法	±20	广泛分析筛选方案 确定项目初步可行
详细可行性研究阶段	项目拟订	模拟概算法	±10	多方案比较 提出结论性建议 确定项目投资可行性

3.2.3　投资估算的内容

根据国家规定，从满足建设项目投资设计和投资规模的角度，建设项目投资的估算包括固定资产投资估算和流动资金估算两部分，如图 3-4 所示。

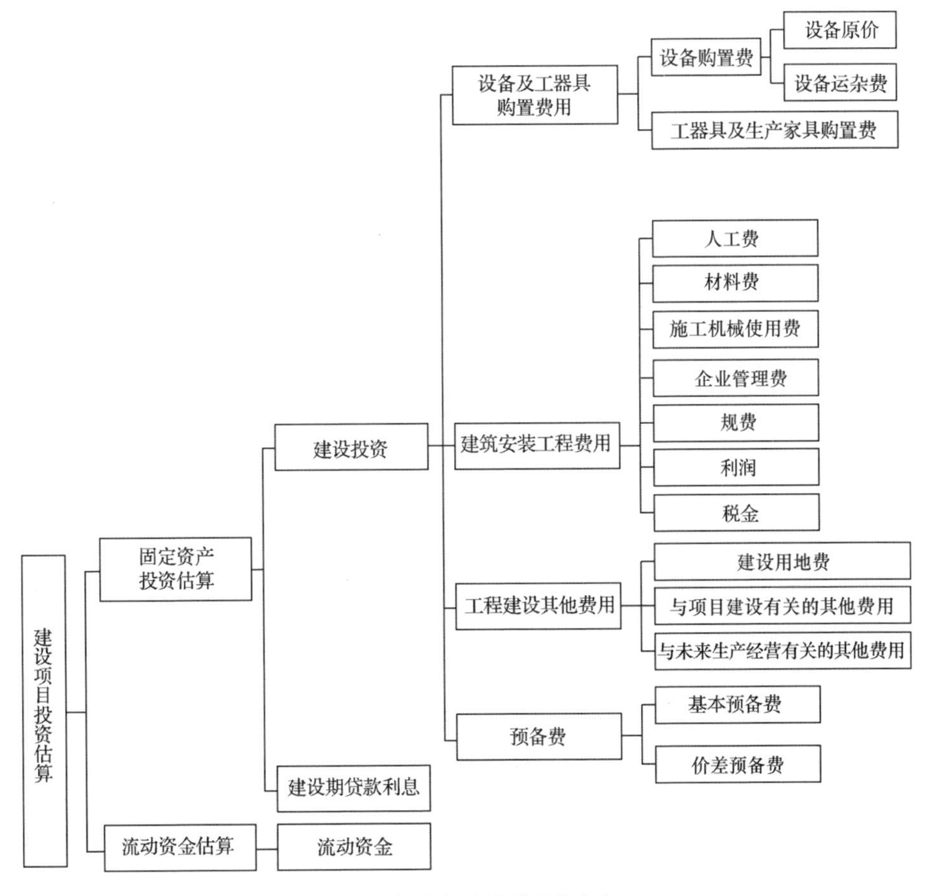

图 3-4　建设项目投资估算的内容

3.2.4 投资估算的编制依据和步骤

1. 投资估算的编制依据

(1)专门机构发布的建设工程造价费用构成、估算指标、计算方法,以及其他有关计算工程造价的文件。

(2)专门机构发布的工程建设其他费用计算办法和费用标准,以及政府部门发布的物价指数。

(3)拟建项目各单项工程的建设内容及工程量。

(4)已建同类工程项目的投资档案资料。

(5)影响工程项目投资的动态因素,如利率、汇率、税率等。

2. 投资估算的编制步骤

(1)分别估算各单项工程所需的建筑工程费、安装工程费、设备及工器具购置费。

(2)在汇总各单项工程费用的基础上,估算工程建设其他费用和基本预备费。

(3)估算价差预备费和建设期贷款利息。

(4)估算流动资金。

(5)汇总出总投资。

3.2.5 建设投资估算方法

1. 静态投资部分的估算方法

(1)生产能力指数法

生产能力指数法又称指数估算法,它是根据已建成的类似项目生产能力和投资额来粗略估算拟建项目投资额的方法,是对单位生产能力估算法的改进。其计算公式为

$$C_2 = C_1 \left(\frac{Q_2}{Q_1}\right)^x f \tag{3-1}$$

式中 x——生产能力指数;

C_1——已建类似项目静态投资额;

C_2——拟建项目静态投资额;

Q_1——已建类似项目生产能力;

Q_2——拟建项目生产能力;

f——综合调整系数。

生产能力指数 x 是该法的关键因素,不同建设水平、生产率水平和不同性质的项目中,x 取值是不相同的。在正常情况下,$0 \leqslant x \leqslant 1$。

若已建类似项目的生产规模与拟建项目生产规模相差不大,Q_1 与 Q_2 的比值为 0.5～2.0,则生产能力指数 x 的取值近似为 1.0。

若已建类似项目的生产规模与拟建项目生产规模相差不大于 50 倍,且拟建项目生产规模的扩大仅靠增大设备规模来达到,则生产能力指数 x 的取值为 0.6～0.7;若依靠增加相同规格设备的数量达到,则生产能力指数 x 的取值为 0.8～0.9。

生产能力指数法主要应用于拟建装置或项目与用来参考的已知装置或项目的规模不同的场合。

生产能力指数法与单位生产能力估算法相比精确度略高，其误差可控制在±20%以内，尽管估价误差仍较大，但有它独特的好处，这种估价方法不需要详细的工程设计资料，只要知道工艺流程及规模就可以。在总承包工程报价时，承包人大都采用这种方法估价。

【例 3-1】 已知 2014 年建设年产 30 万吨乙烯装置的投资额为 60 000 万元，2018 年拟建与其工程条件相似的一年产 70 万吨乙烯的装置，建设期为 2 年。已知自 2014 年至 2018 年每年平均造价指数递增 5%，试估算该装置投资额（生产能力指数=0.6）。

【解】 拟建年产 70 万吨乙烯装置的投资额为

$$C_2=C_1\left(\frac{Q_2}{Q_1}\right)^x f=60\ 000\times\left(\frac{70}{30}\right)^{0.6}\times(1+5\%)^4\approx 121\ 253\ 万元$$

(2)系数估算法

系数估算法也称为因子估算法，它是以拟建项目的主体工程费或主要设备费为基数，以其他工程费占主体工程费的百分比为系数估算项目总投资的方法。这种方法简单易行，但是精度较低，一般用于项目建议书阶段。系数估算法的种类很多，下面介绍几种主要类型。

①设备系数法。该法以拟建项目的设备费为基数，根据已建成的同类项目的建筑安装费和其他工程费等占设备价值的百分比，求出拟建项目建筑安装工程费和其他工程费，进而求出建设项目总投资。其计算公式为

$$C=E(1+f_1P_1+f_2P_2+f_3P_3+\cdots)+I \tag{3-2}$$

式中 C——拟建项目静态投资；

E——拟建项目根据当时当地价格计算的设备购置费；

P_1、P_2、P_3——已建项目中建筑、安装及其他工程费占设备费的比例；

f_1、f_2、f_3——由于时间因素引起的定额、价格、费用标准等变化的综合调整系数；

I——拟建项目其他费用。

②主体专业系数法。该法以拟建项目中主要的、投资比重较大的，并与生产能力直接相关的工艺设备投资为基数，根据已建同类项目的有关统计资料，计算出拟建项目各专业工程（总图、土建、采暖、给排水、管道、电气、自控等）占工艺设备投资的百分比，求出拟建项目各专业投资，然后加和得到工程费用，再加上其他费用，求得项目总投资。其计算公式为

$$C=E(1+f_1P'_1+f_2P'_2+f_3P'_3+\cdots)+I \tag{3-3}$$

式中 P'_1、P'_2、P'_3——已建项目中各专业工程费用占工艺设备投资的比例；

其他符号同式(3-2)。

(3)比例估算法

根据统计资料，先求出已有同类企业主要设备投资占全厂建设投资的比例，然后再估算出拟建项目的主要设备投资，即可按比例求出拟建项目的建设投资。其计算公式为

$$I'=\frac{1}{K}\sum_{i=1}^{n}Q_iP_i \tag{3-4}$$

式中 I'——拟建项目静态投资；

K——已建项目主要设备投资占已建项目投资的比例；

n——主要设备种类数；

Q_i——第 i 种主要设备数量；

P_i——第 i 种主要设备单价（到厂价格）。

(4)指标估算法

这种方法是根据各种具体的投资估算指标，进行各项费用项目或单位工程投资的估算，在此基础上，可汇总成每一单项工程的投资。另外，再估算工程建设其他费用及预备费，即求得建设项目总投资。

估算指标是以独立的建设工程项目、单项工程或者单位工程为对象，综合项目全过程投资和建设中的各类成本和费用。估算指标一般分为建设工程项目综合指标、单项工程指标和单位工程指标三种。综合指标一般以项目的综合生产能力单位投资表示，如元/t、元/kW。单项工程指标一般以单项工程生产能力单位投资表示，如工业窑炉砌筑以元/m^3 表示；变配电站以元/(kV·A)表示；锅炉房以元/蒸汽吨表示。单位工程指标一般以如下方式表示：房屋区别不同结构形式，以元/m^2 表示；道路区别不同结构层、面层，以元/m^2 表示；管道区别不同材质、管径，以元/m表示。

注意

使用指标估算法应根据不同地区、年代进行调整。因为地区、年代不同，设备与材料的价格均有差异。在使用指标估算法进行投资估算时绝不能生搬硬套，必须对工艺流程、定额、价格及费用标准进行分析，经过实事求是的调整与换算后，才能提高其精确度。

2. 建设投资动态部分估算方法

建设投资动态部分主要包括价格变动可能增加的投资额。如果是涉外项目，还应该计算汇率的影响。动态部分的估算应以基准年静态投资的资金使用计划为基础来计算，而不是以编制的年静态投资为基础计算。

汇率变化对涉外建设项目动态投资的影响及计算方法如下：

(1)外币对人民币升值

项目从国外市场购买设备材料所支付的外币金额不变，但换算成人民币的金额增加；从国外借款，本息所支付的外币金额不变，但换算成人民币的金额增加。

(2)外币对人民币贬值

项目从国外市场购买设备材料所支付的外币金额不变，但换算成人民币的金额减少；从国外借款，本息所支付的外币金额不变，但换算成人民币的金额减少。

估计汇率变化对建设项目投资的影响，通过预测汇率在项目建设期内的变动程度，以估算年份的投资额为基数计算求得。

3. 建设期贷款利息的估算

建设期贷款利息是指项目借款在建设期内发生并计入固定资产投资的利息(具体计算可参见模块1)。

3.2.6　流动资金估算方法

流动资金估算一般采用分项详细估算法。个别情况或者小型项目可采用扩大指标估算法。

1. 分项详细估算法

流动资金的显著特点是在生产过程中不断周转，其周转额与生产规模及周转速度直接相关。分项详细估算法是根据周转额与周转速度之间的关系，对构成流动资金的各项流动资产和流动负债分别进行估算。在可行性研究中，为简化计算，仅对存货、现金、应收账款和应付账款四项内容进行估算，其计算公式为

$$流动资金=流动资产-流动负债 \tag{3-5}$$

$$流动资产=应收账款+存货+现金+预付账款 \tag{3-6}$$

$$流动负债=应付账款+预收账款 \tag{3-7}$$

$$流动资金本年增加额=本年流动资金-上年流动资金 \tag{3-8}$$

估算的具体步骤是，首先计算各类流动资产和流动负债的周转次数，然后分别估算其分项费用，最后估算占用的流动资金，如图 3-5 所示。

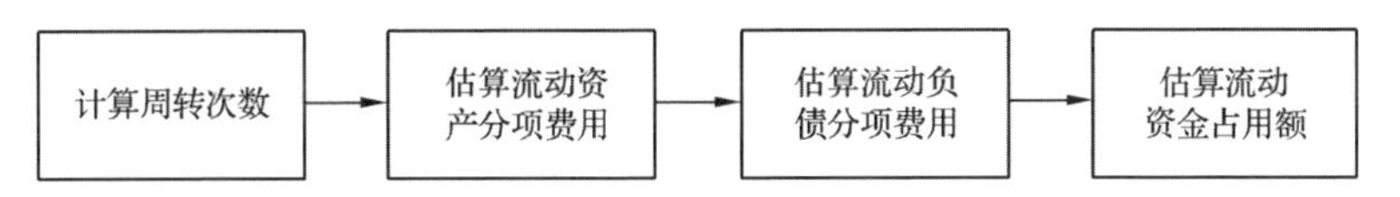

图 3-5 流动资金估算流程

(1)周转次数的计算

周转次数是指流动资金的各个构成项目在一年内完成多少个生产过程，即

$$周转次数=\frac{360}{最低周转天数} \tag{3-9}$$

存货、现金、应收账款和应付账款的最低周转天数，可参照同类企业的平均周转天数并结合项目特点确定。又因为

$$周转次数=\frac{周转额}{各项流动资金平均占用额} \tag{3-10}$$

所以如果周转次数已知，则

$$各项流动资金平均占用额=\frac{周转额}{周转次数} \tag{3-11}$$

(2)应收账款的估算

应收账款是指企业对外赊销商品、劳务而占用的资金，其计算公式为

$$应收账款=\frac{年经营成本}{应收账款周转次数} \tag{3-12}$$

(3)预付账款的估算

预付账款是指企业为购买各类材料、半成品或服务所预先支付的款项，其计算公式为

$$预付账款=\frac{外购商品或服务年费用金额}{预付账款周转次数} \tag{3-13}$$

(4)存货的估算

存货是指企业为销售或者生产耗用而储备的各种物资，主要有原材料、辅助材料、燃料、低值易耗品、维修备件、包装物、在产品、自制半成品和产成品等。为简化计算，仅考虑外购原材料、外购燃料、其他材料、在产品和产成品，并分项进行计算，其计算公式为

$$存货=外购原材料、燃料+在产品+产成品+其他材料 \tag{3-14}$$

$$外购原材料、燃料=\frac{年外购原材料、燃料费}{分项周转次数} \tag{3-15}$$

$$在产品=\frac{年外购原材料、燃料+年工资及福利费+年修理费+年其他制造费}{在产品周转次数} \tag{3-16}$$

$$产成品=\frac{年经营成本-年其他营业费用}{产成品周转次数} \tag{3-17}$$

$$其他材料=\frac{年其他材料费用}{其他材料周转次数} \tag{3-18}$$

(5)现金估算

项目流动资金中的现金是指货币资金,即企业生产运营活动中停留于货币形态的那部分资金,包括企业库存现金和银行存款。其计算公式为

$$现金=\frac{年工资及福利费+年其他费用}{现金周转次数} \tag{3-19}$$

年其他费用=制造费用+管理费用+营业费用-(以上三项费用中所含的工资及福利费、折旧费、摊销费、修理费) (3-20)

(6)流动负债估算

流动负债是指在一年或者超过一年的一个营业周期内,需要偿还的各种债务。其计算公式为

$$应付账款=\frac{年外购原材料、燃料费+年其他材料费}{应付账款周转次数} \tag{3-21}$$

$$预收账款=\frac{预收的营业收入年金额}{预收账款周转次数} \tag{3-22}$$

在可行性研究中,流动负债的估算只考虑应付账款一项。根据流动资金各项估算结果,编制流动资金估算表。

【例 3-2】 某建设项目投产后,应付账款的最低周转天数为 15 天,预计年销售收入为 12 000 万元,年经营成本为 9 000 万元,其中外购原材料、燃料费为 7 200 万元,则该项目的应付账款估算额为(　　)万元。

A. 500　　B. 375　　C. 300　　D. 125

【解】 根据如下的计算公式:

应付账款=(外购原材料、燃料费)/应付账款周转次数

应付账款周转次数=360/应付账款最低周转天数

代入数据得:应付账款=7 200/(360/15)=300 万元

所以应付账款估算额为 300 万元,选 C。

【例 3-3】 某拟建项目达到设计生产能力后,全厂定员 1 200 人,工资和福利费每人每年 10 000 元,每年其他费用为 1 000 万元(其中,其他制造费用为 600 万元,其他营业费用为 400 万元)。年外购原材料、燃料费估算为 20 000 万元,年经营成本为 25 000 万元,年修理费占年经营成本的 10%,年外购商品预付费用为 3 000 万元,预收的营业收入年金额为 6 000 万元。各项流动资金周转次数:应收账款 30 天,预付账款 30 天,预收账款 30 天,应付账款 30 天,现金 40 天,存货 40 天。用分项详细估算法估算拟建项目的流动资金。

【解】 (1)应收账款=年经营成本/应收账款周转次数=25 000/(360/30)≈2 083.33 万元

(2)现金=(年工资及福利费+年其他费用)/周转次数

=(1 200×1+1 000)/(360/40)

≈244.44 万元

(3)外购原材料、燃料=年外购原材料、燃料费/分项周转次数

=20 000/(360/40)≈2 222.22 万元

在产品=(年外购原材料、燃料费+年工资及福利费+年修理费+年其他制造费用)/在产品周转次数

$=(20\ 000+1\ 200\times 1+25\ 000\times 10\%+600)/(360/40)$

$=2\ 700$ 万元

产成品＝(年经营成本－年其他营业费用)/产成品周转次数

$=(25\ 000-400)/(360/40)\approx 2\ 733.33$ 万元

存货＝外购原材料、燃料＋在产品＋产成品＋其他材料

$=2\ 222.22+2\ 700+2\ 733.33+0=7\ 655.55$ 万元

(4)预付账款＝年外购商品预付费用/预付账款周转次数

$=3\ 000/(360/30)=250$ 万元

(5)流动资产＝应收账款＋存货＋现金＋预付账款

$=2\ 083.33+7\ 655.55+244.44+250=10\ 233.32$ 万元

(6)应付账款＝(年外购原材料、燃料费＋其他材料年费用)/应付账款周转次数

$=(20\ 000+0)/(360/30)\approx 1\ 666.67$ 万元

(7)预收账款＝预收的营业收入年金额/预收账款周转次数

$=6\ 000/(360/30)=500$ 万元

(8)流动负债＝应付账款＋预收账款$=1\ 666.67+500=2\ 166.67$ 万元

(9)流动资金＝流动资产—流动负债$=10\ 233.32-2\ 166.67=8\ 066.65$ 万元

2. 扩大指标估算法

扩大指标估算法是一种简化的流动资金估算方法，一般可参照同类企业流动资金占建设投资、经营成本、销售收入的比例，或者单位产量占用流动资金的数额估算。

(1)按建设投资的一定比例估算。例如，国外化工企业的流动资金一般是按建设投资的15%～20%计算。

(2)按经营成本的一定比例估算。

(3)按年销售收入的一定比例估算。

(4)按单位产量占用流动资金的比例估算。

注意

(1)在不同生产负荷下的流动资金，应按不同生产负荷所需的各项费用金额，分别按照上述的计算公式进行估算，而不能直接按照100%的生产负荷下的流动资金乘以生产负荷百分率求得。

(2)流动资金一般要求在投产前一年开始筹措，为简化计算，可规定在投产的第一年开始按生产负荷安排流动资金需用量。

3.2.7 投资估算文件的编制与审核

1. 投资估算文件的编制

投资估算文件一般由封面、签署页、编制说明、投资估算分析、总投资估算表、单项工程估算表、主要技术经济指标等内容组成。在编制投资估算文件时，应严格按照规定的内容格式执行。

(1)投资估算的编制说明一般应包括以下内容：

①工程概况。

②编制范围。

③编制方法。

④编制依据。

⑤主要技术经济指标。

⑥有关参数、率值选定的说明。

⑦特殊问题的说明(包括采用新技术、新材料、新设备、新工艺时,必须说明价格的确定,进口材料、设备、技术费用的构成与计算参数,采用矩形结构、异形结构的费用估算方法,环保投资占总投资的比重,未包括项目或费用的必要说明等)。

⑧采用限额设计的工程还应对投资限额和投资分解做进一步说明。

⑨采用方案比选的工程还应对方案比选的估算和经济指标做进一步说明。

(2)投资估算分析应包括的内容:

①工程投资比例分析。一般建筑工程要分析土建、装饰、给排水、电气、暖通、空调、动力等主体工程和道路、广场、围墙、大门、室外管线、绿化等室外附属工程总投资的比例;一般工业项目要分析主要生产项目(列出各生产装置)、辅助生产项目、公用工程项目(给排水、供电和通信、供汽、总图运输及外管)、服务性工程、生活福利设施、厂外工程占建设总投资的比例。

②分析设备购置费、建筑工程费、安装工程费、工程建设其他费用、预备费占建设总投资的比例;分析引进设备费用占全部设备费用的比例等。

③分析影响投资的主要因素。

④与国内类似工程项目的比较,分析说明投资高低的原因。

(3)总投资估算表,包括汇总单项工程估算、工程建设其他费用,估算基本预备费、价差预备费,计算建设期贷款利息等。

(4)单项工程估算表,应按建设项目划分的各个单项工程分别计算组成工程费用的建筑工程费、设备购置费和安装工程费。

(5)工程建设其他费用估算,应按预期将要发生的工程建设其他费用种类,逐项详细估算其费用金额。

(6)编制投资估算时除要完成上述表格编制和说明外,还应根据项目特点,计算并分析整个建设项目、各单项工程和主要单位工程的主要技术经济指标。

2. 投资估算的审核方法

投资估算的审核方法一般有以下几种:

(1)校核性审核。该方法是在分析投资估算编制的技术思路、测算手段、精度要求等满足要求的情况下,审核投资估算每一项的编制依据,特别是估算指标及其换算是否正确。这种方法适用于较全面的审核。

(2)重点逻辑性审核。该方法是以抓住重点审核和主要逻辑的审核为主的一种审核方法。

(3)类比法审核。该方法是以同类建设项目为依据,经过分析测算调整后,采用比较的方法对投资估算的正确性做出初步和校核性的判断。这种方法适用于项目建议书阶段的投资估算审核,也可用于可行性研究阶段对投资估算的初步审核。

3.3 建设工程财务评价

建设工程
财务评价

3.3.1 工程财务评价概述

1. 财务评价的概念

财务评价也称作财务分析，是根据国家现行财税制度和价格体系，分析、计算项目直接发生的财务效益和费用，编制财务报表，计算评价指标，考察项目盈利能力、清偿能力以及外汇平衡等财务状况，据以判别项目的财务可行性。

2. 财务评价的程序

财务评价的程序如图 3-6 所示。

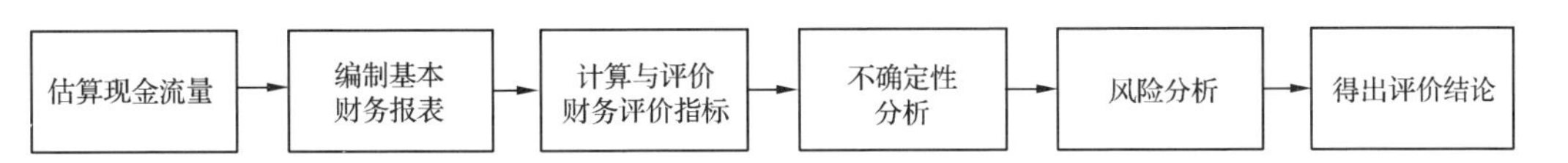

图 3-6 财务评价的程序

3. 财务评价的内容

工程财务评价的内容应根据工程的项目性质、目标、投资者、财务主体以及影响程度等确定。

对于经营性项目，财务评价是从建设项目的角度出发，根据国家现行财政、税收和现行市场价格，计算项目的投资费用、产品成本与产品销售收入、税金等财务数据，通过编制财务报表，计算财务指标，分析项目的盈利能力、偿债能力和财务生存能力，据此考察建设项目的财务可行性和财务可接受性，明确项目对财务主体及投资者的价值贡献，并得出财务评价的结论。投资者可根据项目财务评价结论、项目投资的财务状况和投资者所承担的风险程度决定是否应该投资建设。对于非经营性项目，财务分析应主要分析项目的财务生存能力。

(1)盈利能力分析

项目的盈利能力是指分析和测算建设项目计算期的盈利能力和盈利水平。其主要分析指标包括项目投资财务内部收益率和财务净现值、项目资金财务内部收益率、投资回收期、总投资收益率和项目资本金净利润率等，可根据项目的特点及财务分析的目的和要求等选用。

(2)偿债能力分析

投资项目的资金构成一般可分为借入资金和自有资金，自有资金可长期使用，而借入资金必须按期偿还。项目的投资者主要关心项目偿债能力，借入资金的所有者——债权人则关心贷出资金能否按期收回本息。项目偿债能力分析可在编制项目借款还本付息计算表的基础上进行。在计算中，通常采用“有钱就还”的方式，贷款利息一般做如下约定：长期借款，当年贷款按半年计息，当年还款按全年计息。

(3)财务生存能力分析

财务生存能力分析是根据项目财务计划现金流量表，通过考察项目计算期内的投资、融资和经营活动所产生的各项现金流入和流出，计算净现金流量和累计盈余资金，分析项目是否有足够的净现金流量维持正常运营，以实现财务可持续性。

(4)不确定性分析

不确定性分析是指在信息不足，无法用概率描述因素变动规律的情况下，估计可变因素变动对项目可行性的影响程度及项目承受风险能力的一种分析方法。不确定性分析包括盈亏平衡分析和敏感性分析。

(5)风险分析

风险分析是指在已知可变因素的概率分布的情况下，分析可变因素在各种可能状态下项目经济评价指标的取值，从而了解项目的风险状况。

3.3.2 财务评价指标体系与方法

建设项目财务评价方法是与财务评价的目的和内容相联系的。财务评价的主要内容包括：盈利能力评价、偿债能力评价和生存能力评价。财务评价的基本方法包括确定性评价方法和不确定性评价方法两类。对同一个项目必须同时进行确定性评价和不确定性评价。

1. 建设项目财务评价指标体系

建设项目财务评价指标体系根据不同的标准，可进行不同的分类。

根据是否考虑资金的时间价值分类，可分为静态评价指标和动态评价指标，如图 3-7(a)所示；根据指标的性质分类，可分为时间性指标、价值性指标和比率性指标，如图 3-7(b)所示。

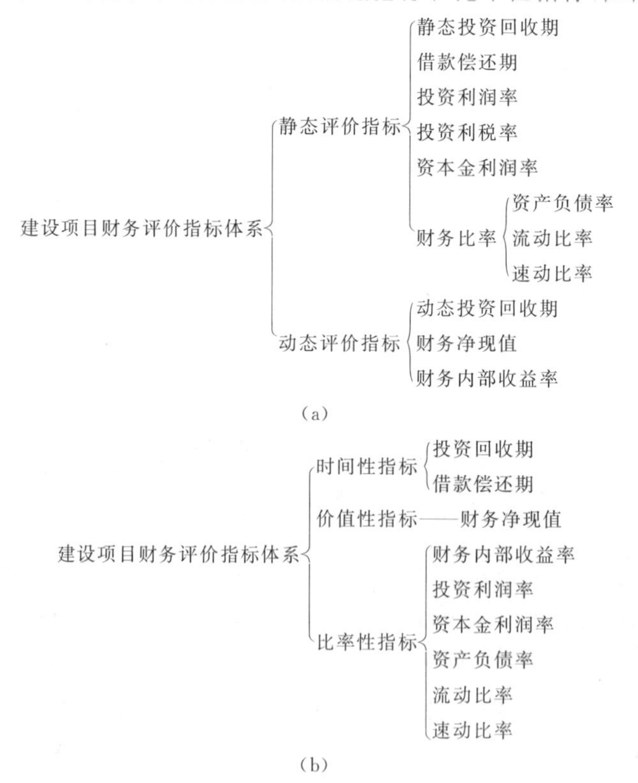

图 3-7 建设项目财务评价指标体系

在建设工程财务评价中，根据不同的财务报表进行相应的财务基础数据计算，可得出不同的指标，判断财务可行性。常用的财务评价体系见表 3-3。

表 3-3　　常用的财务评价体系

评价内容	基本报表	评价指标	
		静态评价指标	动态评价指标
盈利能力分析	全部投资现金流量表	静态投资回收期	财务内部收益率 财务净现值 动态投资回收期
	自有资金现金流量表	静态投资回收期	财务内部收益率 财务净现值
	损益表	投资利润率 投资利税率 资本金利润率	
偿债能力分析	资金来源与资金运用表	借款偿还期	
	资产负债表	利息备付率、偿债备付率 资产负债率 流动比率 速动比率	
外汇平衡分析	财务外汇平衡表		
不确定性分析	盈亏平衡分析	盈亏平衡产量 盈亏平衡生产能力利用率	
	敏感性分析	灵敏度 不确定因素的临界值	
风险分析	概率分析	FNPV$\geq$0 的累计概率	
		定性分析	

表 3-3 中的静态评价指标不考虑时间因素，计算简单，使用方便。在粗略评价方案或者短期投资项目时，可以采用静态评价指标。

动态评价指标要求考虑资金时间价值，评价时要将不同时间的资金换算成同一时点的价值，可以应用于不同方案的经济比较，而且能反映方案的发展变化。

2. 建设项目财务评价方法

(1)财务盈利能力评价

财务盈利能力评价主要考察投资项目投资的盈利水平。评价指标主要包括财务净现值、财务内部收益率、投资回收期、投资收益率等。

①财务净现值(FNPV)

财务净现值是指把项目计算期内各年的财务净现金流量，按照一个给定的标准折现率(基准收益率)折算到建设期初(项目计算期第一年年初)的现值之和。财务净现值是考察项目在其计算期内盈利能力的主要动态评价指标。其表达式为

$$FNPV = \sum_{t=0}^{n}(CI - CO)_t(1 + i_c)^{-t} \tag{3-23}$$

式中　FNPV——财务净现值；

$(CI-CO)_t$——第 t 年的净现金流量；

n——项目计算期；

i_c——基准收益率。

财务净现值是评价项目盈利能力的绝对指标。当 FNPV＞0 时，说明该方案除了能获得满足基准收益率要求的盈利之外，还能得到超额收益，即方案现金流入的现值大于现金流出的现值，该方案有收益，故该方案财务上可行；当 FNPV＝0 时，说明该方案基本能达到基准收益率要求的盈利水平，即方案现金流入的现值正好抵偿现金流出的现值，该方案财务上还是可行的；当 FNPV＜0 时，说明该方案不能达到基准收益率要求的盈利水平，即方案收益的现值不能抵偿支出的现值，该方案财务上不可行。但是需要注意的是，FNPV＞0 不一定代表项目赚钱；FNPV＜0 也不一定代表项目赔钱。

②财务内部收益率(FIRR)

财务内部收益率是指项目在整个计算期内各年财务净现金流量的现值之和等于 0 时的折现率，也就是使项目的财务净现值等于 0 时的折现率，其计算公式为

$$FNPV(FIRR)=\sum_{t=0}^{n}(CI-CO)_t(1+FIRR)^{-t}=0 \tag{3-24}$$

式中　FIRR——财务内部收益率；

其他符号意义同前。

财务内部收益率的经济含义是投资方案占用的尚未回收资金的盈利能力，是项目到计算期末正好将未收回的资金全部收回来的折现率。它取决于项目内部，反映项目自身的盈利能力，其值越高，方案的经济性越好。

财务内部收益率不是初始投资在整个计算期内的盈利率，因而它不仅受项目初始投资规模的影响，而且受项目计算期内各年净收益大小的影响。

财务内部收益率是反映项目实际收益率的一个动态指标，该指标越大越好。一般情况下，财务内部收益率大于或等于基准收益率时，项目可行。财务内部收益率的计算过程是解一元 n 次方程的过程，一般通过计算机软件配置的财务计算函数计算，手工计算时可以采用试算插值法(内插法)进行计算。具体计算公式参见图 3-8。

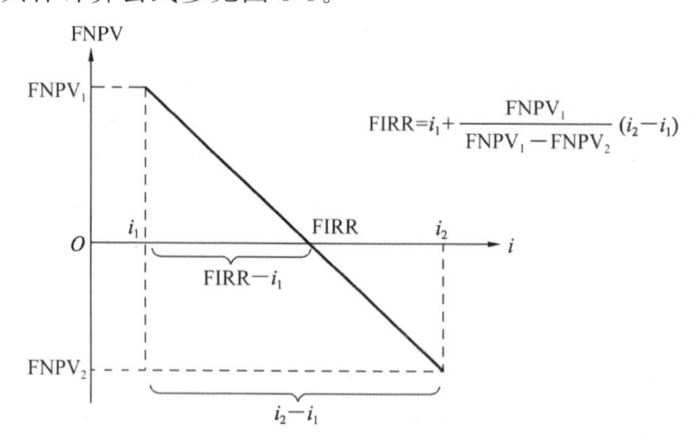

图 3-8　内插法计算财务内部收益率示意图

【例 3-4】　某项目采用 12％折现率时，财务净现值为 360 万元；采用 15％折现率时，财务净现值为－350 万元，试计算该项目的财务内部收益率。

【解】

$$\text{FIRR}=i_1+\frac{\text{FNPV}_1}{\text{FNPV}_1-\text{FNPV}_2}(i_2-i_1)=0.12+\frac{360}{360-(-350)}\times(0.15-0.12)$$
$$=0.1352=13.52\%$$

该项目财务内部收益率为13.52%。

③投资回收期

投资回收期是反映项目投资回收能力的重要指标，按照是否考虑时间价值分为静态投资回收期和动态投资回收期。

● 静态投资回收期

静态投资回收期(P_t)是在不考虑资金时间价值的条件下，以项目的净收益回收其总投资(包括建设投资和流动资金)所需要的时间，一般以年为单位。

投资回收期宜从项目建设开始年算起，若从项目投产开始年算起，应予以特别注明。

从建设开始年算起，投资回收期的计算公式为

$$\sum_{t=0}^{P_t}(\text{CI}-\text{CO})_t=0 \tag{3-25}$$

微课

静态投资回收期的计算

当项目建成投产后各年的净收益(即净现金流量)均相同时，静态投资回收期的计算公式为

$$P_t=I/A \tag{3-26}$$

式中 I——总投资；

A——每年的净收益，$A=(\text{CI}-\text{CO})_t$。

由于年净收益不等于年利润额，所以投资回收期不等于投资利润率的倒数。注意收益和利润是两个概念。

当项目建成后各年的净收益不相同时，静态投资回收期可根据累计净现金流量求得，也就是在项目投资现金流量表中累计净现金流量由负值变为零的时点。其计算公式为

P_t=(累计净现金流量出现正值的年份−1)+上一年累计净现金流量的绝对值/当年净现金流量　　(3-27)

当静态投资回收期小于等于基准投资回收期时，方案可行。

【例3-5】 已知某项目投资现金流量表(表3-4)，则该项目静态投资回收期为多少年？

表3-4　　某项目投资现金流量表

年份	1	2	3	4～10
现金流入/万元		100	100	120
现金流出/万元	220	40	40	50

【解】 根据工程经济中的相关知识，计算本项目的净现金流量，见表3-5。

表3-5　　某项目投资净现金流量表　　万元

累计净现金流量($\sum$NCF)	−220	−160	−100	−30	40
现金流入		100	100	120	120
现金流出	220	40	40	50	50
净现金流量	−220	60	60	70	70
累计净现金流量	−220	−160	−100	−30	40

根据式(3-27),得

$$P_t = 5 - 1 + |-30|/70 \approx 4.43 \text{ 年}$$

则该项目静态投资回收期为4.43年,如图3-9所示。

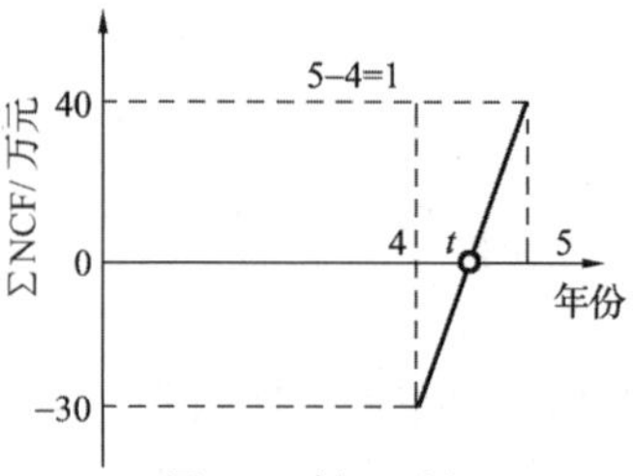

图3-9　例3-5图

● 动态投资回收期

动态投资回收期是把项目各年的净现金流量按基准收益率折成现值之后,再来推算投资回收期,这是它与静态投资回收期的根本区别。

动态投资回收期就是累计现值等于零时的年份。其计算公式为

$$\sum_{t=0}^{P_t}(\mathrm{CI}-\mathrm{CO})_t(1+i_c)^{-t}=0 \quad (3\text{-}28)$$

动态投资回收期也可以使用插值法进行计算。

P_t=(累计净现金流量现值出现正值的年份−1)+

上一年累计净现金流量现值的绝对值/当年净现金流量现值　　(3-29)

当动态投资回收期小于等于项目寿命期时,说明项目(或方案)是可行的;当动态投资回收期大于项目寿命期时,则项目(或方案)不可行,应予拒绝。一般而言,动态投资回收期要比静态投资回收期长。

(2)反映项目偿债能力的指标与评价

反映项目偿债能力的指标有借款偿还期、资产负债率、流动比率、速动比率、利息备付率、偿债备付率等。反映项目偿债能力的指标与评价标准见表3-6。

表3-6　反映项目偿债能力的指标与评价标准

评价指标	含义	计算方法	评价标准
借款偿还期	项目投产后,可用于偿还借款的资金还清固定资产投资借款本金和利息所需要的时间	借款偿还期=偿清债务年份数−1+偿清债务当年应付的本息/当年可用于偿清的资金总额	借款偿还期小于或等于借款合同规定的期限时,项目可行
资产负债率	反映项目各年所面临的财务风险程度及偿债能力	资产负债率=负债总额/资产总额	这一比率越低,则偿债能力越强
流动比率	反映项目各年偿付流动负债能力的指标	流动比率=流动资产总额/流动负债总额	一般为2∶1较好
速动比率	反映项目快速偿付流动负债能力的指标	速动比率=速动资产总额/流动负债总额	一般为1左右较好
利息备付率	项目在借款偿还期内,各年可用于支付利息的息税前利润与当期应付利息的比值	利息备付率=息税前利润/当期应付利息费用	当利息备付率大于2时,项目具有付息能力,项目可行
偿债备付率	项目在借款偿还期内,各年可用于还本付息的资金与当期应还本付息金额的比值	偿债备付率=可用于还本付息资金/当期应还本付息金额	当偿债备付率大于1时,项目具有偿付当期债务的能力,项目可行

注:①提供贷款的机构,可以接受100%以下(包括100%)的资产负债率,资产负债率大于100%表明企业已资不抵债,已达到破产底线。

②流动比率越高,单位流动负债将有越多的流动资产做保障,短期偿债能力就越强。

③速动资产=流动资产−存货,是流动资产中变现最快的部分。

④利息备付率分年计算,如果利息备付率小于1,则说明项目没有足够的资金支付利息,偿债风险很大。

⑤偿债备付率应分年计算,按照我国企业历史数据统计分析,一般情况下,偿债备付率不宜小于1.3。

注意

利用上述评价指标进行财务评价时要注意与基准指标进行对比，判断出拟建项目的财务可行性。这种评价方法就是确定性评价方法。一般而言，拟建项目除了要进行确定性评价之外，还要进行不确定性分析，即盈亏平衡分析和敏感性分析，以此对项目的风险做出评价。

3.4 综合应用案例

【综合案例 3-1】

【背景】 某拟建年产 3 000 万吨铸钢厂，根据可行性研究报告提供的已建年产 2 500 万吨类似工程的主厂房工艺设备投资约为 2 400 万元。已建类似项目资料见表 3-7 和表 3-8。

表 3-7　与设备投资有关的各专业工程投资系数

加热炉	汽化冷却	余热锅炉	自动化仪表	起重设备	供电与传动	建筑安装工程
0.12	0.01	0.04	0.02	0.09	0.18	0.40

表 3-8　与主厂房投资有关的辅助及附属设施投资系数

动力系统	机修系统	总图运输系统	行政及生活福利设施工程	工程建设其他费
0.30	0.12	0.20	0.30	0.20

本项目的资金来源为自有资金和贷款，贷款总额为 8 000 万元，贷款利率为 8%（按年计息）。建设期为 3 年，第 1 年投入 30%，第 2 年投入 50%，第 3 年投入 20%。预计建设期物价年平均上涨率为 3%，基本预备费费率为 5%。

问题：

（1）已知拟建项目建设期与已建类似项目建设期的综合价格差异指数为 1.25，试用生产能力指数估算法估算拟建工程的工艺设备投资，用系数估算法估算该项目主厂房投资和项目建设的工程费与工程建设其他费投资。

（2）估算该项目的建设投资，并编制建设投资估算表。

（3）若单位产量占用营运资金额为 0.336 7 元/吨，试用扩大指标估算法估算该项目的流动资金并确定该项目的总投资。

【案例解析】

问题（1）：

①估算主厂房工艺设备投资：用生产能力指数估算法。

$$主厂房工艺设备投资=2\ 400\times\left(\frac{3\ 000}{2\ 500}\right)^{1}\times1.25=3\ 600\ 万元$$

式中，生产能力指数取 1。

②估算主厂房投资：用系数估算法。

$$\begin{aligned}主厂房投资\ C&=主厂房工艺设备投资\times(1+\sum_{i=1}^{n}P_i)\\&=3\ 600\times(1+12\%+1\%+4\%+2\%+9\%+18\%+40\%)\\&=6\ 696\ 万元\end{aligned}$$

式中　P_i——与设备有关的各专业工程的投资系数。

其中，建筑安装工程投资＝3 600×0.40＝1 440 万元

设备购置投资＝3 600×(1.86－0.40)＝5 256 万元

$$工程费与工程建设其他费＝拟建项目主厂房投资\times(1+\sum_{i=1}^{n}P_j)$$

$$=6\ 696\times(1+30\%+12\%+20\%+30\%+20\%)$$

$$=14\ 195.52\ 万元$$

式中　P_j——与主厂房投资有关的辅助及附属设施投资系数。

问题(2)：

①基本预备费计算：

基本预备费＝(工程费＋工程建设其他费)×基本预备费费率

＝14 195.52×5%

＝709.78 万元

由此得

静态投资＝14 195.52＋709.78＝14 905.30 万元

建设期各年的静态投资如下：

第 1 年：14 905.30×30%＝4 471.59 万元

第 2 年：14 905.30×50%＝7 452.65 万元

第 3 年：14 905.30×20%＝2 981.06 万元

②价差预备费计算：

$$价差预备费=\sum_{t=1}^{n}I_t[(1+f)^m(1+f)^{0.5}(1+f)^{t-1}-1]$$

$$=4\ 471.59\times(1.03\times1.03^{0.5}-1)+7\ 452.65\times(1.03\times1.03^{0.5}\times1.03-1)+2\ 981.06\times(1.03\times1.03^{0.5}\times1.03^2-1)$$

$$=1\ 099.24\ 万元$$

预备费＝基本预备费＋价差预备费＝709.78＋1 099.24＝1 809.02 万元

由此得

项目的建设投资＝工程费与工程建设其他费＋预备费

＝14 195.52＋1 809.02

＝16 004.54 万元

③建设期贷款利息计算：

建设期各年贷款利息＝(年初累计借款＋本年新增借款×1/2)×贷款利率

第 1 年贷款利息＝(0＋8 000×30%×1/2)×8%＝96 万元

第 2 年贷款利息＝[(8 000×30%＋96)＋(8 000×50%×1/2)]×8%

＝359.68 万元

第 3 年贷款利息＝[(2 400＋96＋4 000＋359.68)＋(8 000×20%×1/2)]×8%

＝612.45 万元

建设期贷款利息＝96＋359.68＋612.45＝1 068.13 万元

④编制拟建项目建设投资估算表(表 3-9)。

表 3-9　　拟建项目建设投资估算表　　万元

序号	工程费用名称	系数	建筑安装工程费	设备购置费	工程建设其他费	合计	比例/%
1	工程费		7 600.32	5 256.00		12 856.32	80.33
1.1	主厂房		1 440.00	5 256.00		6 696.00	
1.2	动力系统	0.30	2 008.80			2 008.80	
1.3	机修系统	0.12	803.52			803.52	
1.4	总图运输系统	0.20	1 339.20			1 339.20	
1.5	行政及生活福利设施工程	0.30	2 008.80			2 008.80	
2	工程建设其他费	0.20			1 339.20	1 339.20	8.37
	(1)+(2)					14 195.52	
3	预备费				1 809.02	1 809.02	11.30
3.1	基本预备费				709.78	709.78	
3.2	价差预备费				1 099.24	1 099.24	
项目建设投资合计=(1)+(2)+(3)			7 600.32	5 256.00	3 148.22	16 004.54	100

注:表中,各项费用占项目建设投资比例=各项费用/(工程费+工程建设其他费+预备费)。

问题(3):

①流动资金=拟建项目产量×单位产量占用营运资金额

=3 000×0.336 7=1 010.10 万元

②拟建项目总投资=建设投资+建设期贷款利息+流动资金

=16 004.54+1 068.13+1 010.10=18 082.77 万元

【综合案例 3-2】

【背景】 A 地拟于 2018 年 6 月兴建年产 20 万吨甲化工产品的工厂,目前有 B 地 2013 年 6 月投产的年产 10 万吨乙化工产品的类似工厂的建设资料可供参考。类似工厂的设备投资为 15 000 万元,建筑工程费为 8 000 万元,安装工程费为 6 000 万元,工程建设其他费用为 3 000 万元。如果拟建项目的其他费用为 4 000 万元,2010 年对 2005 年的设备费、建筑工程费、安装工程费、工程建设其他费用的综合调整系数分别为 1.2、1.25、1.1、1.15,生产能力指数为 0.6。

问题:估算拟建项目的静态投资额。

【案例解析】 本题可以采用系数估算法来求出拟建项目的静态投资额。

建筑工程费占设备投资百分比　　8 000/15 000≈0.533 3

安装工程费占设备投资百分比　　6 000/15 000=0.4

工程建设其他费用占设备投资百分比　　3 000/15 000=0.2

由公式

$$C=E(1+f_1P_1+f_2P_2+f_3P_3+\cdots)+I$$

可得拟建项目静态投资额

$C=15\ 000\times(20/10)^{0.6}\times1.2\times(1+1.25\times0.533\ 3+1.1\times0.4+1.15\times0.2)+4\ 000$

$=67\ 749.90$ 万元

【综合案例 3-3】

武汉市后湖花园房地产项目可行性研究报告

第一部分　总论

一、项目概况

该地块位于江岸区后湖乡石桥村，总面积为 125.59 亩，主要用途是住宅用地，容积率不超过 1.4，建筑密度为 22.5%，绿化率不低于 40%。主要建筑形式为多层，建筑限高一般在 24 米以下，允许建高层(40 米以下)，但比例不得超过 20%。

二、报告编制依据

1. 武汉市规划局规划方案。

2. 原建设部及武汉市颁布的与房地产相关的法律与政策。

3. 武汉市 2018 房地产年鉴。

4. 现场勘察和实地调研所得资料。

第二部分　项目开发经营环境分析(略)

第三部分　项目周边物业市场调查分析(略)

第四部分　项目开发经营优势点与机会点分析(略)

第五部分　项目定位

一、目标市场定位

后湖花园位于江岸区后湖乡地区，这决定了主体目标对象为江岸区后湖乡周边地区的中高层消费群。

购买目的比例依次判断为：纯自住、自住兼投资型、其他。

二、产品定位

根据对项目周边环境及物业市场的调查分析，将项目定位为中等档次，这是基于激烈竞争的市场状况以及项目所处的环境和位置的前提下而做出的明智决策，主要原因是：

1. 相对而言，项目区位位置远离市中心，成本较低。

2. 项目区位内高档物业目前销售状况不是很好。

3. 开发区内已形成一些居住小区群体，各项基础设施和市政设施日趋完善。

第六部分　项目开发建设建议

一、项目总体规划建议

1. 由于项目开发周期较长，在规划设计中既要立足现实，又要着眼未来，充分体现可持续发展的策略，建议在总体规划设计中，将地块分成若干个相对独立的功能组团，以利于分期开发，每一组团可根据开发时的市场情况进行单独设计。

2. 在总体规划中应尽可能兼顾到本地块的周边环境，尤其要注意项目建成后的周边景观以及社区人员的视觉效果。突出环境设计的宗旨，以“绿地中的公建”和“公建中的绿地”两个手法营造两个中心，形成集中景观，有效利用土地，发挥投资潜能，突出 21 世纪居住社区的整体特色。

3. 总体上来说，后湖花园的规划方案中建筑单体设计采用灵活的户型和变化的立体效果。

4. 虽然小区的目标顾客属中低收入的阶层，私家车相对不多，但在规划上，未来后湖花园业主们因为位置的原因将部分拥有私家车，因此，建议在小区的交通方面，充分做到人车分流，并且规划好停车位。

二、住宅建筑设计建议

1.住宅的设计要适度超前。这里的超前不仅仅是面积问题，更重要的是功能、质量方面的适度超前，这就要求设计人员必须考虑到今后数十年内人们生活方式与需求的变化。

2.住宅设计应充分体现“以人为本”的原则，想住户之所想，每一细节的处理都应体现出对人的关怀和尊重，实现动静分开和洁污分开。每一户型内部布置都应按内外分区、动静分区、生理分室、功能分室等要求设计。

3.住宅外观设计采用目前流行的欧式风格，色彩以简洁明快为主，并在阳台、天沟、局部墙等细部以其他色彩点缀，做到统一中有变化。

4.在建筑材料方面，大量采用新材料、新产品，据统计数据表明，在已建成或正在建成具有“后小康时代”特征的住房中，新材料、新产品、新技术的采用率，外墙材料为60%，屋面保温防水材料为90%，管线集中综合布置为40%。

5.户型设计多样化，包括平面布局的多样化，建筑面积规模大小多变、房型设计的多样化（平面、复式），物业档次的多样化（多层小洋楼、小高层、别墅）等。

三、小区配套设施建议（略）

第七部分　项目开发经营策略及投资估算

一、项目开发经营策略

依据开发公司的实际情况，本项目宜采取“整体规划、分期实施、自主开发、力创精品”的灵活多变的开发经营策略。

1.整体规划。这是大面积、大规模房地产开发的一个显著特点，本地块占地125.59亩，因此必须对地块进行整体规划。

2.分期实施。该项目开发总建筑面积达11.72万平方米，预计总投资约1.5亿元人民币，如此大规模的投资，一次性开发资金筹取难度较大。同时，房地产市场的变幻莫测决定着其风险也较大，分期实施有利于根据市场需求变化及时调整物业功能，重新定位，规避风险。

3.自主开发。这是基于项目公司的资金优势和地块本身的特点而做出的选择。

①房地产属资金密集型行业，项目公司可凭借其他公司所不具备的雄厚资金实力进行自主开发。

②项目公司购置该地块所需成本较低（相对市中心而言和优惠的政策）。

③项目地块所处的特有的区位优势及市场前景（如前文介绍）。

④通过自主开发，公司可迅速依托项目的品牌提升企业形象，扩大公司在武汉市房地产业界的影响，为以后的项目开发打下良好的基础。

4.力创精品。这是由项目所在区域内品牌项目较少的前提决定的，同时借助于后湖花园的品牌，可迅速提升开发公司在武汉房地产业界的知名度。

5.先环境、后房屋，先有现房、后全面发动宣传攻势。

建议项目首期预售之前，先做好环境和配套等形象工程，这既是公司实力的展示，又可借助于这些形象工程增强购房者对本项目的信心。

二、项目投资估算

项目总投资由建设投资和建设期贷款利息两部分组成。经估算，本项目总投资为 15 594.85 万元人民币，其中建设投资为 14 467.4 万元，建设期贷款利息为 1 127.45 万元。

1. 建设投资

建设投资包括土地取得费用，建筑安装工程费用，小区配套费用，道路、绿化、景点费用，项目研究、咨询、规划、设计费用，各种配套税费，项目管理费和不可预见费等。

1.1 土地取得费用

土地取得费用为征地费与批租费之和，总计 5 023.6 万元。

1.2 建筑安装工程费用

建安安装工程费用按 570 元/m^2 计，总计 6 384 万元。

1.3 小区配套费用

小区配套费用按 80 元/m^2 计，总计 896 万元。

1.4 道路、绿化、景点费用

道路、绿化、景点费用按 45 元/m^2 计，总计 504 万元。

1.5 项目研究、咨询、规划、设计费用

根据武汉市现行收费标准和本工程项目的实际情况，确定本项目研究、咨询、规划、设计费用单价为 15 元/m^2，总费用为 168 万元。

1.6 各种配套税费

项目在开发过程中所产生的各种配套税费，按照建筑安装工程的 15%记取，为 85.5 元/m^2，总费用为 957.6 万元。

1.7 项目管理费

项目管理费按建筑安装工程费用的 3%计取，总费用为 191.5 万元。

1.8 不可预见费

不可预见费以建设工程的 3%计取，总费用为 342.7 万元。

2. 建设期贷款利息

建设期贷款利息按动态计算，考虑到工程的分期滚动开发，后续工程的资金筹措可通过预售房款和租金来实现。项目的总利息为 1 127.45 万元。

3. 项目总投资

上述建设投资、建设期贷款利息两项相加，即为项目总投资，共计 15 594.85 万元，详见《项目总投资估算表》(略)。

第八部分　项目开发经营状况分析

本章对后湖花园项目销售分期计划做出安排，估算项目开发经营收入、成本、利润、投资利润，并计算项目资金现金流量、财务净现值、财务内部收益率。

一、项目的价格定位

根据对项目周边同类物业价格及销售情况的分析，结合本项目的建筑成本、竞争对手和市场需求等各方面的情况，对项目做如下价格定位：

多层住宅：2 300 元/m^2；

小高层住宅：2 800 元/m^2。

二、项目销售计划

根据本报告的项目经营策略、实施进度安排、本物业供需状况的调查以及本物业的设计水准，确定后湖花园项目销售计划表。

三、项目销售收入估算（略）

四、项目经营成本估算（略）

项目经营成本包括：建造成本、销售成本、销售税金和财务费用。

五、项目利润估算（略）

六、项目现金流量与财务净现值、财务内部收益率

算出全部投资的财务净现值和财务内部收益率。

财务净现值（FNPV）＝3 620.11 万元

财务内部收益率（FIRR）＝27.1％

由上述计算可知，项目财务净现值（FNPV）＞0，表明项目利润率超过基准贴现率，具有财务上、经济上的可行性，项目财务内部收益率（FIRR）＝27.1％＞0，且水平较高，表明项目具有获利能力。

第九部分　项目开发经营风险分析

本章拟对后湖花园项目进行盈亏平衡分析、敏感性分析，以测度其开发经营风险，然后对项目运作中的主要风险进行定性研究，并提出相应对策。

一、项目盈亏平衡分析

项目盈亏平衡分析包括项目经营收入保本点和项目经营成本点分析。

1.项目经营收入保本点分析

项目经营成本＝14 467.4/（1－5.45％）＝15 301.32 万元

保本点＝15 301.32/25 155.2＝60.83％

即销售收入达预测收入的 60.83％时，项目处于盈亏平衡状态。

2.项目经营成本点分析

项目保本开发经营成本＝25 155.2 万元，保本点＝25 155.2/14 467.4＝173.88％

即项目开发经营成本达到预测成本的 173.88％，项目处于盈亏平衡状态。实际上项目盈亏平衡点在开发经营各阶段是不同的，这是按照计算期平均状态计算的结果。

二、项目敏感性分析

本项目敏感性分析主要针对项目总投资和项目销售收入两种因素进行。

1.项目总投资

由于项目占地较大，开发周期较长，其间可能会出现各种不能预期的变化，故项目的总投资额可能会发生一些变化，估计最大的变动幅度达 10％，如果投资额增加 10％，那么从全部资金的现金流量表的情况来看，FNPV＝2 717.80，项目仍然可行。

2.项目销售收入

在开发经营的各个过程中，销售收入的预测主要是建立在对本项目的未来前景分析及预测基础之上的，虽然项目前景乐观，但毕竟是变数，销售环节上的细小失误，市场需求的细微变化等

因素都有可能影响项目的销售价位,从而对项目的销售收入产生不利影响。由于在价格定位时相对较低,故销售收入最大的下降幅度不会太大,如果下降幅度为10%,那么,从全部投资现金流量表的情况看,财务净现值下降至2 732.79万元,不过,其值仍大于零,项目仍然可行。

三、项目开发经营主要风险及对策分析

房地产开发经营的主要风险一般包括宏观经济与政治风险、政策风险、市场风险、资金风险和企业风险等,根据本报告关于项目开发经营的环境分析、项目定位和项目的技术经济分析,可以看出,项目具有较强的抗风险能力,但仍有一些不确定性因素所带来的风险。

1.市场风险(略)

2.项目的资本风险(略)

3.企业风险(略)

第十部分　结论与建议

一、项目拥有较好的投资环境与机遇

国民经济的持续稳定发展,住房制度改革的深入,武汉市良好的房地产市场环境,政府对项目公司开发本项目的鼎力支持,居民对改善居住条件的期望与购买力水平等,这些基本方面为本项目提供了一个较好的投资环境与机遇。

二、项目在经济上具有较强的可行性

项目总建筑面积:11.72万平方米;

项目总投资:15 594.85万元;

项目财务净现值:3 620.11万元;

项目财务内部收益率:27.1%。

上述经济指标是根据目前的市场形势对预期目标利润估算的结果。

三、项目具有的突出优势

后湖花园的潜在需求量大;住宅小区的定位属中等档次,在供需圈内具有广泛的目标客户;项目公司的资金优势;项目较好的周边环境(包括自然、人文、交通等环境);项目所处地块的发展前景较好(有在建的后湖大道和幸福大道)。

四、项目开发经营风险较小

本项目属大面积、大规模开发,无拆迁负担,土地开发使用权取得费用相对较低,且在开发运作过程中可享受政府提供的诸多优惠政策,只要在实施中辅以全过程科学决策控制,应能稳获预期投资收益。

五、项目实施的难点

1.项目规模较大,时间较紧,开发过程中各方面工作协调难度大。

2.项目的定位主题有一定难度,尽管设计工作一经完成,其定位也就相应确定,但在实施过程中仍需根据具体情况不断完善。

3.房地产行业竞争激烈,项目公司需建立一支高素质的营销队伍,或采取全权委托中介代理销售的方式。

六、项目进程中的注意事项

强化项目进程中的投资、质量、进度控制,注重对可能发生的不利条件及变化因素的预测与防范对策，以保证项目按期完成。

1. 严格执行设计标准，积极推广标准设计。

2. 及时对工程进度进行偏差分析以调整后续工作。

3. 按照工程质量保证标准在工程各个阶段进行工程质量管理。

本章小结

本模块介绍了建设工程决策阶段工程造价控制的主要工作，包括可行性研究、投资估算和财务评价三大部分内容。为了使决策更加科学，必须进行项目可行性研究，它包括机会研究、初步可行性研究、详细可行性研究及评价与决策四个阶段，应明确可行性研究报告的内容与编制方法、步骤。建设工程投资估算包括固定资产投资估算和流动资产投资估算两部分，重点介绍了生产能力指数法、系数估算法、比例估算法、指标估算法及流动资金分项详细估算法，注意这些方法的适用范围。建设工程财务评价是可行性研究报告的重要组成部分，主要进行财务盈利能力分析、偿债能力分析、财务生存能力分析，在分析过程中要依据基本财务报表计算出财务内部收益率、财务净现值、投资回收期、投资收益率等指标，以此判断项目在财务上是否可行。应重点掌握常用财务评价指标的计算方法与判断标准。

模块 3

模块 4 建设工程设计阶段工程造价控制

思维导图

模块 4

子模块	知识目标	能力目标
工程设计及影响工程造价的因素	掌握设计阶段的划分及设计程序；了解设计阶段的工作特点；熟悉设计阶段影响工程造价的因素	能掌握设计阶段的划分及设计程序；能明确设计阶段影响工程造价的因素
设计方案的优选与限额设计	掌握设计方案优选的原则、方法；熟悉限额设计的概念、目标和全过程	能进行设计方案优选；能明确限额设计的概念与过程
设计概算的编制与审查	熟悉设计概算的内容；掌握设计概算的编制方法与审查	能掌握设计概算的编制方法与审查
施工图预算的编制与审查	熟悉施工图预算的内容与编制依据；掌握施工图预算的编制方法与审查	能掌握施工图预算的编制方法与审查

4.1 工程设计及影响工程造价的因素

工程设计是指在工程开始施工之前，设计者根据已批准的设计任务书，为具体实现拟建项目的技术、经济要求，拟订建筑、安装及设备制造等所需的规划、图纸、数据等技术文件的工作。

设计是在技术和经济上对拟建项目进行全面的安排，不同的项目对应不同的设计阶段。

4.1.1 设计阶段的划分及设计程序

为保证工程建设及设计工作的衔接和有机配合，工程设计应分阶段进行。工业项目和民用项目的内容不同，但都可以分为两阶段或三阶段设计，详见表 4-1。

不论是三阶段设计还是两阶段设计，也不论是工业项目还是民用项目，只有正确地认识各设计阶段的特点，才能准确地控制工程造价。

4.1.2 设计阶段的工作特点

要点分析

工程设计及影响工程造价的因素

(1)设计阶段是决定建设工程价值和使用价值的主要阶段。

(2)设计阶段的工作表现为创造性的脑力劳动。

(3)设计质量对建设工程总体质量有决定性影响。

(4)设计阶段的工作需要反复协调。

(5)设计阶段是影响建设工程投资的关键阶段。

表 4-1　　设计阶段的划分

项目	工业项目	民用项目	备注
设计阶段	一般项目：初步设计、施工图设计； 技术内容复杂或设计有难度的项目：初步设计、技术设计、施工图设计； 部分大型项目：总体规划设计（总体设计）、初步设计、技术设计、施工图设计	一般项目：方案设计、初步设计、施工图设计； 技术内容简单的项目：方案设计、施工图设计（经有关主管部门同意，且合同中约定不做初步设计时，可以只做“两阶段设计”）	工业项目和民用项目主要都是“三阶段设计”，但根据具体项目的特点不同，在“三阶段设计”基础上可进行调整。需要注意的是：工业项目中的部分大型项目设计的总体规划设计（总体设计）本身不代表一个单独的设计阶段
设计程序	设计准备、总体设计、初步设计、技术设计、施工图设计、设计交底和配合施工	设计准备、方案设计、初步设计、施工图设计、设计交底和配合施工	工业项目和民用项目的设计准备工作，设计交底和配合施工工作大体一致；其余阶段，民用项目的设计内容较为简单

毫无疑问，工程造价控制贯穿建设项目的全过程，但进行全过程控制要突出重点，而设计阶段恰恰是其控制的关键阶段。如图 4-1 所示，不同的设计阶段对工程造价的影响不一样，虽然通常设计费只占到工程全部费用的 1%，但是它对工程造价的影响程度可以达到 75%以上。那么又是哪些因素产生的影响呢？

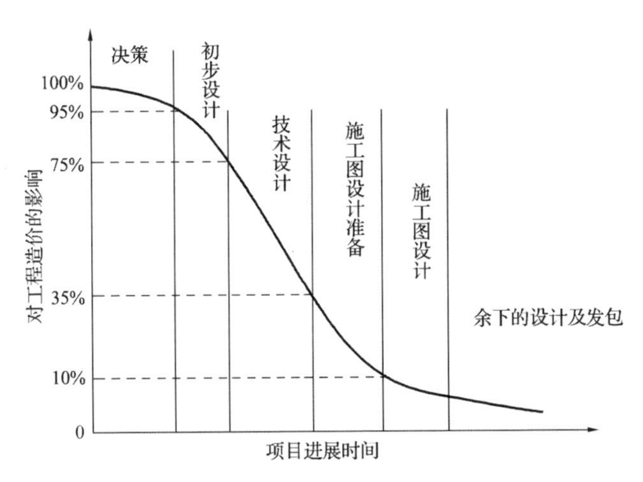

图 4-1　建设项目各阶段对工程造价的影响

4.1.3　设计阶段影响工程造价的因素

设计阶段影响工程造价的因素很多，对于工业项目和民用项目，因其设计内容不同，故影响因素也有所不同，见表 4-2。

表 4-2　　设计阶段影响工程造价的因素

设计内容	影响工程造价的因素
厂区总平面图设计	厂区占地面积、功能分区、运输方式的选择
建筑空间平面设计	平面形状、流通空间、层高、建筑物层数、柱网布置、建筑物的体积与面积、建筑结构
结构与材料	木结构、砌体结构、钢筋混凝土结构、钢结构

续表

设计内容	影响工程造价的因素
设备选用	选择合适的生产方法、合理布置工艺流程、合理的设备选型
小区规划	占地面积、建筑群体的布置形式
住宅建筑设计	建筑物平面形状和周长系数、住宅的层高和净高、层数 住宅单元组成、户型和住户面积、住宅建筑结构

设计阶段造价控制是一个有机联系的整体,各设计阶段的造价(估算、概算、预算)相互制约、相互补充,前者控制后者,后者补充前者,共同组成工程造价的控制系统。

只有做好设计方案的比选与优化,才能有效地控制工程造价,为以后工程建设各阶段的造价控制打好基础,确保工程造价控制目标的实现。

4.2 设计方案的优选与限额设计

4.2.1 设计方案优选的原则

如果一个建设项目有多个不同的设计方案,作为投资方,想要达到最好的建设投资效果,就要从所有方案中选择技术先进、经济合理的最佳设计方案。在选择最佳方案时,要从实用性、经济性、功能性和美观等方面来综合考虑,采用不同的优选方法来进行选择。

设计方案优选时必须结合当时、当地的实际条件,选取功能完善、技术先进、经济合理、安全可靠的最佳设计方案。设计方案优选应遵循以下原则:

1. 设计方案必须处理好经济合理性与技术先进性的关系

经济合理性要求工程造价尽可能低,如果一味地追求经济效益,可能会导致项目的功能水平偏低,无法满足使用者的要求;技术先进性追求技术的尽善尽美,如果项目功能水平先进很可能会导致工程造价偏高。因此,技术先进性与经济合理性是一对矛盾的主体,设计者应妥善处理好二者的关系:在满足使用者要求的前提下尽可能降低工程造价;如果资金有限制,也可以在资金限制范围内,尽可能提高项目功能水平。

2. 设计方案必须兼顾建设与使用,考虑项目全寿命费用

工程在建设过程中,控制造价是一个非常重要的目标。造价水平的变化会影响项目将来的使用成本。如果单纯降低造价,建造质量得不到保障,就会导致使用过程中的维修费用很高,甚至有可能发生重大事故,给社会财产和人民安全带来严重损害。一般情况下,工程造价、使用成本和项目功能水平的关系如图 4-2 所示。在设计过程中,应兼顾建设过程和使用过程,力求项目全寿命费用最低。

3. 设计方案必须兼顾近期与远期的要求

一项工程建成后,往往会在很长的时间内发挥作用。如果按照目前的要求设计的工程,在不远的将来,很可能会出现由于项目功能水平无法满足需要而重新建造的情况;但是如果按照未来的需要设计工程,又会出现由于功能水平过高而资源闲置浪费的现象,所以设计者要兼顾近期和远期的要求,选择项目合理的功能水平。

设计方案的优选与限额设计(1)

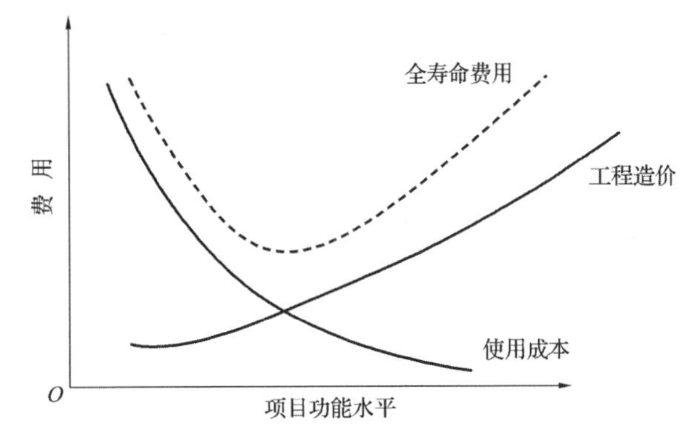

图4-2　工程造价、使用成本和项目功能水平之间的关系

4.2.2　设计方案优选的方法

建设项目设计方案优选就是对设计方案进行技术与经济的分析、计算、比较和评价,从而选出与环境协调、功能适用、结构坚固、技术先进、造型美观和经济合理的最优设计方案,为决策提供依据。具体优选方法可分为整体宏观方案和局部具体方案,见表4-3。

表4-3　建设项目设计方案优选的方法

优选方法	具体方法
整体宏观方案	投资回收期法、净现值法、净年值法、内部收益率法
局部具体方案	多指标综合评价法、价值工程法、造价额度法、计算费用法、净现值法、净年值法

1.多指标综合评价法

规划方案和总体设计方案一般采用设计方案竞选方式。这种方式通常由组织竞选的单位聘请有关专家组成专家评审组,专家评审组按照技术先进、功能合理、安全适用、满足节能和环境要求、经济实用、美观的原则,同时考虑设计进度、设计单位与建筑师的资历信誉等因素,综合评定设计方案,择优确定中选方案。评定优劣时通常以一个或两个主要指标为主,再综合考虑其他指标。

多指标综合评价法可分为多指标对比法和多指标综合评分法。

(1)多指标对比法

多指标对比法是指使用一组适用的指标体系,将对比方案的指标值列出,然后一一进行对比分析,根据指标值的高低,分析判断方案的优劣。

(2)多指标综合评分法

采用方案竞选或设计招标方式选择设计方案时,通常采用多指标综合评分法。

在采用多指标综合评分法时,首先需要对设计方案设定若干个评价指标,然后按指标的重要程度确定其权重,最后按照确定的评分标准分方案对指标进行打分,计算出各方案的加权得分,分高者优。计算公式为

$$S=\sum_{i=1}^{n}(W_iS_i) \tag{4-1}$$

式中　S——设计方案总得分;

S_i——某方案在评价指标 i 上的得分;

W_i——评价指标 i 的权重；

n——评价指标数。

【例 4-1】 建筑工程有四个设计方案，选定评价指标为：实用性、经济性、平面布置、美观性共四项，多指标综合评分法计算表见表 4-4，试选择最优设计方案。计算结果见表 4-4。

表 4-4 多指标综合评分法计算表

评价指标	权重	方案 A		方案 B		方案 C		方案 D	
		得分	加权得分	得分	加权得分	得分	加权得分	得分	加权得分
实用性	0.4	8	3.2	7	2.8	8	3.2	8	3.2
经济性	0.3	9	2.7	7	2.1	9	2.7	9	2.7
平面布置	0.2	8	1.6	8	1.6	7	1.4	9	1.8
美观性	0.1	7	0.7	9	0.9	9	0.9	8	0.8
合计	1.0	—	8.2	—	7.4	—	8.2	—	8.5

由表 4-4 可知：方案 D 的加权得分最高，方案 D 最优。

这种方法的优点在于避免了多指标间可能发生相互矛盾的现象，评价结果是唯一的。但是在确定权重及评分过程中存在主观臆断成分。由于分值是相对的，因而不能直接判断各方案各项功能的实际水平。

2. 投资回收期法

比选设计方案的主要参考指标是方案的功能水平和成本。功能水平先进的方案通常投资也较多，收益也较好。因此，也可以用投资回收期的长短衡量设计方案的优劣。通常投资回收期越短的设计方案越好。

如果相互比较的各方案都能满足功能要求，那么只需要比较这些方案的投资和经营成本，可以用差额投资回收期法来进行比较。计算公式为

$$\Delta P_t=\frac{K_2-K_1}{C_1-C_2} \tag{4-2}$$

式中 K_2——方案 2 的投资额；

K_1——方案 1 的投资额，且 $K_2>K_1$；

C_2——方案 2 的年经营成本；

C_1——方案 1 的年经营成本，且 $C_1>C_2$；

ΔP_t——差额投资回收期。

当差额投资回收期不大于基准投资回收期时，投资大的方案优；反之，投资小的方案优。

如果两个比较方案的年业务量不同，则需要将投资和经营成本转化为单位业务量的投资和经营成本，然后再计算差额投资回收期，进行方案比选。此时差额投资回收期的计算公式为

$$\Delta P_t=\frac{\dfrac{K_2}{Q_2}-\dfrac{K_1}{Q_1}}{\dfrac{C_1}{Q_1}-\dfrac{C_2}{Q_2}} \tag{4-3}$$

式中 Q_1——方案 1 的年业务量；

Q_2——方案 2 的年业务量。

其余符号意义同前。

【例 4-2】 现有两个设计方案，方案 1 总投资为 1 500 万元，年经营成本为 400 万元，年产量为 1 000 件；方案 2 总投资为 1 000 万元，年经营成本为 360 万元，年产量为 800 件。基准投资回收期为 6 年，试选出最优方案。

【解】 首先计算各方案单位产量费用：

$K_1/Q_1=1\ 500/1\ 000=1.5$ 万元/件

$K_2/Q_2=1\ 000/800=1.25$ 万元/件

$C_1/Q_1=400/1\ 000=0.4$ 万元/件

$C_2/Q_2=360/800=0.45$ 万元/件

$$\Delta P_t=\frac{1.25-1.5}{0.4-0.45}=5 \text{ 年}$$

因 $\Delta P_t=5$ 年<6 年，故方案 1 较优。

3. 造价额度法

造价额度法是指根据建设项目工程造价的额度选择设计方案的一种方法，以工程造价低者为优。例如，甲方案工程造价为 A，乙方案工程造价为 B，如果 $A<B$，则选择甲方案；如果 $A>B$，则选择乙方案。

4. 计算费用法

计算费用法是用一种合乎逻辑的方法将一次性投资与经常性的运营费用统一为一种性质的费用，并根据具体费用选择设计方案，以计算费用低者为优。它又可分为总计算费用法和年计算费用法。

(1)总计算费用法

投资方案总计算费用=方案的投资额+基准投资回收期×方案的年运营费用

$$TC_1=K_1+P_cC_1 \tag{4-4}$$

$$TC_2=K_2+P_cC_2 \tag{4-5}$$

式中 TC_1、TC_2——方案 1、方案 2 的总计算费用；

K_1、K_2——方案 1、方案 2 的投资额；

C_1、C_2——方案 1、方案 2 的年运营费用；

P_c——基准投资回收期。

比较 TC_1、TC_2，总计算费用最低的方案最优。

(2)年计算费用法

投资方案年计算费用=方案的年运营费用+基准投资效果系数×方案的投资额

$$AC_1=C_1+R_cK_1 \tag{4-6}$$

$$AC_2=C_2+R_cK_2 \tag{4-7}$$

式中 AC_1、AC_2——方案 1、方案 2 的年计算费用；

R_c——基准投资效果系数(为 P_c 的倒数)。

其余符号意义同前。

比较 AC_1、AC_2，年计算费用最低的方案最优。

【例 4-3】 某企业为扩大生产规模，有三个设计方案，方案一是改建现有工厂，一次性投资为 2 545 万元，年经营成本为 760 万元；方案二是建新厂，一次性投资为 3 340 万元，年经营成本为 670 万元；方案三是扩建现有工厂，一次性投资为 4 360 万元，年经营成本为 650 万元。三个方案的寿命期相同，所在行业的基准投资效果系数为10%，用年计算费用法选择最优方案。

【解】 由公式 $AC=C+R_cK$ 计算可知

$AC_1=760+0.1\times2\ 545=1\ 014.5$ 万元

$AC_2=670+0.1\times3\ 340=1\ 004.0$ 万元

$AC_3=650+0.1\times4\ 360=1\ 086.0$ 万元

因为 AC_2 最低，故方案二最优。

5. 净现值法

净现值法是指通过计算建设项目净现值的大小来选择设计方案的一种方法，以净现值大者为优。设甲方案工程造价为 A，年运营费用为 N，年销售收入为 P，乙方案工程造价为 B，年运营费用为 M，年销售收入为 Q，计算期为10年。

$$甲方案净现值=-AI_1+\sum(P-N)I_n \tag{4-8}$$

$$乙方案净现值=-BI_1+\sum(Q-M)I_n \tag{4-9}$$

式中 I_1——第1年折现系数；

I_n——第 n 年折现系数，n 从2到10。

如果甲方案净现值＞乙方案净现值，则选择甲方案；如果甲方案净现值＜乙方案净现值，则选择乙方案。

【例4-4】 现有A、B、C三个互斥方案，其寿命期均为16年，各方案的净现金流量见表4-5，试用净现值法选择最佳方案，已知 $i_c=10\%$。

表4-5　　各方案的净现金流量

方案	建设期净现金流量/万元		生产期净现金流量/万元		
	第1年	第2年	第3年	第4～15年	第16年
A	−2 024	−2 800	500	1 100	2 100
B	−2 800	−3 000	570	1 310	2 300
C	−1 500	−2 000	300	700	1 300

其中，A方案的现金流量如图4-3所示，B、C方案的现金流量图略。

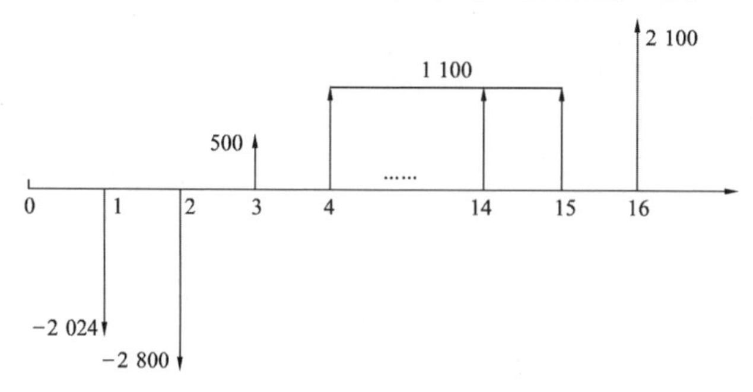

图4-3　A方案的现金流量

【解】 根据工程经济的知识可知，一次支付现值系数为 $(P/F,i,n)=1/(1+i)^n$，年金现值系数为 $(P/A,i,n)=[(1+i)^n-1]/[i\times(1+i)^n]$。

(1)将第4～15年的净现金流量折现到第3年得

$P_{A3}=1\ 100\times[(1+0.1)^{12}-1]/[0.1\times(1+0.1)^{12}]=7\ 495.06$ 万元

$P_{B3}=1\ 310\times[(1+0.1)^{12}-1]/[0.1\times(1+0.1)^{12}]=8\ 925.94$ 万元

$P_{C3}=700\times[(1+0.1)^{12}-1]/[0.1\times(1+0.1)^{12}]=4\ 769.58$ 万元

(2)将各年的净现金流量折现到年初得各方案净现值：

$$FNPV_A=-2\ 024/1.1-2\ 800/1.1^2+(500+7\ 495.06)/1.1^3+2\ 100/1.1^{16}$$
$$=2\ 309.78\text{ 万元}$$

同理可得

$FNPV_B=-2\ 800/1.1-3\ 000/1.1^2+(570+8\ 925.94)/1.1^3+2\ 300/1.1^{16}=2\ 610.19$ 万元

$FNPV_C=-1\ 500/1.1-2\ 000/1.1^2+(300+4\ 769.58)/1.1^3+1\ 300/1.1^{16}=1\ 075.24$ 万元

计算结果表明，方案 B 的净现值最大，故方案 B 是最佳方案。

此题也可查折现系数表进行计算。

4.2.3 运用价值工程优化设计方案

价值工程是一种技术经济分析方法，是现代科学管理的组成部分，是研究用最少的成本支出，实现必要功能从而提高产品价值的一门科学。下面就介绍其在建设项目设计阶段的设计方案优选中的应用。

1. 价值工程在新建项目设计方案优选中的应用

工程设计主要是针对建设项目的功能和实现手段进行的，工程设计方案可以直接作为价值工程的研究对象。工程设计阶段价值工程的实施步骤如图 4-4 所示。

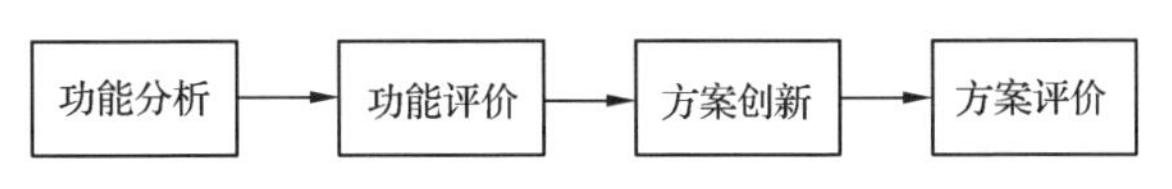

图 4-4 工程设计阶段价值工程的实施步骤

微课

价值工程的应用

(1)功能分析。建筑功能是指建筑产品满足社会需要的各种性能的总和。不同的建筑产品有不同的使用功能，它们通过一系列建筑因素体现出来，反映建筑物的使用要求。建筑产品的功能一般分为社会性功能、适用性功能、技术性功能、物理性功能和美学功能五类。设计者在进行功能分析时首先应明确项目各类功能具体有哪些，哪些是主要功能，并对各项功能进行定义和整理，绘制功能系统图。

(2)功能评价。功能评价主要是比较各项功能的重要程度，用 0—1 评分法、0—4 评分法、环比评分法等方法，计算各项功能的功能评价系数，作为该功能的重要度权数。

(3)方案创新。根据功能分析的结果，提出各种实现功能的方案。

(4)方案评价。对第三步方案创新中提出的各种方案的各项功能满足程度进行打分；然后以功能评价系数作为权数计算各方案的功能评价得分；最后再计算各方案的价值系数，以价值系数最大者为最优。

【例 4-5】 某房地产公司对某住宅小区项目的开发征集到若干设计方案，经筛选对其中较为出色的四个设计方案做进一步的技术经济评价。有关专家决定从五个方面(分别以 F_1～F_5 表示)对不同方案的功能进行评价，并对各功能的重要性达成以下共识：F_2 和 F_3 同样重要，F_4 和 F_5 同样重要，F_1 相对于 F_4 很重要，F_1 相对于 F_2 较重要；然后，专家对这四个方案的功能满足程度分别打分，其结果见表 4-6。

根据造价工程师估算，A、B、C、D 四个方案的单方造价分别为 1 400 元/m^2、1 250 元/m^2、

1 200 元/m²、1 350 元/m²，试用价值指数法选择最佳设计方案。

表 4-6　　方案功能得分表

功　能	方案功能得分			
	A	B	C	D
F_1	9	10	9	10
F_2	9	9	8	9
F_3	9	9	10	9
F_4	8	8	8	7
F_5	9	7	8	6

【解】

(1)根据题目所给出的相对重要程度条件，计算各功能权重。本例没有直接给出各项功能指标的权重，需要根据给出的各功能因素重要性的关系，采用 0—4 评分法予以计算确定。按 0—4 评分法的规定，两个功能因素比较时，其相对重要程度有以下三种基本情况：①很重要的功能因素得 4 分，另一很不重要的功能因素得 0 分；②较重要的功能因素得 3 分，另一较不重要的功能因素得 1 分；③同样重要或基本同样重要时，则两个功能因素各得 2 分。根据题目所给条件对这五个指标进行重要性排序为：$F_1 > F_2 = F_3 > F_4 = F_5$，再利用 0—4 评分法计算各项功能指标的权重，计算结果见表 4-7。

表 4-7　　功能权重计算结果表

功能	F_1	F_2	F_3	F_4	F_5	得分	功能权重
F_1	×	3	3	4	4	14	14/40=0.350
F_2	1	×	2	3	3	9	9/40=0.225
F_3	1	2	×	3	3	9	9/40=0.225
F_4	0	1	1	×	2	4	4/40=0.100
F_5	0	1	1	2	×	4	4/40=0.100
合　计						40	1.000

(2)分别计算各方案的功能指数、成本指数、价值指数，如下所示：

①各方案的功能指数

将各方案的各功能得分分别与该功能的权重相乘，然后汇总，即该方案的功能加权得分，各方案的功能加权得分为

$$W_A = 9\times0.350 + 9\times0.225 + 9\times0.225 + 8\times0.100 + 9\times0.100 = 8.900$$

$$W_B = 10\times0.350 + 9\times0.225 + 9\times0.225 + 8\times0.100 + 7\times0.100 = 9.050$$

$$W_C = 9\times0.350 + 8\times0.225 + 10\times0.225 + 8\times0.100 + 8\times0.100 = 8.800$$

$$W_D = 10\times0.350 + 9\times0.225 + 9\times0.225 + 7\times0.100 + 6\times0.100 = 8.850$$

设计方案的优选与限额设计(2)

各方案功能的总加权得分为

$$W = W_A + W_B + W_C + W_D = 8.900 + 9.050 + 8.800 + 8.850 = 35.600$$

因此，各方案的功能指数为：

$F_A = 8.900/35.600 = 0.250$

$F_B = 9.050/35.600 = 0.254$

$F_C = 8.800/35.600 = 0.247$

$F_D = 8.850/35.600 = 0.249$

②各方案的成本指数

$C_A = 1\ 400/(1\ 400 + 1\ 250 + 1\ 200 + 1\ 350) = 1\ 400/5\ 200 = 0.269$

$C_B = 1\ 250/5\ 200 = 0.240$

$C_C = 1\ 200/5\ 200 = 0.231$

$C_D = 1\ 350/5\ 200 = 0.260$

③各方案的价值指数

$V_A = F_A/C_A = 0.250/0.269 = 0.929$

$V_B = F_B/C_B = 0.254/0.240 = 1.058$

$V_C = F_C/C_C = 0.247/0.231 = 1.069$

$V_D = F_D/C_D = 0.249/0.260 = 0.958$

由于C方案的价值指数最大，所以C方案为最佳设计方案。

知识链接

价值工程是以提高研究对象价值为目标，通过对研究对象的功能与费用进行系统分析，寻求用最低的寿命周期成本，可靠地实现使用者所需功能，以获得最佳综合效益的一种思想方法和管理技术。一般而言，价值可以表示为下列数学公式：

$$价值 = \frac{功能(效用)}{成本(费用)} \quad 或 \quad V = \frac{F}{C}$$

价值工程一般应用于设计阶段。价值工程涉及面广，研究过程复杂，必须按照一定的程序进行，其工作程序如下：

(1)对象选择。在这一步应缩小研究范围，明确研究目标、限制条件及分析范围。选择价值工程对象的常用方法有因素分析法、ABC分析法、强制确定法、百分比分析法、价值指数法等。

(2)组成价值工程领导小组，并制订工作计划。

(3)收集与研究对象相关的信息资料。此项工作应贯穿价值工程的全过程。收集到的信息资料要进行分析整理，剔除无效资料，使用有效资料。

(4)功能系统分析。这是价值工程的核心，通过功能系统分析应明确功能特性要求，弄清研究对象的各项功能之间的关系，调整功能间的比重，使研究对象功能结构更合理。该阶段的主要工作是功能定义、分类与整理。

(5)功能评价。分析研究对象各项功能与成本的匹配程度，从而明确功能改进区域及改进思路，为方案创新打下基础。该阶段是在前面已经定性确定问题的基础上做定量确定，即评定功能的价值。

(6)方案创新及评价。在前面功能分析与评价的基础上，提出各种不同的方案，并从技术、经济和社会等方面综合评价各方案，选出最佳方案，将其编写为提案。方案创新时常用的方法有头脑风暴法、模糊目标法、专家意见法和专家检查法等。

(7)由主管部门组织审批。

(8)方案实施与检查。制订实施计划，组织实施，并跟踪检查，对实施后取得的技术经济效果进行成果鉴定。该阶段的主要工作包括检查、评价与验收。在方案实施过程中，对方案实施情况进行检查；方案实施完成后，对方案实施进行总结评价和验收。

0—1 评分法是指将功能一一对比后，重要者得 1 分，不重要者得 0 分，然后都加上 1 分进行修正，最后用修正得分除以总得分得到功能指数。

0—4 评分法则是指将功能一一对比，很重要的功能因素得 4 分，另一个很不重要的功能因素得 0 分；较重要的功能因素得 3 分，另一个较不重要的功能因素得 1 分；同样重要则两个功能因素各得 2 分。

2. 价值工程在设计阶段工程造价控制中的应用

利用价值工程控制设计阶段工程造价的步骤如图 4-5 所示。

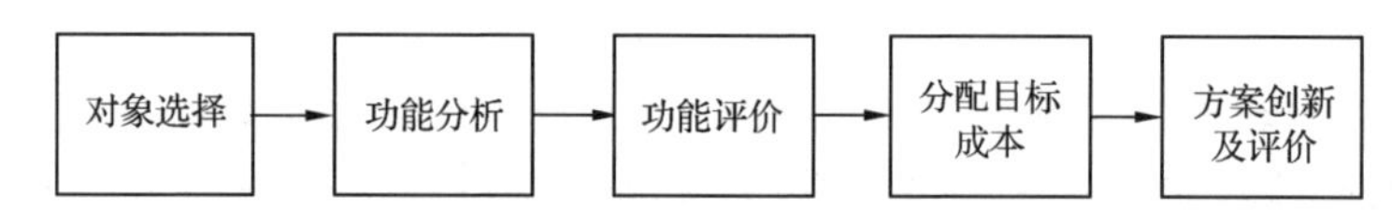

图 4-5　利用价值工程控制设计阶段工程造价的步骤

(1)对象选择。在设计阶段，应用价值工程控制工程造价，应以对控制造价影响较大的项目作为价值工程的研究对象。因此，可以用 ABC 分析法将设计方案的成本分解成 A、B、C 三类，其中 A 类以成本比例大、品种数量少成为实施价值工程的重点。

(2)功能分析。分析研究对象具有哪些功能，各项功能之间的关系如何。

(3)功能评价。评价各项功能，确定功能评价系数，并计算实现各项功能的现实成本，从而计算各项功能的价值系数。价值系数小于 1 的，应该在功能水平不变的条件下降低成本，或在成本不变的条件下提高功能水平；价值系数大于 1 的，如果是重要的功能，则应该提高成本，以保证其重要功能的实现。如果该项功能不重要，可以不做改变。

(4)分配目标成本。设计者应根据限额设计的要求，确定研究对象的目标成本，并以功能评价系数为基础，将目标成本分摊到各项功能上，与各项功能的现实成本进行对比，确定成本改进期望值。成本改进期望值大的，应重点改进。

(5)方案创新及评价。设计者应根据价值分析结果及目标成本分配结果的要求提出各种方案，并用加权评分法选出最优方案，使设计方案更加合理。

【例 4-6】 某房地产开发公司拟建造一批高层住宅，设计方案完成后造价超标，欲运用价值工程降低工程造价。

【解】

(1)对象选择：通过分析其造价构成，发现结构部分造价占土建工程的 65%，而外墙造价占结构部分造价的 30%，外墙混凝土占结构混凝土总量的 25%。因此，从造价构成上看，外墙是降低工程造价的主要矛盾，应作为实施价值工程的重点。

(2)功能分析:外墙的主要功能是抵抗横向荷载(F_1)、防风雨(F_2)、隔热(F_3)等。

(3)功能评价:目前该设计方案中使用的是长 330 cm、高 290 cm、厚 28 cm、质量约为 4 t 的配钢筋陶粒混凝土墙板,造价为 440 元,其中抵抗横向荷载功能的成本占 70%,防风雨功能的成本占 10%,隔热功能的成本占 20%。这三项功能的重要度比为 $F_1:F_2:F_3=6:1:2$,各项功能的功能评价系数和价值系数计算结果见表 4-8 和表 4-9。

表 4-8　　各项功能的功能评价系数计算结果

功　能	重要度比	得　分	功能评价系数
F_1	$F_1:F_2=6:1$ $F_2:F_3=1:2$	3	0.67
F_2		0.5	0.11
F_3		1	0.22
合　计		4.5	1.00

表 4-9　　各项功能的价值系数计算结果

功能	功能评价系数	成本指数	价值系数
F_1	0.67	0.70	0.96
F_2	0.11	0.10	1.10
F_3	0.22	0.20	1.10

由表 4-9 计算结果可知,抵抗横向荷载功能较为重要,但是成本比例偏高,应设法降低成本;防风雨功能与隔热功能不太重要,可以不做改变。假设相同面积的墙板,根据限额设计的要求,目标成本是 400 元,则各项功能的成本改进期望值计算结果见表 4-10。

表 4-10　　目标成本分配及成本改进期望值计算结果

功能	功能评价系数 (1)	成本指数 (2)	目前成本/元 (3)=440×(2)	目标成本/元 (4)=400×(1)	成本改进期望值/元 (5)=(3)-(4)
F_1	0.67	0.70	308	268	40
F_2	0.11	0.10	44	44	0
F_3	0.22	0.20	88	88	0
合计	1.00	1.00	440	400	40

由以上计算结果可知,应重点降低 F_1 的成本。

4.2.4　限额设计

1. 限额设计的概念

限额设计是按照设计任务书批准的投资估算进行初步设计,然后按照批准的初步设计概算造价进行施工图设计,最后按照施工图预算造价对各专业设计分配投资限额控制设计总造价。限额设计是建设项目投资控制系统的一项关键措施,包含两方面的内容:一方面是项目的下一阶段按照上一阶段的投资或者造价限额达到设计技术要求;另一方面是项目局部按照设定投资或者造价限额达到设计技术要求。实行限额设计的有效途径和主要方法是投资分解和工程量控制。

2. 确定合理的限额设计目标

限额设计目标是在初步设计开始前,根据批准的可行性研究报告及其投资估算而确定的。

限额设计的目标设定应与项目规模、技术发展、环保卫生、建设标准相适应。限额设计指标一般由项目经理或项目总设计师提出，经设计主管院长审批。其总额度一般只下达人工费、材料费、施工施工机具费合计的90%，项目经理或总设计师留有一定的调节指标，限额指标用完后，必须经批准才能调整。专业之间或专业内部节约下来的单项费用未经批准不能相互调用。

3. 限额设计目标的实现

在进行限额设计时，应按照之前确定的限额设计总目标来进行分解，确定各专业设计的分解限额设计指标，以此实现设计阶段的造价控制。

要实现限额设计的目标，除了要分解完成目标之外，还需要对设计进行优化。优化设计是以系统工程理论为基础，应用现代数学方法对工程设计方案、设备选型、参数匹配、效益分析等方面进行最优化的设计，它是控制投资的重要措施。在进行优化设计时，必须根据问题的性质选择不同的优化方法。一般来说，对于一些确定性问题，如投资、资源消耗、时间等有关条件已确定的，可采用线性规划、非线性规划、动态规划等理论和方法进行优化；对于一些非确定性问题，可采用排队论、对策论等方法进行优化；对于涉及流量的问题，可采用网络理论进行优化。

优化设计的一般步骤：

(1)分析设计对象的综合数据，建立设计目标。

(2)根据设计对象的数据特征选择优化方法，建立模型。

(3)求解并分析结果的可行性。

(4)调整模型，得到满意结果。

4. 限额设计的过程

(1)投资分解

投资分解是实行限额设计的有效途径和主要方法。设计单位在设计之前就应该按照设计任务书规定的范围将投资分解到各个专业工程，然后再分解到各个单项工程和单位工程。

(2)对限额进行初步设计

初步设计是方案比较优选的结果，是项目投资估算的进一步具体化。在初步设计开始时，设计单位应将设计任务书的设计原则、建设方针和各项控制经济指标告知设计人员，对关键设备、工艺流程、总图方案、主要建筑和各种费用指标要提出技术经济方案选择，要研究实现设计任务书中投资限额的可能性，特别注意对投资有较大影响的因素。

(3)施工图设计的造价控制

在此阶段，设计单位应按照造价控制目标确定设计，设计得到的项目总造价和单项工程造价都不能超过初步设计概算造价，要将施工图预算严格控制在批准的概算以内。设计单位的最终产品是施工图设计，它是工程建设的依据。设计单位在进行施工图设计的过程中，要随时控制造价、调整设计。从设计单位发出的施工图，其造价应严格控制在批准的概算以内。

(4)加强设计变更管理

在初步设计阶段由于外部条件的制约和设计人员主观认识的局限，往往会造成施工图设计阶段甚至施工过程中的局部修改和变更，这是使设计、建设更趋完善的正常现象，但会引起已经确认的概算价格的变化，这种变化在一定范围内是允许的，但必须经过核算和调整。当施工图设计变化涉及建设规模、产品方案、工艺流程或设计方案的重大变更，从而使初步设计失去指导施工图设计的意义时，必须重新编制或修改初步设计文件，并重新报原审查单位审批。对于必须发生的设计变更应尽量提前进行，以减少变更对工程造成的损失；对影响工程造价的重大设计变更，则要采取先算账后变更的办法，以使工程造价得到有效控制。

知识链接

限额设计在实际工程中也有很多应用，例如，深圳地铁3号线在设计时就采用了限额设计方法。该地铁线连接特区内罗湖区与特区外龙岗区，全长为32.895千米，总投资为109.87亿元。

1. 车站设计，主要包括站厅层、站台层和设备用房的合理布置。深圳地铁3号线通过对地下车站开展限额设计，保证了客流线型流向合理；通过对电梯、扶梯的布置进行调整，达到了合理确定限额的目标，建筑面积共减小6 851 m^2，节省工程投资共计5 705万元。

2. 在施工方法上，根据各工点工程地质和水文地质的特点，结合地面交通和地下管线的情况，对各工点进行方案比选。例如，就一个区间来看：在未开展限额设计时，采取的是盾构方案，投资为1 957 114万元。而开展限额设计后，通过暗挖＋明挖方案与盾构方案比较，暗挖＋明挖方案不仅能大大地降低投资额，还能将对车站结构、车站施工干扰、居民建筑的影响等降低到最低限度。通过贯彻限额设计思想，优化方案，节省投资645 112万元。

3. 在结构设计上，城市轨道交通中的地铁工程，其设计寿命为100年，因此设计强度要求高、难度大。设计中存在求保守、加大可靠度、增加钢筋含量、提高混凝土和砂浆标号的现象，导致设计与造价脱节。为了避免以上现象的出现，实行限额设计，设计人员不但要考虑结构的可靠性，还要意识到工程造价的重要性，运用价值工程的理论和方法进行设计方案优化。

从以上比较可以明确看出，限额设计是控制工程造价的重要手段，在满足功能要求，保证安全的前提下，限额设计紧紧抓住工程造价这一核心，层层控制，有效地克服了“三超”现象，在达到技术要求的同时，控制投资规模，实现最优经济效益。

4.3 设计概算的编制与审查

要点分析

设计概算的编制与审查(1)

微课

设计概算的内容

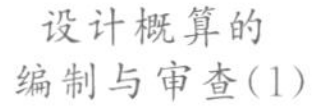

4.3.1 设计概算的内容

设计概算是在设计阶段对建设项目投资额度的概略计算，其投资包括建设项目从立项、可行性研究、设计、施工、试运行到竣工验收等的全部建设资金。

设计概算是设计文件的重要组成部分，是在投资估算的控制下由设计单位根据初步设计（或扩大初步设计）图纸，概算定额（或概算指标），各项费用定额或取费标准（指标），建设地区自然、技术、经济条件和设备、材料预算价格等资料，编制和确定建设项目从筹建至竣工交付使用所需全部费用的文件。采用两阶段设计的建设项目，初步设计阶段必须编制设计概算；采用三阶段设计的建设项目，技术设计阶段必须编制修正设计概算。

设计概算可分为单位工程概算、单项工程综合概算和建设项目总概算三级。

1. 单位工程概算

单位工程概算是确定各单位工程建设费用的文件，是编制单项工程综合概算的依据，是单项工程综合概算的组成部分。单位工程概算按其工程性质可分为单位建筑工程概算、单位设备及安装工程概算两大类。单位建筑工程概算包括土建工程概算，给排水、采暖工程概算，通风、空调工程概算，电气、照明工程概算，弱电工程概算，特殊构筑物工程概算等；单位设备及安装工程概算包括机械设备及安装工程概算、电气设备及安装工程概算、热力设备及安装工程概算、工器具及生产家具购置费用概算等。

2. 单项工程综合概算

单项工程综合概算是确定一个单项工程所需建设费用的文件，它是由单项工程中的各单位工程概算汇总编制而成的，是建设项目总概算的组成部分。单项工程综合概算的组成内容如图 4-6 所示。

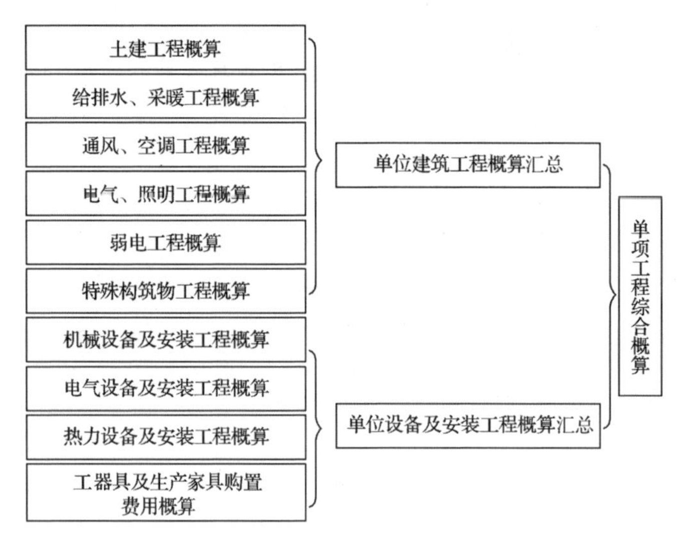

图 4-6　单项工程综合概算的组成内容

3. 建设项目总概算

建设项目总概算是确定整个建设项目从筹建到竣工验收所需全部费用的文件，它是由各单项工程综合概算、工程建设其他费用概算、预备费概算、建设期贷款利息概算和固定资产投资方向调节税概算、经营性项目铺底流动资金概算汇总编制而成的，其组成内容如图 4-7 所示。

4.3.2　单位工程概算的编制

设计概算的编制与审查(2)

单位工程概算由人工费、施工施工机具费、企业管理费、规费、利润和税金组成，分为单位建筑工程概算和单位设备及安装工程概算两大类。单位建筑工程概算的编制方法一般有概算定额法、概算指标法和类似工程预算法；单位设备及安装工程概算的编制方法有预算单价法、扩大单价法、设备价值百分比法及综合吨位指标法。

1. 单位建筑工程概算的编制方法

(1)概算定额法。概算定额法即使用概算定额编制建筑工程概算。具体的计算思路、适用范围与特点见表 4-11。

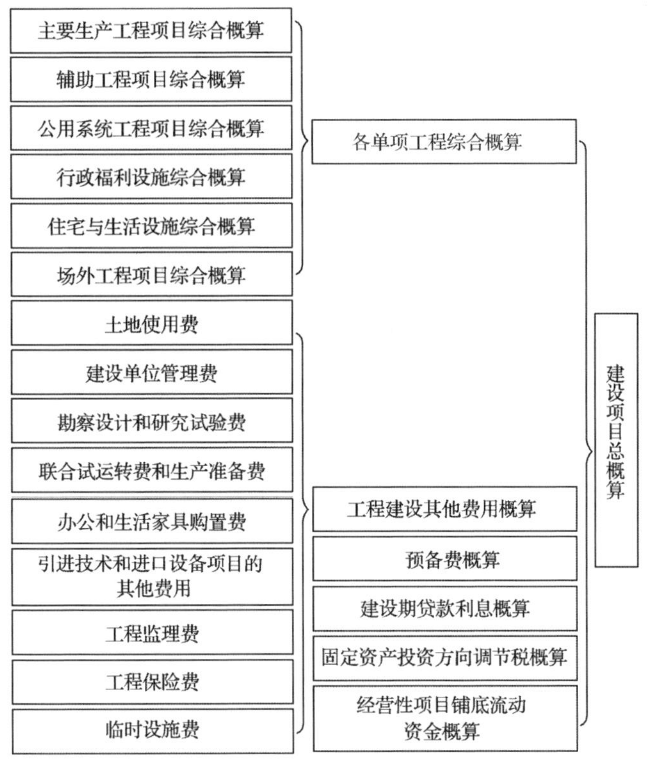

图 4-7　建设项目总概算的组成内容

表 4-11　　概算定额法的计算思路、适用范围与特点

计算思路	根据设计资料计算出相应工程量，然后套用概算定额基价，经过计算汇总，得出单位工程概算造价
适用范围	初步设计达到一定深度，建筑结构比较明确，能按照设计的平面、立面、剖面图纸计算出楼地面、墙身、门窗和屋面等分部工程（或扩大构件）工程量的项目
特点	概算精度较高，但编制的工作量大，需要大量的人力和物力

表 4-11 中的概算定额基价是确定单位工程中各扩大分部分项工程或完整的结构构件所需全部人工费、材料费、施工施工机具费之和的文件。

采用概算定额法编制单位建筑工程概算的步骤如图 4-8 所示，其中要点如下：

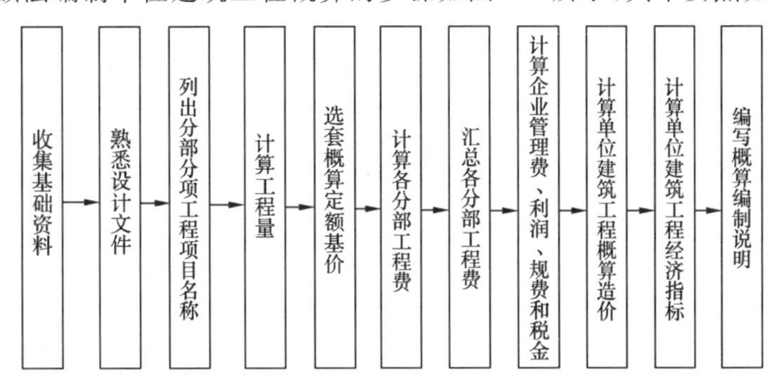

图 4-8　采用概算定额法编制单位建筑工程概算的步骤

①根据初步设计的图纸和说明书，列出单位工程中分项工程或扩大分项工程的项目名称。

②按概算定额中划分的项目计算工程量。有些无法直接计算的零星工程，如散水、台阶、厕

所蹲台等，可根据概算定额的规定，按主要工程费用的百分率（一般为5%～8%）计算。

③根据计算的工程量套用相应的概算定额基价，计算出人工费、材料费、施工施工机具费，合计得到各分部工程费。

④汇总各分部工程费，合计得到单位工程费。

⑤根据有关取费标准和计算基础，计算企业管理费、利润、规费和税金。计算公式为（以人工费为计算基础）

企业管理费＝定额人工费×企业管理费费率 （4-10）

利润＝定额人工费×利润率 （4-11）

规费＝定额人工费×社会保险费和住房公积金费率＋工程排污费 （4-12）

税金＝（人、材、机费＋企业管理费＋利润＋规费）×综合税率 （4-13）

⑥将上述各项费用累加，其和为单位建筑工程概算造价。

单位建筑工程概算造价＝人、材、机费＋企业管理费＋利润＋规费＋税金 （4-14）

⑦计算单位建筑工程经济指标。

⑧编写概算编制说明。

【例4-7】 某市拟建一座7 560 m^2 教学楼，请按给出的扩大单价和工程量（表4-12）编制出该教学楼土建工程设计概算造价和每平方米概算造价。各项费率分别为：以定额人工费为基数的企业管理费费率为50%，利润率为30%，社会保险费和住房公积金费率为25%，按标准缴纳的工程排污费为50万元，综合税率为3.48%。

表4-12　某教学楼土建工程量和扩大单价

分部工程名称	单位	工程量	扩大单价/元	其中：人工费/元
基础工程	10 m^3	160	3 200	320
混凝土及钢筋混凝土工程	10 m^3	150	13 280	660
砌筑工程	10 m^3	280	4 878	960
地面工程	100 m^2	25	13 000	1 500
楼面工程	100 m^2	40	19 000	2 000
卷材屋面	100 m^2	40	14 000	1 500
门窗工程	100 m^2	35	55 000	10 000
脚手架工程	100 m^2	180	1 000	200

【解】 根据已知条件和表4-12中的数据，求得该教学楼土建工程概算造价，见表4-13。

表4-13　某教学楼土建工程概算造价计算表

序号	分部工程或费用名称	单位	工程量	单价/元	合价/元
1	基础工程	10 m^3	160	3 200	512 000
2	混凝土及钢筋混凝土工程	10 m^3	150	13 280	1 992 000
3	砌筑工程	10 m^3	280	4 878	1 365 840
4	地面工程	100 m^2	25	13 000	325 000
5	楼面工程	100 m^2	40	19 000	760 000
6	卷材屋面	100 m^2	40	14 000	560 000
7	门窗工程	100 m^2	35	55 000	1 925 000
8	脚手架工程	100 m^2	180	1 000	180 000
A	人、材、机费合计	以上8项之和			7 619 840

续表

序号	分部工程或费用名称	单位	工程量	单价/元	合价/元
B	其中:人工费合计	—			982 500
C	企业管理费	$B\times50\%$			491 250
D	利润	$B\times30\%$			294 750
E	规费	$B\times25\%+500\ 000$			745 625
F	税金	$(A+C+D+E)\times3.48\%$			318 471
概算造价		$A+C+D+E+F$			9 469 936
每平方米概算造价		94 699 36/7 560			1 253

(2)概算指标法。具体的计算思路、适用范围与特点见表 4-14。

表 4-14　概算指标法的计算思路、适用范围与特点

计算思路	用拟建的厂房、住宅的建筑面积(或体积)乘以技术条件相同或基本相同的概算指标得出人、材、机费,然后按规定计算企业管理费、利润、规费和税金等,编制出单位工程概算
适用范围	初步设计深度不够,不能准确地计算出工程量,但工程设计是采用技术比较成熟而又有类似工程概算指标可以利用的项目
特点	概算精度较低,只起控制作用,有时需要对概算指标进行调整

当拟建工程在建设地点、结构特征、地质及自然条件、建筑面积等方面与概算指标相同或相近时,就可直接套用概算指标编制概算。根据概算指标内容的不同,可选用两种套算方法,具体见表 4-15。

表 4-15　利用概算指标编制单位工程概算的方法

编制依据	计算方法与步骤
1. 每 m^2(或 m^3)的造价指标	①以指标中所规定的工程每 m^2(或 m^3)的造价指标,乘以拟建单位工程建筑面积(或体积),得出单位工程的人、材、机费; 单位工程的人、材、机费=概算指标每 m^2(或 m^3)工程造价×拟建单位工程建筑面积(或体积) ②计算其他费用,即可求出单位工程的概算造价
2. 每 100 m^2(或 1000 m^3)建筑面积(或体积)所耗人工工日数、主要材料数量	①计算拟建工程人工、主要材料消耗量; ②计算人工费、主要材料费、其他材料费和施工施工机具费; 在概算指标中,一般规定了 100 m^2(或 1 000 m^3)建筑面积(或体积)所耗人工工日数、主要材料数量,通过套用拟建地区当时的人工日工资单价和主要材料预算单价,便可得到每 100 m^2(或 1 000 m^3)建筑面积(或体积)的人工费和主要材料费,而无须再做价差调整。计算公式如下: 100 m^2(或 1 000 m^3)建筑面积(或体积)的人工费=指标规定的工日数×本地区人工日工资单价 100 m^2(或 1 000 m^3)建筑面积(或体积)的主要材料费=$\sum$(指标规定的主要材料数量×相应的地区材料预算单价) 100 m^2(或 1 000 m^3)建筑面积(或体积)的其他材料费=主要材料费×其他材料费占主要材料费的百分比 100 m^2(或 1 000 m^3)建筑面积(或体积)的施工施工机具费=(人工费+主要材料费+其他材料费)×施工施工机具费所占百分比 ③每 m^2(或 m^3)建筑面积(或体积)的人、材、机费=(人工费+主要材料费+其他材料费+施工施工机具费)/100(或 1000); ④计算每 m^2(或 m^3)建筑面积(或体积)的概算单价: 根据人、材、机费,结合其他各项取费方法,分别计算企业管理费、利润、规费和税金,得到每 m^2(或 m^3)建筑面积(或体积)的概算单价; ⑤计算单位工程概算造价: 单位工程概算造价=每 m^2(或 m^3)建筑面积(或体积)的概算单价×拟建单位工程的建筑面积(或体积)

在实际概算的编制过程中，经常会遇到拟建对象的结构特征与概算指标中规定的结构特征有局部不同的情况，而且概算指标编制年份的设备、材料及人工等价格与拟建工程当时当地的价格也不会一样，所以必须对概算指标进行调整后方可套用。具体调整方法有两种，见表 4-16。

表 4-16 概算指标的调整方法

调整方法	修正概算指标中的每 m^2(或 m^3)造价	修正概算指标中的工、料、机数量
调整思路	将原概算指标中的单位造价进行调整，扣除每 m^2(或 m^3)原概算指标中与拟建工程结构不同部分的造价，增加每 m^2(或 m^3)拟建工程与概算指标结构不同部分的造价，使其成为与拟建工程结构相同的工料单价	将原概算指标中每 100 m^2(或 1 000 m^3)建筑面积(体积)中的工、料、机数量进行调整，扣除原概算指标中与拟建工程结构不同部分的工、料、机消耗量，增加拟建工程与概算指标结构不同部分的工、料、机消耗量，使其成为与拟建工程结构相同的每 100 m^2(或 1 000 m^3)建筑面积(或体积)工、料、机数量
计算公式	结构变化修正概算指标(元/m^2)＝ $J+Q_1P_1-Q_2P_2$ 式中 J——原概算指标； Q_1——概算指标中换入结构的工程量； Q_2——概算指标中换出结构的工程量； P_1——换入结构的工料单价； P_2——换出结构的工料单价	结构变化修正概算指标的工、料、机数量＝原概算指标的工、料、机数量＋换入结构件工程量×相应定额工、料、机消耗量－换出结构件工程量×相应定额工、料、机消耗量

将修正后的概算指标乘以拟建工程建筑面积(或体积)，求出人、材、机费，再按照规定的取费方法计算其他费用，最终汇总即可得到拟建单位工程的概算造价。

(3)类似工程预算法。具体的计算思路、适用范围、特点与计算步骤见表 4-17。

表 4-17 类似工程预算法的计算思路、适用范围、特点与计算步骤

计算思路	利用技术条件与设计对象类似的已完工程造价资料，编制拟建工程设计概算
适用范围	拟建工程初步设计与已完工程相类似，且没有可用的概算指标的情况
特点	使用时必须对建筑结构差异和价差进行调整
计算步骤	(1)根据设计对象的各种特征参数，选择最合适的类似工程预算； (2)根据本地区现行的各种价格和费用标准计算类似工程预算的人工费、材料费、施工施工机具费、企业管理费修正系数； (3)根据类似工程预算修正系数和以上四项费用占预算成本的比例，计算预算成本总修正系数，并计算出修正后的类似工程平方米预算成本； (4)根据类似工程修正后的平方米预算成本和编制概算地区的利税率计算修正后的类似工程平方米造价； (5)根据拟建工程的建筑面积和修正后的类似工程平方米造价，计算拟建工程概算造价； (6)编写概算编制说明

在应用类似工程预算法编制单位工程概算时，要注意拟建工程项目在建筑面积、结构构造特征应与已建工程基本一致，如层数相同、面积相似、结构相似、工程地点相似等。采用此方法时必须对建筑结构差异和价差进行调整。其中建筑结构差异的调整方法与概算指标法的调整方法相同，价差的调整可以根据不同的条件采用以下两种方法，见表 4-18。

表 4-18 类似工程造价的价差调整方法

序号	前提条件	调整思路与方法
方法一	类似工程造价资料有具体的人工、材料、机械台班用量时	按类似工程预算造价资料中的人工工日、主要材料、机械台班数量乘以拟建工程所在地的人工日工资单价、主要材料预算价格、机械台班单价，计算出人、材、机费，再计算企业管理费、利润、规费和税金，即可得出所需的造价指标

续表

序号	前提条件	调整思路与方法
方法二	类似工程造价资料只有人、材、机费和企业管理费等费用或费率时	按公式进行调整 $$D=AK$$ $$K=a\%K_1+b\%K_2+c\%K_3+d\%K_4$$ 式中 D——拟建工程成本单价； A——类似工程成本单价； K——成本单价综合调整系数； $a\%$、$b\%$、$c\%$、$d\%$——类似工程预算的人、材、机费，企业管理费占预算成本的比重； K_1、K_2、K_3、K_4——拟建工程地区与类似工程预算成本在人、材、机费，企业管理费之间的差异系数

【例 4-8】 某新建住宅建筑面积为 4 000 m^2，按概算指标和地区材料预算价格等算出一般土建工程单位造价为 680.00 元/m^2（其中人、材、机费为 480 元/m^2），但新建住宅的设计资料与概算指标比较，结构构件有部分变更，概算指标中外墙为 1 砖外墙，而设计资料中外墙为 1 砖半外墙。查询当地预算定额，得知 1 砖外墙预算单价为 177 元/m^2，1 砖半外墙预算单价为 178 元/m^2，外墙带型毛石基础预算单价为 150 元/m^2；查询概算指标得知每 100 m^2 建筑面积中含外墙带型毛石基础 18 m^3，1 砖外墙 46.5 m^3。新建工程的设计资料表明，每 100 m^2 建筑面积中含外墙带型毛石基础 19.6 m^3，1 砖半外墙 61.2 m^3。试计算结构变化修正指标。

【解】 结构变化修正指标计算见表 4-19。

表 4-19　　概算指标调整表

序号	结构名称	单位	数量（每 100 m^2 含量）	单价/(元・m^{-2})	合价/元
1	土建工程单位人、材、机费造价 换出部分： 外墙带型毛石基础 1 砖外墙 合计	 m^3 m^3 元	 18.00 46.50	 150.00 177.00	 2 700.00 8 230.50 10 930.50
2	换入部分： 外墙带型毛石基础 1 砖半外墙 合计	 m^3 m^3 元	 19.60 61.20	 150.00 178.00	 2 940.00 10 893.60 13 833.60
结构变化修正指标	480.00－10 930.50/100＋13 833.60/100＝509.03 元				

【例 4-9】 拟建某教学楼，与概算指标略有不同，概算指标拟定工程外墙面贴瓷砖，教学楼外墙面干挂花岗石。该地区外墙面贴瓷砖的预算单价为 80 元/m^2，花岗石的预算单价为 280 元/m^2。教学楼工程和概算指标拟定工程每 100 m^2 建筑面积中外墙面工程量均为 80 m^2。概算指标土建工程人、材、机费单价为 2 000 元/m^2。则拟建教学楼土建工程人、材、机费单价为多少？

【解】

$$拟建教学楼土建工程、人、材、机费单价=2\ 000+(280-80)\times\frac{80}{100}=2\ 160\ 元/m^2$$

【例 4-10】 新建一幢办公楼，建筑面积为 3 000 m^2，根据下列类似工程施工图预算的有关数据，试用类似工程预算法编制拟建工程概算造价。已知数据如下：

(1)类似工程的建筑面积为 2 800 m^2，预算成本 865 000 元。

(2)类似工程各种费用占预算成本的权重是：人工费 8%，材料费 61%，施工施工机具费 10%，企业管理费及其他费用 21%。

(3)拟建工程地区与类似工程地区造价之间的差异系数为人工费 1.03，材料费 1.04，施工施工机具费 0.98，企业管理费及其他费用 1.1。

【解】

(1)综合调整系数为

$K=8\%\times1.03+61\%\times1.04+10\%\times0.98+21\%\times1.1=1.045\ 8$

(2)类似工程预算单方造价为　865 000/2 800=308.93 元/m^2

(3)拟建工程单方概算造价为　308.93×1.045 8=323.08 元/m^2

(4)拟建工程的概算造价为　323.08×3 000=969 240 元

国产标准设备原价可以向制造厂家询价或向设备、材料信息部门查询，或按主管部门规定的现行价格计算。

国产非标准设备原价在设计概算时可根据非标准设备的类别、质量、性能、材质等情况，按下列两种方法确定，见表 4-20。

表 4-20　　国产非标准设备原价在设计概算时的计算方法

方法	计算公式
非标准设备台(件)估价指标法	非标准设备原价=设备台数×每台设备估价指标(元/台)
非标准设备吨数估价指标法	非标准设备原价=设备吨数×每吨设备估价指标(元/t)

2. 单位设备及安装工程费用概算的编制方法

单位设备及安装工程费用概算的编制方法是根据初步设计深度和要求明确的程度来确定的，其主要编制方法有以下几种，见表 4-21。

表 4-21　　设备安装工程费用概算的编制方法

方法	编制思路与公式	适用范围
预算单价法	直接按预算定额单价编制单位设备及安装工程概算，根据计算的设备安装工程量，乘以安装工程预算单价，经汇总求得设计概算	初步设计较深，有详细的设备清单。该方法计算比较具体，精确性较高
扩大单价法	采用主体设备、成套设备的综合扩大安装单价来编制概算。具体编制同单位建筑工程概算	初步设计深度不够，设备清单不完备，只有主体设备或仅有成套设备重量
设备价值百分比法	设备安装费=设备原价×设备安装费费率(%)	设计深度不够，只有设备出厂价而无详细规格质量
综合吨位指标法	设备安装费=设备总吨数×每吨设备安装费指标(元/t)	设计文件提供的设备清单有规格和设备质量

4.3.3　单项工程综合概算的编制

1. 单项工程综合概算的含义

单项工程综合概算是确定单项工程建设费用的综合性文件，它是由该单项工程的各专业单位工程概算汇总而成的，是建设项目总概算的组成部分。

2. 单项工程综合概算的内容

(1)编制说明

编制说明应列在综合概算表的前面,其内容包括以下方面:

①编制依据。包括国家和有关部门的规定、设计文件、现行概算定额或概算指标、设备材料的预算价格和费用指标等。

②编制方法。说明设计概算是采用概算定额法还是采用概算指标法。

③主要设备、材料(钢材、木材、水泥)的数量。

④其他需要说明的有关问题。

(2)综合概算表

综合概算表是根据单项工程下的各单位工程概算等基础资料,按国家规定的统一表格进行编制。综合概算表的内容包括以下方面:

①综合概算表的项目组成。工业建设项目综合概算表是由建筑工程、设备及安装工程两大部分组成的;民用工程项目综合概算表是建筑工程中的一项。

②综合概算的费用组成。一般应包括建筑工程费用、安装工程费用、设备购置费用、工器具及生产家具购置费用等。当不编制总概算时还应包括工程建设其他费用、建设期贷款利息、预备费和固定资产投资方向调节税等费用项目。

综合概算表样例见表4-22。

表 4-22　　综合概算表样例

序号	综合概算编号	工程项目或费用名称	规模或主要工程量	概算价值/万元						占投资/%	含外币金额	备注
				设备购置费	主要材料费	安装费	建筑工程费	其他	合计			
		工程费		* * *	* * *	* * *	* * *		* * *		* * *	
1		总图运输					* * *		* * *	* * *		
		混凝土铺装面	m^2				* * *		* * *			
2		建筑物					* * *		* * *	* * *		
		配电间	m^2				* * *		* * *			
3		构筑物			* * *	* * *	* * *		* * *	* * *		
		结构部分	m^3				* * *		* * *			
…		…	…		…	…	…		…	…	…	
19		安全生产费				* * *			* * *	* * *		
20		工器具及生产家具购置费		* * *					* * *	* * *		

4.3.4 建设项目总概算的编制

建设项目总概算是以整个建设工程项目为对象,确定项目从立项开始到竣工交付使用整个过程的全部建设费用的文件。由各单项工程综合概算及其他工程和费用概算综合汇编而成。

1. 总概算的内容

(1)工程概况。说明工程建设地址、建设条件、期限、名称、产量、品种、规模、功用及场外工程的主要情况等。

(2)编制依据。说明设计文件、定额、价格及费用指标等依据。

(3)编制范围。说明总概算书包括与未包括的工程项目和费用。

(4)编制方法。说明采用何种方法编制等。

(5)投资分析。分析各项工程费用所占比重、各项费用组成、投资效果等。此外,还要与类似工程进行比较,分析投资高低的原因以及论证该设计是否经济合理。

(6)主要设备和材料数量。说明主要机械设备、电气设备及主要建筑材料的数量。

(7)其他有关问题。说明编制过程中存在的其他有关问题。

2. 总概算表的编制方法

(1)按总概算组成的顺序和各项费用的性质,将各个单项工程综合概算及其他工程和费用概算汇总列入总概算表。

(2)将工程项目、费用名称及各项数值填入相应的各个栏内。

(3)以汇总后总额为基础,按取费标准计算预备费用、建设期贷款利息、固定资产投资方向调节税、铺底流动资金等。

(4)计算回收金额。回收金额是指在整个基本建设过程中所获得的各种收入。回收金额的计算方法应按地区主管部门的规定执行。

(5)计算总概算价值。

$$总概算价值=第一部分费用+第二部分费用+预备费+建设期贷款利息+固定资产投资方向调节税+铺底流动资金-回收金额 \tag{4-15}$$

(6)计算技术经济指标。整个项目的技术经济指标应选择有代表性和能说明投资效果的指标填入。

(7)投资分析。为对基本建设投资分配、构成等情况进行分析,应在总概算表中计算出各项工程和费用投资所占总投资的比例,并在表的末栏计算出每项费用的投资占总投资的比例。

建设项目总概算表见表 4-23。

表 4-23　　建设项目总概算表

序号	概算表编号	工程或费用名称	概算价值/万元						技术经济指标			占投资总额/%	备注
			建筑工程费	安装工程费	设备购置费	工器具及生产家具购置费	其他费用	合计	单位	数量	单位价值/元		
1	2	3	4	5	6	7	8	9	10	11	12	13	14
 1 2		第一部分工程费用 主要生产工程项目 … 小计											
		…											
  3 4		第二部分其他工程和项目费用 … 小计											
		第一、二部分工程费用总计											

续表

序号	概算表编号	工程或费用名称	概算价值/万元						技术经济指标			占投资总额/%	备注
			建筑工程费	安装工程费	设备购置费	工器具及生产家具购置费	其他费用	合计	单位	数量	单位价值/元		
5		预备费											
6		建设期贷款利息											
7		固定资产投资方向调节税											
8		铺底流动资金											
9		总概算价值											
		其中:回收金额											
		投资比例/%											

4.3.5 设计概算的审查

1.设计概算的审查内容

(1)审查设计概算的编制依据

①审查编制依据的合法性。编制依据必须经过国家或授权机关的批准,符合国家的编制规定。

②审查编制依据的适用范围。审查时应注意到各种定额和取费标准均有各自适用范围,差别较大。

③审查编制依据的时效性。各种编制依据都应根据国家有关部门的现行规定执行。

(2)审查概算编制深度

①审查编制说明。审查编制说明重点在于检查概算的编制方法、深度和编制依据等,如果编制说明出现差错,具体概算必然也会有差错。

②审查概算编制深度。大中型项目的设计概算通常有完整的“三级概算”,对此需按有关规定的深度进行编制。

③审查概算的编制范围。审查概算编制范围及具体内容与主管部门批准的建设项目范围及具体内容是否一致;审查其他费用应列的项目是否符合规定;审查静态投资、动态投资和经营性项目铺底流动资金是否分别列出等。

(3)审查工程概算的内容

①审查概算的编制是否符合国家政策,是否根据工程所在地的自然环境和外部条件而编制。

②审查建设规模(投资规模、生产能力等)、建设标准(用地指标、建筑标准等)、配套工程、设计定员等是否符合原来批准的可行性研究报告或立项批文的标准。

③审查工程量是否正确。工程量的计算需要根据初步设计图纸、概算定额、工程量计算规则和施工组织设计的要求进行,重点审查计算中有无多算、重算和漏算现象,尤其对工程量大、造价高的项目要详细审查。

④审查材料用量和价格。审查重点是主要材料的用量数据是否正确,材料预算价格是否符合工程所在地的价格水平,材料价差调整是否符合现行规定及其计算是否正确等。

⑤审查建筑安装工程的各项费用的计取是否符合国家或地方有关部门的现行规定,计算程序和取费标准是否正确。

⑥审查设备规格、数量和配置是否符合设计要求，是否与设备清单一致，设备预算价格是否真实、设备原价和运杂费的计算是否正确。

⑦审查综合概算、总概算的编制内容、方法是否符合现行规定和设计文件的要求，特别需要注意是否存在设计文件外项目，是否将非生产性项目以生产性项目列入。

⑧审查总概算文件的组成内容是否完整地包括了建设项目从筹建到竣工投产为止的全部费用组成。

⑨审查工程建设其他费用。这部分费用内容多、弹性大，一般可以占到项目总投资的25%以上，要按国家和地区规定逐项审查。

⑩审查项目的“三废”治理。按国家规定，拟建项目必须在设计的同时安排“三废”(废水、废气、废渣)的治理方案和投资，审查时要按国家有关规定核实治理方案和投资，使“三废”排放达到国家标准。

⑪审查技术经济指标。审查技术经济指标计算方法和程序是否正确；查看综合指标和单项指标与同类型工程指标对比结果，偏差较大时要查出原因并予以纠正。

⑫审查投资经济效果。按照设计生产规模、工艺流程、产品品种和质量，从企业的投资效益和投产后的运营效益全面分析，审查其投资效果是否达到了先进可靠、经济合理的要求。

2. 设计概算审查的方法

(1)查询核实法

查询核实法是对一些关键设备和设施、重要装置、引进工程图纸不全或难以核算的较大投资进行多方查询校对，逐项落实的方法。主要设备的市场价格向设备供应部门或招标公司查询核实；重要生产装置、设施向同类企业(工程)查询了解；引进设备价格及有关费税向进出口公司调查落实；复杂的建筑安装工程向同类工程的建设、承包、施工单位征求意见。

(2)对比分析法

对比分析法主要是通过建设规模、标准与立项批文对比；工程数量与设计图纸对比；综合范围、内容与编制方法、规定对比；各项取费与规定标准对比；材料、人工单价与统一信息对比；引进设备、技术投资与报价要求对比；技术经济指标与同类工程对比等。通过对比，可以发现设计概算存在的主要问题和偏差。

(3)联合会审法

联合会审前可以先采取多种形式分头审查，包括设计单位自审；主管、建设、承包人初审；工程造价咨询公司评审；邀请同行专家预审；审批部门复审等。分头审查合格后，再由有关单位和专家进行联合会审。在会审大会上，先由报审单位介绍概算编制情况及有关问题，并由各有关单位和专家汇报初审、预审意见，然后进行认真分析、讨论，结合对各专业技术方案的审查意见所产生的投资增减，逐一核实原概算出现的问题。经过充分协商和认真听取意见后，实事求是地处理和调整。

通过复审，对审查中发现的问题和偏差按照单项、单位工程的顺序分类整理，然后按照静态投资、动态投资和铺底流动资金三大类，汇总核增或核减的项目及其投资额，最后将具体审核数据列表汇总，将增减项目逐一列出，依次汇总审核后的总投资及增减投资额。对于差错较多、问题较大或不能满足要求的，责成报审单位按会审意见修改返工后重新报批；对于无重大原则问题，而且深度基本满足要求、投资增减不多的，可以当场核定概算投资额，提交审批部门复核后，正式下达审批概算。

4.4 施工图预算的编制与审查

施工图预算的
编制与审查(1)

4.4.1 施工图预算的内容与编制依据

1. 施工图预算的内容

施工图预算通常分为建筑工程预算和设备安装工程预算两大类。根据单位工程和设备的性质、用途的不同,建筑工程预算和设备安装工程预算又可进一步细分,如图 4-9 所示。

图 4-9 施工图预算的内容

2. 施工图预算的编制依据

(1)经批准和会审的施工图设计文件及有关标准图集。

(2)与施工图预算计价模式有关的计价依据。

(3)施工组织设计。

(4)预算工作手册。

(5)经批准的设计概算文件。

施工图预算的
编制与审查(2)

4.4.2 施工图预算的编制方法

1. 预算单价法

(1)编制思路

预算单价法又称工料单价法或定额单价法,是指分部分项工程的单价为工料单价,将分部分项工程量乘以对应分部分项工程单价后的合计作为单位人、材、机费;人、材、机费汇总后,再根据规定的计算方法计取企业管理费、利润、规费和税金,将上述费用汇总后得到该单位工程的施工图预算造价。

预算单价法中的单价一般采用地区统一单位估价表中的各分项工程工料单价(定额基价),其计算公式为

$$建筑安装工程预算造价 = (\sum 分项工程量 \times 分项工程工料单价) + 企业管理费 + 利润 + 规费 + 税金 \quad (4\text{-}16)$$

(2)编制步骤

采用预算单价法编制施工图预算的基本步骤如图 4-10 所示。

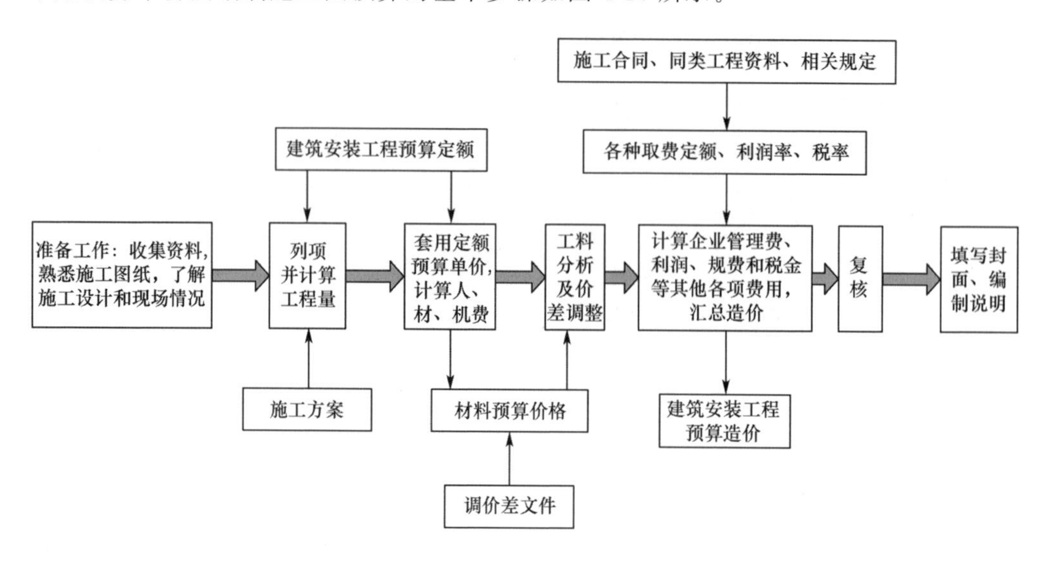

图 4-10　采用预算单价法编制施工图预算的基本步骤

①准备工作。准备工作阶段应主要完成以下工作内容：

● 收集编制施工图预算的编制依据。其中主要包括现行建筑安装定额、取费标准、工程量计算规则、地区材料预算价格以及市场材料价格等各种资料。预算单价法资料收集清单见表 4-24。

● 熟悉施工图等基础资料。熟悉施工图、有关的通用标准图、图纸会审记录、设计变更通知等资料，并检查施工图纸是否安全、尺寸是否清楚，了解设计意图，掌握工程全貌。

● 了解施工组织设计和施工现场情况。全面分析各分部分项工程，充分了解施工组织设计和施工方案，如工程进度、施工方法、人员使用、材料消耗、施工机械、技术措施等内容，注意影响费用的关键因素；核实施工现场情况，包括工程所在地地质、地形、地貌等情况、工程实地情况、当地气象资料、当地材料供应地点及运距等情况；了解工程布置、地形条件、施工条件、料场开采条件、场内外交通运输条件等。

表 4-24　　预算单价法资料收集清单

序号	资料分类	资料内容
1	国家规范	国家或省级、行业建设主管部门颁发的计价依据和办法
2		预算定额
3	地方规范	××地区建筑工程消耗量标准
4		××地区建筑装饰工程消耗量标准
5		××地区安装工程消耗量标准
6	建设项目有关资料	建设工程设计文件及相关资料，包括施工图纸等
7		施工现场情况、工程特点及常规施工方案
8		经批准的初步设计概算或修正概算
9		工程所在地的劳资、材料、税务、交通等方面资料

②列项并计算工程量。工程量计算一般按下列步骤进行：首先将单位工程划分为若干分部工程，再将分部工程划分为分项工程，划分的项目必须和定额规定的项目一致，这样才能正确地套用定额。不能重复列项计算，也不能漏项少算。工程量应严格按照图纸尺寸和现行定额规定的工程量计算规则进行计算，分项子目的工程量应遵循一定的顺序逐项计算，避免漏算和重算。

- 根据工程内容和定额项目，列出需计算工程量的分部分项工程。
- 根据一定的计算顺序和计算规则，列出分部分项工程量的计算公式。
- 根据施工图上的设计尺寸及有关数据，代入计算公式进行数值计算。
- 对计算结果的计量单位进行调整，使之与定额中相应的分部分项工程的计量单位保持一致。

③套用定额预算单价，计算人、材、机费。核对工程量计算结果后，将定额子项中的基价填于预算表单价栏内，并将单价乘以工程量得出合价，将结果填入合价栏，汇总求出单位工程人、材、机费。计算人、材、机费时需要注意下列问题：

- 分项工程的名称、规格、计量单位与预算单价或单位估价表中所列内容完全一致时，可以直接套用预算单价。
- 分项工程的主要材料品种与预算单价或单位估价表中规定材料不一致时，不可以直接套用预算单价，需要按实际使用材料价格换算预算单价。
- 分项工程施工工艺条件与预算单价或单位估价表不一致而造成人工、机具的数量增减时，一般调量不调价。

④编制工料分析表。工料分析是按照各分项工程，依据定额或单位估价表，首先从定额项目表中分别将各分项工程消耗的每项材料和人工的定额消耗量查出；再分别乘以该工程项目的工程量，得到分项工程工料消耗量，最后将各分项工程工料消耗量加以汇总，得出单位工程人工、材料的消耗数量，即

$$人工消耗量=某工种定额用工量\times某分项工程量 \quad (4\text{-}17)$$

$$材料消耗量=某种材料定额用量\times某分项工程量 \quad (4\text{-}18)$$

分部分项工程工料分析表见表 4-25。

表 4-25　　分部分项工程工料分析表

项目名称：　　　　　　　　　　　　　　　　编号：

序号	定额编号	分部(项)工程名称	单位	工程量	人工/工日	主要材料			其他材料费/元
						材料 1	材料 2	…	

编制人：　　　　　　　　　　　　审核人：

⑤计算主材费并调整人、材、机费。许多定额项目基价为不完全价格，即未包括主材费在内。因此还应单独计算出主材费，计算完成后将主材费的价差加入人、材、机费。主材费计算的依据是当时当地的市场价格。

⑥按计价程序计取其他费用，并汇总造价。根据规定的税率、费率和相应的计取基础，分别计算企业管理费、利润、规费和税金。将上述费用累计后与人、材、机费进行汇总，求出单位工程预算造价。与此同时，计算工程的技术经济指标，如单方造价。

⑦复核。对项目填列、工程量计算公式、计算结果、套用单价、取费费率、数字计算结果、数据精确度等进行全面复核,及时发现差错并修改,以保证预算的准确性。

⑧填写封面、编制说明。封面应写明工程编号、工程名称、预算总造价和单方造价等;按封面、编制说明、预算费用汇总表、材料汇总表、工程预算分析表,顺序编排并装订成册,便完成了单位工程施工图预算的编制工作。

(3)预算单价法的特点

预算单价法是编制施工图预算的常用方法,具有计算简单、工作量较小和编制速度较快、便于工程造价管理部门集中统一管理的优点。但由于是采用事先编制好的统一的单位估价表,其价格水平只能反映定额编制年份的价格水平,在市场价格波动较大的情况下,预算单价法的计算结果会偏离实际价格水平,虽然可采用调价,但调价系数和指数从测定到颁布又滞后且计算也较烦琐;另外由于预算单价法采用地区统一的单位估价表进行计价,承包人之间竞争的并不是自身的施工、管理水平,所以预算单价法并不完全适应市场经济环境。

【例 4-11】 某市一住宅楼土建工程,该工程主体设计采用七层轻框架结构、钢筋混凝土筏式基础,建筑面积为 7 670.22 m²,限于篇幅,现取其基础部分来说明预算单价法编制施工图预算的过程。表 4-26 是某住宅楼采用预算单价法编制的单位工程(基础部分)施工图预算表。该单位工程预算是采用该市当时的建筑工程预算定额及单位估价表编制的。

表 4-26　　某住宅楼土建工程基础部分施工图预算表(预算单价法)

工程定额编号	工程或费用名称	计量单位	工程量	价值/元	
				单价	合价
(1)	(2)	(3)	(4)	(5)	(6)
1042	平整场地	m²	1 393.59	3.04	4 236.51
1063	挖土机挖土(沙砾坚土)	m³	2 781.73	9.74	27 094.05
1092	干铺土石屑层	m³	892.68	145.8	130 152.74
1090	C10 混凝土基础垫层(10 cm 内)	m³	110.03	388.78	42 777.46
5006	C20 带形钢筋混凝土基础(有梁式)	m³	372.32	1 103.66	410 914.69
5014	C20 独立式钢筋混凝土基础	m³	43.26	929	40 188.54
5047	C20 矩形钢筋混凝土柱(1.8 m 外)	m³	9.23	599.72	5 535.42
13002	矩形柱与异形柱差价	元	61.00		61.00
3001	M5 砂浆砌砖基础	m³	34.99	523.17	18 305.72
5003	C10 带形无筋混凝土基础	m³	54.22	423.23	22 947.53
4028	满堂脚手架(3.6 m 内)	m²	370.13	11.06	4 093.64
1047	槽底钎探	m²	1 233.77	6.65	8 204.57
1040	回填土(夯填)	m³	1 260.94	30	37 828.20
3004	基础抹隔潮层(有防水粉)	元	130.00	8	1 040.00
	人、材、机费小计				753 380.07

注:其他各项费用在土建工程预算书汇总时计列。

2. 实物量法

(1)编制思路

采用实物量法编制单位工程施工图预算,就是根据施工图计算的各分项工程量分别乘以地区定额中人工、材料、施工机械台班的定额消耗量,分类汇总得出该单位工程所需的全部人工、材料、施工机械台班消耗数量,然后再乘以当时当地人工日工资单价、各种材料单价、施工机械台班单价,求出相应的人工费、材料费、施工施工机具费。企业管理费、利润、规费和税金等费用计取方法与预算单价法相同。实物量法编制施工图预算的计算公式为

$$单位工程人、材、机费=综合工日消耗量\times综合工日单价+\sum(各种材料消耗量\times相应材料单价)+\sum(各种机械消耗量\times相应机械台班单价) \quad (4\text{-}19)$$

$$建筑安装工程预算造价=单位工程人、材、机费+企业管理费+利润+规费+税金 \quad (4\text{-}20)$$

实物量法的优点是及时地将反映各种材料、人工、机械的当时当地市场单价计入预算价格,不需调价,反映当时当地的工程价格水平。

(2)编制步骤

采用实物量法编制施工图预算的基本步骤如图4-11所示。

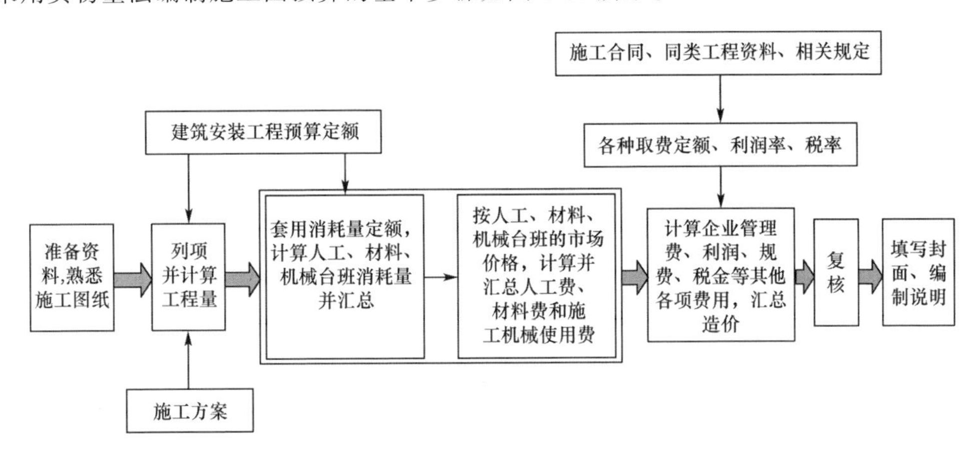

图4-11　采用实物量法编制施工图预算的基本步骤

①准备资料,熟悉施工图纸。实物量法准备资料时,除准备预算单价法的各种编制资料外,重点应全面收集工程造价管理机构发布的工程造价信息及各种市场价格信息,如人工、材料、机械台班在当时、当地的实际价格,应包括不同品种、不同规格的材料预算价格,不同工种、不同等级的人工日工资单价,不同种类、不同型号的机械台班单价等。要求获得的各种实际价格应全面、系统、真实和可靠。

②列项并计算工程量(同预算单价法)。

③套用消耗量定额,计算人工、材料、机械台班消耗量并汇总。根据预算人工定额所列各类人工工日的数量,乘以各分项工程的工程量,计算出各分项工程所需各类人工工日的数量,统计汇总后确定单位工程所需的各类人工工日消耗量。

同理,根据预算材料定额、预算机械台班定额分别确定出单位工程各类材料消耗量和各类施工机械台班消耗量。

④计算并汇总人工费、材料费和施工施工机具费。根据当时当地工程造价管理部门定期发

布的或企业根据市场价格确定的人工日工资单价、材料预算价格、施工机械台班单价分别乘以人工、材料、机械台班消耗量，汇总即得到单位工程人工费、材料费和施工施工机具费。

⑤计算其他各项费用，汇总造价(同预算单价法)。

⑥复核。检查人工、材料、机械台班的消耗量计算是否准确，有无漏算、重算或多算；套用的定额是否正确；检查采用的实际价格是否合理。其他内容可参考预算单价法。

⑦填写封面、编制说明(同预算单价法)。

(3)实物量法的特点

采用实物量法编制施工图预算时，采用的是工程所在地当时人工、材料、机械台班价格，较好地反映实际价格水平，工程造价的准确性较高，是与市场经济体制相适应的预算编制方法。但计算过程较预算单价法略显烦琐。

(4)实物量法与预算单价法的区别

实物量法与预算单价法编制过程的首尾部分基本相同，所不同的主要是中间两个环节，其区别见表4-27。

表4-27　实物量法与预算单价法的区别

区别	实物量法	预算单价法
定额的套用内容	消耗量	定额基价
人工费、材料费和施工机械使用费的计算公式	人工工日、材料和施工机械台班总的消耗量分别乘以当时当地的各类人工日工资、材料和施工机械台班的实际单价	分项工程量乘以定额基价

4.4.3　施工图预算的审查

1. 审查施工图预算的内容

(1)审查工程量

审查工程量包括：土石方工程、桩与地基基础工程、砌筑工程、混凝土及钢筋混凝土工程、木结构工程、屋面工程、构筑物工程、装饰工程、金属构件制作工程、水暖工程、电气照明工程、设备及其安装工程。审查重点在于是否按工程量计算规则计算工程量，是否考虑施工方案的影响，计量单位是否一致等。

(2)审查设备、材料的预算价格

设备、材料等预算价格是施工图预算造价中所占比重较大、变化较大的内容，也是重点审查的内容。审查时要注意分部分项工程的名称、规格、计量单位和工程内容是否与定额一致。审查时的重点在于：审查设备、材料的预算价格是否符合工程所在地的真实价格及价格水平；设备、材料的原价确定方法是否正确；设备的运杂费费率及其运杂费的计算是否正确，材料预算价格的各项费用的计算是否符合规定、是否正确。

(3)审查有关费用项目及其计取

分部分项工程费、措施项目费、其他项目费、规费和税金的计算应按当地的现行规定执行，审查的主要内容包括：是否按照项目性质计取费用；费用的计算基数是否正确；计算费率是否符合规定等。

2. 审查施工图预算的方法

(1)全面审查法

全面审查法又叫逐项审查法，就是按预算定额顺序或施工的先后顺序，逐项全面详细审查的方法。其具体计算方法和审查过程与编制施工图预算基本相同。此方法的优点是全面、细致,经审查的工程预算差错比较少,审查质量高,缺点是工作量大,时间长。全面审查法适用于工程量比较小、工艺比较简单的工程。

(2)标准预算审查法

对于利用标准图纸或通用图纸施工的工程,先集中力量编制标准预算,并以此为标准来审查工程预算的方法。按标准图纸设计或通用图纸施工的工程,通常上部结构的做法相同,只有基础部分略有改变。以这种标准图纸的工程量为标准对照审查,只需要对局部不同的部分做单独审查即可,不需要逐一审查。这种方法的优点是时间短、效果好、易定案,缺点是只适应按标准图纸设计的工程。

(3)分组计算审查法

分组计算审查法首先把预算中的项目按照"相邻且有一定内在联系的项目编为一组"的原则划分为若干组,审查同一组中某个分项工程量,利用工程量间具有相同或相似计算基础的关系判断同组中其他几个分项工程量计算的准确程度的方法。该方法的优点是审查速度快、工作量小。

(4)对比审查法

在工程条件相同时,用已建成工程的预算或虽未建成但已经过审查修正的工程预算对比审查拟建的同类工程预算的一种方法。对比审查法应该符合以下几种情况:

①采用同一个施工图,但基础部分和现场施工条件不同,其新建工程相同部分可采用对比审查法,不同部分可分别采用相应的审查方法进行审查。

②设计相同但建筑面积不同,根据两个工程建筑面积之比与两个工程分部分项工程量之比基本一致的特点,按比例审查新建工程各分部分项工程的工程量。

③面积相同但设计图纸不完全相同时,可把相同的部分进行工程量的对比审查,不能对比的分部分项工程按图纸计算。

(5)筛选审查法

筛选审查法是一种对比方法。建筑工程虽然建筑面积和高度各不相同,但是它们的各个分部分项工程的单位建筑面积的指标变化不大,把这些数据加以汇集、优选,归纳为工程量、价格、用工三个单方基本指标,并注明其适用的建筑标准。用这些基本指标来筛选各分部分项工程,符合条件的不用审查,不符合条件的则应对该分部分项工程详细审查。筛选法的优点是简单易懂,便于掌握,审查速度和发现问题快。此法适用于住宅工程或不具备全面审查条件的工程。

(6)重点审查法

重点审查法是抓住施工图预算中的重点进行审查的方法。审查的重点一般是工程量大或造价较高的各种工程,重点审查其补充定额、计取的各项费用(计费基础、取费标准等)。重点审查法的优点是重点突出,审查时间短,效果好。

3. 审查施工图预算的步骤

(1)审查前的准备工作

全面熟悉施工图纸;根据编制说明,了解预算包括的工程范围;明确单位估价表的适用范围;收集单价定额资料等。

(2)选择合适的审查方法,审查相应内容。

由于工程规模、繁简程度不同,施工方法和施工企业情况不一样,所编工程预算的质量也不同,因此,需选择适当的审查方法进行审查。

(3)整理资料,调整定案。

综合整理审查资料,与编制单位交换意见,定案后编制调整预算。审查后,需要进行核增或核减的,或者有差错的,与编制单位进行协商,达成共识后,进行相应的修正。

4.5 综合应用案例

【综合案例 4-1】

【背景】 某拟建砖混结构住宅工程,建筑面积 3 800.00 m^2,结构形式与已建成的某工程相同,只有外墙保温贴面不同,其他部分均较为接近。类似工程外墙为 EPS 外墙保温板板保温、水泥砂浆抹面,每平方米建筑面积消耗量分别为:0.048 m^3、0.842 m^2,EPS 外墙保温板 180.00 元/m^3、水泥砂浆 9.50 元/m^2;拟建工程外墙为加气混凝土保温、外贴釉面砖,每平方米建筑面积消耗量分别为:0.08 m^3、0.82 m^2,加气混凝土现行价格为 210.00 元/m^3,贴釉面砖现行价格为 62.00 元/m^2。类似工程单方造价 1 006.00 元/m^2,其中,人工费、材料费、机械费、企业管理费及其他费用占单方造价比例,分别为:12%、60%、8%、20%,拟建工程与类似工程预算造价在这几方面的差异系数分别为:2.05、1.08、1.98 和 1.04,拟建工程除人、材、机费以外费用的综合取费为 20%。

问题:

(1)应用类似工程预算法确定拟建工程的单位工程概算造价。

(2)若类似工程预算中,每平方米建筑面积主要资源消耗为:人工消耗 6.08 工日,钢材 25.8 kg,水泥 205 kg,原木 0.05 m^3,铝合金门窗 0.36 m^2,其他材料费为主材费 40%,机械费占人工费与材料费之和的 8%,拟建工程主要资源的现行市场价分别为:人工 43.00 元/工日,钢材 5.82 元/kg,水泥 0.42 元/kg,原木 2 400 元/m^3,铝合金门窗平均 460 元/m^2。试应用概算指标法,确定拟建工程的单位工程概算造价。

【案例解析】

问题(1):

①拟建工程概算指标=类似工程单方造价×综合调整系数

综合调整系数=$a\%\times K_1+b\%\times K_2+c\%\times K_3+d\%\times K_4$

$a\%$、$b\%$、$c\%$、$d\%$——类似工程预算的人工费、材料费、施工施工机具费、企业管理费占预算成本的比重;

K_1、K_2、K_3、K_4——拟建工程地区与类似工程预算成本在人工费、材料费、施工施工机具费、企业管理费之间的差异系数。

综合调整系数 K=12%×2.05+60%×1.08+8%×1.98+20%×1.04=1.26

②结构差异额=(0.08×210.00+0.82×62.00)-(0.048×180.00+0.842×9.50)

=51.00 元/m^2

③修正概算指标=拟建工程概算指标+结构差异额

拟建工程概算指标=1 006.00×1.2604=1 267.96 元/m^2

修正概算指标=1 267.96+51.00×(1+20%)=1 329.16 元/m^2

④拟建工程概算造价＝拟建工程建筑面积×修正概算指标

＝3 800×1 329.16＝5 050 808 元＝505.08 万元

问题(2)：

①计算拟建工程单位平方米建筑面积的人工费、材料费和机械费。

人工费＝6.08×43.00＝261.44 元

材料费＝(25.8×5.82＋205×0.42＋0.05×2 400＋0.36×460)×(1＋40%)＝730.60 元

机械费＝(人工费＋材料费)×8%

概算人、材、机费＝(261.44＋730.60)×(1＋8%)＝1 071.40 元/m^2

②计算拟建工程概算指标、修正概算指标和概算造价。

概算指标＝1 071.40×(1＋20%)＝1 285.68 元/m^2

修正概算指标＝1 285.68＋51.00×(1＋20%)＝1 346.88 元/m^2

概算造价＝3 800×1 346.88＝5 118 144 元＝511.81 万元

【综合案例 4-2】

【背景】 承包人 B 在某高层住宅楼的现浇楼板施工中，拟采用木模板体系或钢模板体系施工。经有关专家讨论，决定从模板总摊销费用(F_1)、楼板浇筑质量(F_2)、模板人工费(F_3)、模板周转时间(F_4)、模板装拆便利性(F_5)等五个技术经济指标对这两个方案进行评价，并采用 0－1 评分法对各技术经济指标的重要程度进行评分，其结果见表 4-28，两方案各技术经济指标的得分见表 4-29。

经造价工程师估算，木模板在该工程的总摊销费用为 60 万元，每平方米楼板的模板人工费为 9.8 元；钢模板在该工程的总摊销费用为 50 万元，每平方米楼板的模板人工费为 8.2 元。该住宅楼的楼板工程量为 2 万平方米。

表 4-28　技术经济指标重要程度评分表

	F_1	F_2	F_3	F_4	F_5
F_1	×	0	1	1	1
F_2	1	×	1	1	1
F_3	0	0	×	0	1
F_4	0	0	1	×	1
F_5	0	0	0	0	×

表 4-29　技术经济指标得分表

指标	木模板	钢模板
总摊销费用	8	10
楼板浇筑质量	10	8
模板人工费	8	10
模板周转时间	9	8
模板装拆便利性	10	9

问题：

(1)试确定各技术经济指标的权重(计算结果保留三位小数)。

(2)若以楼板工程的单方模板费用作为成本比较对象，试用价值指数法选择较经济的方案。

【案例解析】

问题(1)：

根据0—1评分法的计分办法计算各技术经济指标的得分，进而确定其权重。

0—1评分法的特点是：两指标(或功能)相比较时，不论两者的重要程度相差多大，较重要的得1分，较不重要的得0分。在运用0—1评分法时还需注意，采用0—1评分法确定指标重要程度得分时，会出现合计得分为零的指标(或功能)，需要将各指标合计得分分别加1进行修正后再计算其权重。

各技术经济指标得分和权重的计算结果见表4-30。

表4-30 指标权重计算表

	F_1	F_2	F_3	F_4	F_5	得分	修正得分	权重
F_1	×	0	1	1	1	3	4	4/15=0.267
F_2	1	×	1	1	1	4	5	5/15=0.333
F_3	0	0	×	0	1	1	2	2/15=0.133
F_4	0	0	1	×	1	2	3	3/15=0.200
F_5	0	0	0	0	×	0	1	1/15=0.067
合计						10	15	1.000

问题(2)：

需要根据背景资料所给出的数据计算两方案楼板工程量的单方模板费用，再计算其成本指数。

①计算两方案的功能指数，结果见表4-31。

表4-31 功能指数计算表

技术经济指标	权重	木模板	钢模板
总摊销费用	0.267	8×0.267=2.136	10×0.267=2.670
楼板浇筑质量	0.333	10×0.333=3.330	8×0.333=2.664
模板人工费	0.133	8×0.133=1.064	10×0.133=1.330
模板周转时间	0.200	9×0.200=1.800	8×0.200=1.600
模板装拆便利性	0.067	10×0.067=0.670	9×0.067=0.603
合计	1.000	9.000	8.867
功能指数		9.000/(9.000+8.867)=0.504	8.867/(9.000+8.867)=0.496

②计算两方案的成本指数

木模板的单方模板费用为：60/2+9.8=39.8元/m^2

钢模板的单方模板费用为：50/2+8.2=33.2元/m^2

则：

木模板的成本指数为：39.8/(39.8+33.2)=0.545

钢模板的成本指数为：33.2/(39.8+33.2)=0.455

③计算两方案的价值指数

木模板的价值指数为:0.504/0.545=0.925

钢模板的价值指数为:0.496/0.455=1.090

因为木模板的价值指数低于钢模板的价值指数,所以应选用钢模板体系。

【综合案例 4-3】

【背景】 某大学拟建一栋综合试验楼,该楼一层为实验设备室,2~5 层为工作室。建筑面积为 1 500 m^2。根据扩大初步设计图纸计算出该综合试验楼各扩大分项工程的工程量以及当地信息价算出的扩大综合单价,列于表 4-32 中,其中人工费占扩大分项工程费的 30%。并已知措施项目费为 25 万元,其他项目费为 30 万元。按照住房和城乡建设部、财政部"关于印发《建筑安装工程费用项目组成》的通知"(建标〔2013〕44 号)文件的费用组成,各项费用现行费率分别为:规费费率 20%,税率 3.48%。

表 4-32　实验设备室工程量及扩大单价表

定额号	扩大分项工程名称	单位	工程量	扩大单价/元
3-1	实心砖基础(含土方工程)	10 m^3	1.960	1 614.16
3-27	多孔砖外墙(含外墙面勾缝、内墙面中等石灰砂浆及乳胶漆)	100 m^2	2.184	4 035.03
3-29	多孔砖内墙(含内墙面中等石灰砂浆及乳胶漆)	100 m^2	2.292	4 885.22
4-21	无筋混凝土带基(含土方工程)	m^3	206.024	559.24
4-24	混凝土满堂基础	m^3	169.470	542.74
4-26	混凝土设备基础	m^3	1.580	382.70
4-33	现浇混凝土矩形梁	m^3	37.860	952.51
4-38	现浇混凝土墙(含内墙面石灰砂浆及乳胶漆)	m^3	470.120	670.74
4-40	现浇混凝土有梁板	m^3	134.820	786.86
4-44	现浇整体楼梯	10 m^2	4.440	1 310.26
5-42	铝合金地弹门(含运输、安装)	樘	2	1 725.69
5-45	铝合金推拉窗(含运输、安装)	樘	15	653.54
7-23	双面夹板门(含运输、安装、油漆)	樘	18	314.36
8-81	全瓷防滑砖地面(含垫层、踢脚线)	100 m^2	2.720	9 920.94
8-82	全瓷防滑砖楼面(含踢脚线)	100 m^2	10.880	8 935.81
8-83	全瓷防滑砖楼梯(含防滑条、踢脚线)	100 m^2	0.444	10 064.39
9-23	珍珠岩找坡保温层	10 m^3	2.720	3 634.34
9-70	二毡三油一砂防水层	100 m^2	2.720	5 428.80

问题:

(1)试根据表 4-32 给定的工程量和扩大单价表,编制该工程的土建单位工程概算表,计算土建单位工程的分部分项工程费;根据建标〔2013〕44 号文件的取费程序和所给费率,计算各项费用,编制土建单位工程概算书。

(2)若已知同类工程的各专业单位工程造价占单项工程综合造价的比例(表4-33),试计算该工程的综合概算造价,编制单项工程综合概算书。

表4-33　各专业单位工程造价占单项工程综合造价的比例

专业名称	土建	采暖	通风、空调	电气照明	给排水	设备购置	设备安装	工器具购置
占比例/%	40	1.5	13.5	2.5	1	38	3	0.5

【案例解析】

问题(1):

土建单位工程概算书是由概算表、费用计算表和编制说明等内容组成的;土建单位工程概算表见表4-34。

表4-34　某大学实验设备室土建工程概算表

定额号	扩大分项工程名称	单位	工程量	价值/元	
				基价	合价
3-1	实心砖基础(含土方工程)	10 m^3	1.960	1 614.16	3 163.75
3-27	多孔砖外墙(含外墙面勾缝、内墙面中等石灰砂浆及乳胶漆)	100 m^2	2.184	4 035.03	8 812.51
3-29	多孔砖内墙(含内墙面中等石灰砂浆及乳胶漆)	100 m^2	2.292	4 885.22	11 196.92
4-21	无筋混凝土带基(含土方工程)	m^3	206.024	559.24	115 216.86
4-24	混凝土满堂基础	m^3	169.470	542.74	91 978.15
4-26	混凝土设备基础	m^3	1.580	382.70	604.67
4-33	现浇混凝土矩形梁	m^3	37.860	952.51	36 062.03
4-38	现浇混凝土墙(含内墙面石灰砂浆及乳胶漆)	m^3	470.120	670.74	315 328.29
4-40	现浇混凝土有梁板	m^3	134.820	786.86	106 084.47
4-44	现浇整体楼梯	10 m^2	4.440	1 310.26	5 817.55
5-42	铝合金地弹门(含运输、安装)	樘	2	1 725.69	3 451.38
5-45	铝合金推拉窗(含运输、安装)	樘	15	653.54	9 803.10
7-23	双面夹板门(含运输、安装、油漆)	樘	18	314.36	5 658.48
8-81	全瓷防滑砖地面(含垫层、踢脚线)	100 m^2	2.720	9 920.94	26 984.96
8-82	全瓷防滑砖楼面(含踢脚线)	100 m^2	10.880	8 935.81	97 221.61
8-83	全瓷防滑砖楼梯(含防滑条、踢脚线)	100 m^2	0.444	10 064.39	4 468.59
9-23	珍珠岩找坡保温层	10 m^3	2.720	3 634.34	9 885.40
9-70	二毡三油一砂防水层	100 m^2	2.720	5 428.80	14 766.34
	分部分项工程费合计				866 505.06

分部分项工程费 $=\sum$(扩大分项工程量 × 相应的扩大单价) $=86.65$ 万元

根据建标〔2013〕44号文件和背景材料给定费率,列表计算土建单位工程概算造价,见表4-35。

表 4-35　　　　　　　　**某大学实验设备室土建单位工程概算造价计算表**

序号	内容	计算方法	金额/万元
1	扩大分项工程费	$\sum$(扩大分项工程量×相应的扩大单价)	86.65
2	措施项目费		25
3	其他项目费		30
4	规费	人工费×20%	5.20
5	税金	[(1)+(2)+(3)+(4)]×3.48%	5.11
6	土建单位工程概算造价	(1)+(2)+(3)+(4)+(5)	151.96

问题(2)：

①根据土建单位工程造价占单项工程综合造价比例，计算单项工程综合概算造价。

土建单位工程概算造价＝单项工程综合概算造价×40%

单项工程综合概算造价＝土建单位工程概算造价/40%

＝151.96/40%＝379.90 万元

②按各专业单位工程概算造价占单项工程综合概算造价的比例，分别计算各单位工程概算造价。

采暖单位工程概算造价＝379.90×1.5%＝5.70 万元

通风、空调单位工程概算造价＝379.90×13.5%＝51.29 万元

电气照明单位工程概算造价＝379.90×2.5%＝9.50 万元

给排水单位工程概算造价＝379.90×1%＝3.80 万元

工器具购置单位工程概算造价＝379.90×0.5%＝1.90 万元

设备购置单位工程概算造价＝379.90×38%＝144.36 万元

设备安装单位工程概算造价＝379.90×3%＝11.40 万元

③编制单项工程综合概算书，见表 4-36。

表 4-36　　　　　　　　**某大学实验设备室综合概算书**

序号	单位工程和费用名称	概算价值/万元				技术经济指标			占总投比例/%
		建筑安装工程费	设备购置费	建设其他费	合计	单位	数量	单位造价/(元·m^{-2})	
一	建筑工程	222.25			222.25	m^2	1 500	1 481.67	58.50%
1	土建工程	151.96			151.96			1 013.07	
2	采暖工程	5.70			5.70			38.00	
3	通风、空调工程	51.29			51.29	m^2		341.93	
4	电气照明工程	9.50			9.50			63.33	
5	给排水工程	3.80			3.80			25.33	
二	设备购置及安装工程	11.40	144.36		155.76	m^2	1500	1 038.4	41.00%
1	设备购置		144.36		144.36			962.4	
2	设备安装工程	11.40			11.40			76.00	
三	工器具购置		1.90		1.90	m^2	1 500	12.67	0.50%
	合计	233.65	146.26		379.91			2 532.74	100%
四	占综合投资比例	61.50%	38.50%		100%				

本章小结

本模块主要介绍了建设工程设计阶段工程造价控制的主要内容与影响因素。为了提高工程建设投资效果,要对设计方案进行评价优选和限额设计。设计概算可分为单位工程概算、单项工程综合概算和建设项目总概算三级;单位建筑工程概算的编制方法有概算定额法、概算指标法和类似工程预算法三种;审查工程概算的重点在于审查建设规模和建设标准、编制依据、工程量、材料用量和价格、技术和投资经济指标等;审查设计概算的常用方法有查询核实法、对比分析法和联合会审法等。施工图预算的编制方法有预算单价法和实物量法;施工图预算审查时重点在于审查工程量、设备和材料的预算价格、有关费用项目及其计取;审查施工图预算的方法主要有全面审查法、标准预算审查法、分组计算审查法、筛选审查法、重点审查法、对比审查法等六种。

模块 4

模块 5

建设工程发承包阶段工程造价控制

思维导图

模块 5

子模块	知识目标	能力目标
建设工程招投标准备	了解建设工程招投标的概念，熟悉建设工程招标范围与规模标准；熟悉建设工程招标的主要类别与形式；掌握建设工程招投标的程序	能明确和知晓建设工程招投标的工作内容、相关的招投标程序与过程
招标工程量清单与最高投标限价的编制	熟悉建设工程招标工程量清单的编制依据，熟悉编制内容与编制过程，掌握编制方法；了解最高投标限价的编制要求、依据，掌握最高投标限价的编制内容及计价与组价方法	能进行招标文件的编制以及掌握最高投标限价计价与组价方法；能明确最高投标限价和标底的区别
投标文件及投标报价的编制	熟悉建设工程投标的主要工作内容、程序；掌握投标报价的程序和方法	能进行施工投标报价的计算以及投标报价文件的编制

【引例】

江夏理工大学综合实验楼建设项目工程施工总承包招标公告

1. 招标条件

本招标项目已由省发展和改革委员会批准建设，项目业主为江夏理工大学，建设资金来源为财政＋自筹，项目出资比例为 100%。项目已具备招标条件，本公告已经在招标投标监管部门备案，现对该项目进行公开招标，欢迎符合条件的投标人前来投标。

2. 项目概况、招标范围和最高投标限价

2.1　项目名称：江夏理工大学综合实验楼建设项目工程施工总承包。

2.2　建设地点：江夏理工大学校内。

2.3　规模：江夏理工大学综合实验楼建设项目包括建筑、机电、信息、艺术共 4 栋专业实验楼。4 栋专业实验楼均为六层（未含地面架空层），建筑高度均为 23.85 m。通过设置连廊将 4 栋专业实验楼组合为一组综合实验楼。建筑占地面积 9 645.37 m^2，总用地面积 38 031 m^2，总建筑面积 56 591.06 m^2。

2.4　最高投标限价：15 401.57 万元。

2.5　工期要求：540 天（日历天），具体开工时间以招标人通知为准。

2.6　质量要求：按《建筑工程施工质量验收统一标准》(GB 50300—2013)。

2.7　保修要求：按《房屋建筑工程质量保修办法》(建设部令第 80 号)的规定进行保修。

2.8　招标范围：江夏理工大学综合实验楼建设项目工程施工总承包，其中包括基础、主体、装饰装修、建筑电气安装、给排水安装、消防工程及总图工程等的施工总承包内容，具体以招标人提供的施工图纸及工程量清单为准。

2.9 标段划分:一个标段。

3.投标人资格要求

3.1 具有独立法人资格并依法取得企业营业执照,营业执照处于有效期内。

3.2 具备建设行政主管部门颁发的房屋建筑工程施工总承包二级及以上资质且注册资金不低于最高投标限价的五分之一,安全生产许可证处于有效期内,并在人员、设备、资金等方面具备相应的施工能力。

3.3 项目负责人(项目经理)具有建筑工程专业一级注册建造师执业资格,具备有效的B类安全生产考核合格证书且没有在建项目;施工项目部关键岗位其他人员的具体要求详见本项目招标文件第二章投标人须知第10.14.1项要求。

3.4 技术负责人具有建筑工程专业高级及以上技术职称。

3.5 本次招标不接受联合体投标。

4.资格审查方式

资格后审,实行电子化资格审查。

5.评标办法

本项目评标办法采用湘建〔2013〕282号文件中的“综合评估法(Ⅱ)”。

6.投标保证金

6.1 投标保证金数额为:人民币捌拾万元(80万元),采取银行转账方式,由投标人基本账户转入指定的账户。

6.2 请将投标保证金于2018年8月22日17:00前转入投标保证金的托管账户内管理,以到账为准。

7.资格审查文件、招标文件的获取以及澄清答疑发布

7.1 凡有意参加投标者,请于2018年8月4日~2018年8月8日17时00分在湖南省建设工程招标投标信息网上下载资格审查文件、招标文件、图纸及工程量清单。

7.2 资格审查文件、招标文件每套各售价400元,于递交投标文件时缴纳。

7.3 澄清答疑采用网上答疑方式。招标人对资格审查文件、招标文件、工程量清单澄清答疑均在湖南省建设工程招标投标信息网上发布,由投标人自行下载。

8.投标文件递交的截止时间和开标时间

8.1 资格审查申请文件及投标文件递交截止时间为2018年8月25日9时00分,地点为江夏市公共资源交易中心,江夏市海珠区中华路229号。

8.2 开标时间:2018年8月25日9时00分。

9.行政监督

本次招标项目接受相关建设行政主管部门或其委托的招标投标监管机构监督。招标投标监督机构为湖南省建设工程招标投标管理办公室。

10.联系方式

招标人:江夏理工大学

联系人:邱老师

地　址:江夏市××路××号

招标代理机构:××有限公司

地　址:江夏市××国际大酒店商务楼8层

联系人:×××

电　话:××　传　真:××　邮　箱:××

二〇一八年八月四日

5.1 建设工程招投标概述

建设工程招投标概述

建设工程招投标是建设工程发承包阶段的主要工作，是在市场经济条件下，国内外的工程承包市场上为买卖特殊商品——建设工程而进行的由一系列特定环节组成的特殊交易活动。其目的是将工程项目建设任务委托纳入市场管理，通过竞争择优选定项目的勘察、设计、设备安装、施工、装饰装修、材料设备供应、监理和工程总承包等单位，保证工程质量，缩短建设周期，控制工程造价，提高投资效益。

5.1.1 建设工程招投标的概念

1. 建设工程招标的概念

建设工程招标是指在工程建设项目的初步设计或施工图设计完成后，用招标的方式选择施工单位的活动。

2. 建设工程投标的概念

建设工程投标是与工程招标相对应的概念，招标投标过程是招标人和投标人站在不同立场进行的一种活动的两个方面。建设工程投标是指投标人响应招标人号召，参加投标竞争，以获得工程承包权的活动。

5.1.2 建设工程招标的范围与规模标准

根据《中华人民共和国招标投标法》，国家发展和改革委员会 2018 年 3 月发布了《必须招标的工程项目规定》(国家发改委第 16 号令)，明确必须招标项目的具体范围和规模标准。

1. 必须招标的建设工程范围

(1) 全部或者部分使用国有资金投资或者国家融资的项目包括：

①使用预算资金 200 万元人民币以上，并且该资金占投资额 10%以上的项目。

②使用国有企业事业单位资金，并且该资金占控股或者主导地位的项目。

(2) 使用国际组织或者外国政府贷款、援助资金的项目包括：

①使用世界银行、亚洲开发银行等国际组织贷款、援助资金的项目。

②使用外国政府及其机构贷款、援助资金的项目。

(3) 不属于以上(1)、(2)规定情形的大型基础设施、公用事业等关系社会公共利益、公众安全的项目，必须招标的具体范围由国务院发展改革部门会同国务院有关部门按照确有必要、严格限定的原则制定，报国务院批准。

2. 必须招标的规模标准

以上规定范围内的项目，其勘察、设计、施工、监理以及与工程建设有关的 重要设备、材料等的采购达到下列标准之一的，必须招标：

(1)施工单项合同估算价在 400 万元人民币以上。

(2)重要设备、材料等货物的采购，单项合同估算价在 200 万元人民币以上。

(3)勘察、设计、监理等服务的采购，单项合同估算价在 100 万元人民币以上。

同一项目中可以合并进行的勘察、设计、施工、监理以及与工程建设有关的重要设备、材料等的采购，合同估算价合计达到前款规定标准的，必须招标。

3. 可以不进行招标的范围

按照《中华人民共和国招标投标法》及《中华人民共和国招标投标法实施条例》有关规定，有下列情形之一的，可以不进行招标：

(1)涉及国家安全、国家秘密、抢险救灾等不适宜进行招标的项目。

(2)利用扶贫资金实行以工代赈、需要使用农民工等特殊情况。

(3)需要采用不可替代的专利或者专有技术。

(4)采购人依法能够自行建设、生产或者提供。

(5)已通过招标方式选定的特许经营项目投资人依法能够自行建设、生产或者提供。

(6)需要向原中标人采购工程、货物或者服务，否则将影响施工或者功能配套要求。

(7)国家规定的其他特殊情形。

5.1.3 建设工程招标的主要类别和形式

1. 建设工程招标的主要类别

建设工程招标可以依据不同的分类标准分成不同类别，建设工程招标的主要类别如图 5-1 所示。

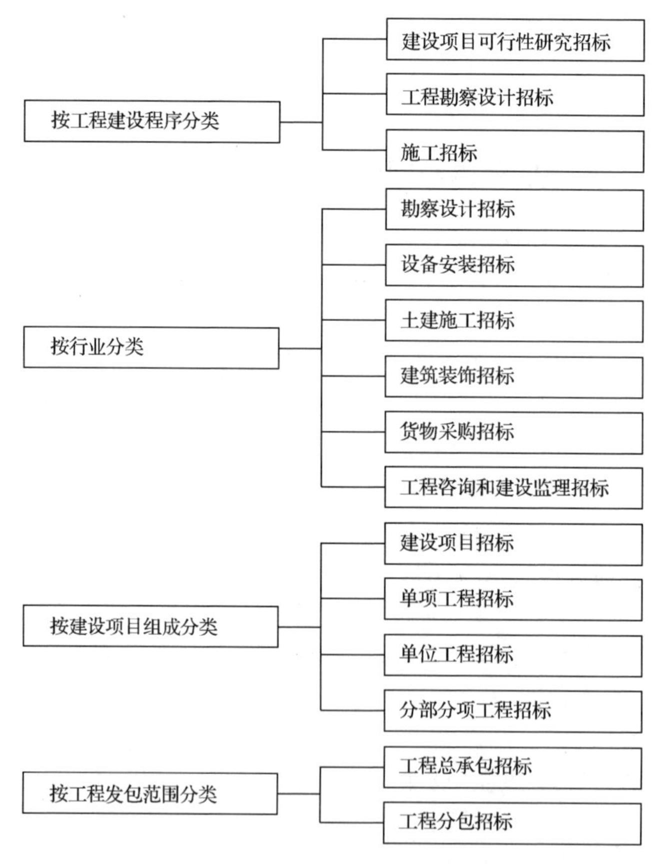

图 5-1 建设工程招标的主要类别

2. 建设工程招标的主要形式

目前，国内外市场上使用的建设工程招标主要有公开招标和邀请招标两种形式，具体含义、优缺点及适用范围见表 5-1。

表 5-1　　公开招标与邀请招标的比较

形式	公开招标	邀请招标
含义	招标人通过报刊、广播、电视、网络或其他媒介，公开发布招标公告，招揽不特定的法人或其他组织参加投标。公开招标形式一般不限制投标人的数量，故也被称为无限竞争性招标	招标人以投标邀请书的方式邀请特定的法人或者其他组织投标。邀请招标也称为有限竞争性招标，是一种由招标人选择若干承包人，向其发出投标邀请，由被邀请的承包人投标竞争，从中选定中标者的招标方式
优点	投标的承包人多、范围广、竞争激烈，招标人有较大的选择余地，有利于降低工程造价、提高工程质量和缩短工期	目标集中，招标的组织工作较容易，工作量比较小
缺点	由于投标的承包人多，招标工作量大，组织工作复杂，需投入较多的人力、物力，招标所需时间较长	由于参加的投标单位较少，竞争性较差，招标单位对投标单位的选择余地较少，有可能会失去发现最适合承担该项目的承包人的机会
适用范围	政府投资项目或投资额度大，工艺、结构复杂的较大型工程建设项目	项目技术复杂或有特殊要求，只有少数几家潜在投标人可供选择的工程建设项目；受自然地域环境限制的工程建设项目；涉及国家安全、国家秘密或者抢险救灾，适宜招标但不宜公开招标的工程建设项目；采用公开招标方式的费用占项目合同金额的比例过大的；法律、法规规定不宜公开招标的工程建设项目

5.1.4　建设工程招投标程序

《中华人民共和国招标投标法》中规定的招投标工作包括招标、投标、开标、评标和中标五大步骤。建设工程招标是由一系列前后衔接、层次明确的工作步骤构成的，具体如图 5-2 所示。

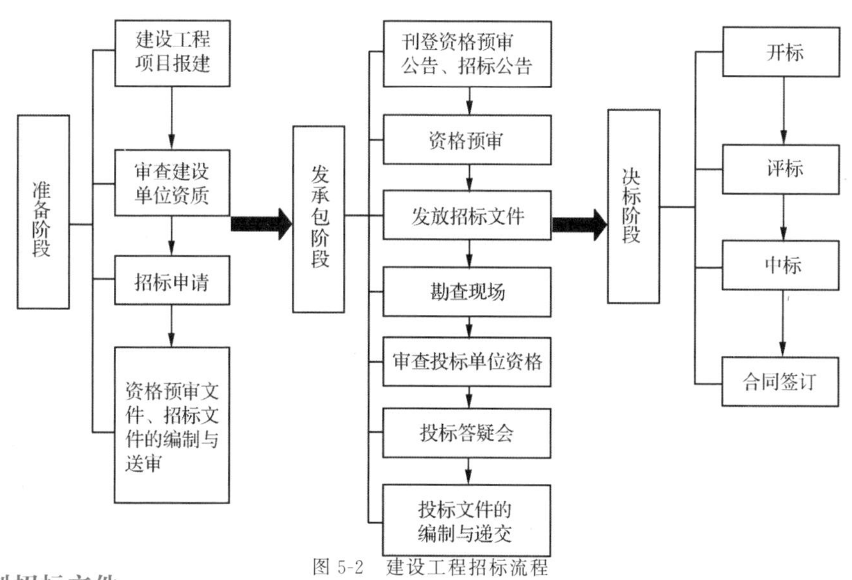

图 5-2　建设工程招标流程

1. 编制招标文件

招标文件是招标人向投标单位介绍招标工程情况和招标的具体要求的综合性文件。所以，招标文件的编制必须做到系统、完整、准确、明晰，即提出的要求应明确，使投标人一目了然。建设单位也可以根据具体情况，委托具有相应资质的咨询、监理单位代理招标。招标文件一般包括以下内容：

(1)工程综合说明书，内容包括项目名称、地址、工程内容、承包人式、建设工期、工程质量检验标准、施工条件等。

(2)施工图纸和必要的技术资料。

(3)工程款的支付方式。

(4)实物工程量清单。

(5)材料供应方式及主要材料、设备的订货情况。

(6)投标的起止日期和开标时间、地点。

(7)对工程的特殊要求及对投标单位的相应要求。

(8)合同主要条款。

(9)其他规定和要求。

2. 发布招标文件

公开招标的，招标人可以通过报刊、广播、电视、网络或者其他媒介发布招标公告；邀请招标的，招标人可以向有能力的施工单位发出投标邀请。

3. 审查投标单位的资格

审查投标单位的资格，看其是否符合招标工程的条件。参加投标的单位应按招标公告或通知规定的时间报送申请书，并附企业状况表或说明，其内容应包括企业名称、地址、负责人姓名、开户银行及账号、企业所有制性质和隶属关系、营业执照和资质等级证书(复印件)、企业简历等。投标单位应按有关规定填写表格。

招标单位收到投标单位的申请后，立即审查投标单位的等级、承包任务的能力、财产赔偿能力以及保证人等，确定投标单位是否具备投标的资格。资格审查合格的投标单位才能向招标单位购买招标文件。

4. 现场勘察与答疑

在投标单位初步熟悉招标文件后，招标单位组织投标单位勘察现场，并解答招标文件中的疑问。

5. 接受投标单位的标书

各投标单位编制完标书后，应在规定时间内报送招标单位。

6. 开标、评标和决标

(1)开标：招标人按招标文件规定的时间、地点，在有投标单位、建设项目主管部门、建设银行和法定公证人参加的情况下，当众启封有效标函并宣布各投标单位的报价和标函中的其他内容。

开标时应确认标书的有效性，对不符合要求的作为废标处理，例如，标函未密封，投标单位未按规定的格式填写或填写字迹模糊、辨认不清，未加盖本单位公章和单位负责人的印鉴，寄达时间超过规定日期等。

(2)评标和决标：招标人对所有有效标书进行综合分析、评比，从中确定最理想的中标单位。

招标人主要根据投标价，保证质量、安全、工期等的技术组织措施，社会信誉，经济效益等确定中标单位。

评标和决标的方法可采用多目标决策中的打分法。首先，确定评价项目和评价标准，将评价的内容具体分解成若干目标并确定打分标准；然后，按各项目标的重要程度决定权重数；最后，由评委会成员给各个项目分别打分，用评分乘以相应的权重数，汇总后得出总分，以总分最高的作为中标单位。

7. 签订工程承包合同

招标单位与中标单位双方就招标的商定条款用具有法律效力的合同形式固定下来，以便双方共同遵守。合同应包括的条款主要有：工程名称和地点，工程范围和内容，开、竣工日期及中间交工工程开、竣工日期，工程质量保证及保修条件，工程预付款、工程款的支付、结算及交工验收办法，设计文件及概、预算和技术资料提供日期，材料和设备的供应和进场期限，双方相互协作事项，违约责任等。

5.2 招标工程量清单与最高投标限价的编制

要点分析

招标工程量清单与控制价的编制(1)

5.2.1 招标工程量清单的编制

招标工程量清单是由招标人根据国家标准、招标文件、设计文件以及施工现场实际情况编制的，随招标文件发布、供投标报价的工程量清单。它是招标文件的组成部分，是体现招标人要求投标人完成的工程项目和相应的工程数量以及编制最高投标限价和投标报价的依据。

1. 招标工程量清单的编制依据

(1)《建设工程工程量清单计价规范》(GB 50500—2013)以及各专业工程计量规范等。

(2)国家或省级、行业建设主管部门颁发的计价定额和办法。

(3)建设工程设计文件及相关资料。

(4)与建设工程有关的标准、规范、技术资料。

(5)拟定的招标文件。

(6)施工现场情况、地质水文资料、工程特点及常规施工方案。

(7)其他相关资料。

拓展资料

建设工程施工发包与承包计价管理办法16号部令

2. 招标工程量清单编制的准备工作

(1)初步研究。对各种资料进行认真研究，为工程量清单的编制作准备。主要包括：熟悉《建设工程工程量清单计价规范》(GB 50500—2013)和相关专业工程计量规范、当地计价规定及相关文件；熟悉设计图纸及招标文件；收集拟采用的新材料、新技术、新工艺的基础资料，为补充项目的制定提供依据。

(2)现场踏勘。为了选用合理的施工组织设计和施工技术方案，需进行现场踏勘，以充分了解施工现场情况及工程特点，主要对自然地理条件、施工条件进行调查。

(3)拟订常规施工组织设计。根据项目的具体情况编制施工组织设计，拟订工程的施工方案、施工顺序、施工方法等，便于工程量清单的编制及准确计算，特别是工程量清单中的措施项目。

3. 招标工程量清单的编制内容

(1)分部分项工程项目清单编制

分部分项工程项目清单所反映的是拟建工程分项实体工程项目名称和相应数量的明细清单，招标人负责确定包括项目编码、项目名称、项目特征、计量单位和工程量在内的五项内容。

①项目编码。应根据拟建工程的工程量清单项目名称设置，同一招标工程的项目编码不得重复。

②项目名称。应按专业工程计量规范附录的项目名称结合拟建工程的实际确定。

在分部分项工程项目清单中所列出的项目，应是在单位工程的施工过程中以其本身构成该单位工程实体的分项工程。应注意：

● 当在拟建工程的施工图中有体现，并且在专业工程计量规范附录中也有相对应的项目时，应根据附录中的规定直接列项，计算工程量，确定其项目编码。

● 当在拟建工程的施工图中有体现，但在专业工程计量规范附录中没有相对应的项目，并且在附录项目的"项目特征"或"工程内容"中也没有提示时，必须编制针对这些分项工程的补充项目，在清单中单独列项并在清单的编制说明中注明。

③项目特征。工程量清单的项目特征是确定一个清单项目综合单价不可缺少的重要依据，在编制工程量清单时，必须对项目特征进行准确和全面的描述。为达到规范、简洁、准确、全面地描述项目特征的要求，招标单位在描述工程量清单项目特征时应按以下原则进行：

● 项目特征描述的内容应按附录中的规定，结合拟建工程的实际进行表述，以满足确定综合单价的需要。

● 若采用标准图集或施工图能够全部或部分满足项目特征描述的要求，则项目特征描述可直接采用"详见××图集或××图号"的方式。对不能满足项目特征描述要求的部分，仍采用文字描述。

④计量单位。分部分项工程项目清单的计量单位与有效位数应遵照《建设工程工程量清单计价规范》(GB 50500—2013)的规定。当附录中有两个或两个以上计量单位时，结合拟建工程项目的实际选择其中一个。

⑤工程量。分部分项工程项目清单中所列的工程量应按专业工程计量规范规定的工程量计算规则计算。另外，对补充项目的工程量计算必须符合计算规则具有可计算性、计算结果具有唯一性的要求。

工程量的计算是一项繁杂而细致的工作，为了计算的快速、准确并尽量避免漏算或重算，必须依据一定的计算原则及方法：

● 按计算口径一致计算。施工图列出的工程量清单项目，必须与专业工程计量规范中相应清单项目的口径相一致。

● 按工程量计算规则计算。工程量计算规则是综合确定各项消耗指标的基本依据，也是进行具体工程测算和分析资料的基准。

● 按施工图计算。工程量按每一分项工程的施工图进行计算，计算时采用的原始数据必须以施工图所表示的尺寸或施工图能读出的尺寸为准，不得任意增减。

● 按一定顺序计算。计算分部分项工程量时，可以按照定额编目顺序或按照施工图的顺序依次进行。对于计算同一施工图的分项工程量，一般可采用以下几种顺序：按顺时针或逆时针顺序计算；按先横后纵顺序计算；按轴线编号顺序计算；按施工先后顺序计算；按定额分部分项顺序计算。

(2)措施项目清单编制

措施项目清单是指为完成工程项目施工，发生于该工程施工准备和施工过程中的技术、生活、安全、环境保护等方面的项目清单。

①措施项目清单的编制依据

措施项目清单的编制需要考虑多种因素，除工程本身的因素外，还涉及水文、气象、环境保护、安全等因素。措施项目清单应根据拟建工程的实际情况列项。措施项目清单的编制依据主要有：

- 施工现场情况、地质水文资料、工程特点。
- 常规施工方案。
- 与建设工程有关的标准、规范、技术资料。
- 拟定的招标文件。
- 建设工程设计文件及相关资料。

招标工程量清单与招标控制价的编制(2)

若出现《建设工程工程量清单计价规范》(GB 50500—2013)中未列的项目，可根据工程实际情况补充。项目清单的设置要考虑拟建工程的施工组织设计、施工技术方案、相关的施工规范与施工验收规范、招标文件中提出的某些必须通过一定的技术措施才能实现的要求，以及设计文件中一些不足以写进技术方案的，但是要通过一定的技术措施才能实现的内容。

②措施项目清单的编制方式

措施项目根据是否可以精确计算工程量分为单价措施项目和总价措施项目，相对应的应编制“分部分项工程和单价措施项目清单与计价表”和“总价措施项目清单与计价表”，可参见模块2中2.2节相关内容及表2-7～表2-9，在此不再赘述。

(3)其他项目清单编制

其他项目清单是应招标人的特殊要求而发生的与拟建工程有关的其他费用项目和相应数量的清单。它包括暂列金额、暂估价(包括材料暂估单价、工程设备暂估单价、专业工程暂估价)、计日工和总承包服务费。若出现未包含在表格中的项目，可根据工程实际情况加以补充。

①暂列金额由招标人填写其项目名称、计量单位、暂定金额等，若不能详列，则可只列暂定金额总额。由于暂列金额由招标人支配，实际发生后才得以支付，因此，在确定暂列金额时应根据施工图的深度、暂估价设定的水平、合同价款约定调整的因素以及工程实际情况合理确定。一般可按分部分项工程项目清单的10%～15%确定，不同专业预留的暂列金额应分别列项。

②暂估价是招标人在招标文件中提供的用于支付肯定会发生但暂时不能确定价格的材料、工程设备的单价以及专业工程的金额。一般而言，为方便合同管理和计价，需要纳入分部分项工程量项目综合单价中的暂估价，最好只限于材料费，以方便投标与组价。以“项”为计量单位给出的专业工程暂估价一般应是综合暂估价，即应当包括除规费、税金以外的管理费、利润等。

③计日工是为了解决现场发生的零星工作或项目的计价而设立的。计日工为额外工作的计价提供一个方便快捷的途径。计日工对完成零星工作所消耗的人工工时、材料数量、机械台班进行计量，并按照计日工表中填报的适用项目的单价进行计价支付。编制计日工表格时，一定要给出暂定数量，并且需要根据经验尽可能估算一个比较贴近实际的数量，且尽可能把项目列全，以消除因此而产生的争议。

④总承包服务费是为了解决招标人在法律法规允许的条件下，进行专业工程发包以及自行采购供应材料、设备时，要求总承包人对发包的专业工程提供协调和配合服务，对供应的材料、设备提供收、发和保管服务以及对施工现场进行统一管理，对竣工资料进行统一汇总、整理等产生并向承包人支付的费用。招标人应当按照投标人的投标报价支付该项费用。

(4)规费、税金项目清单编制

规费、税金项目清单应按照规定的内容列项，当出现规范中没有的项目时，应根据省级政府或有关部门的规定列项。税金项目清单除规定的内容外，如国家税法发生变化或增加税种，还应对税金项目清单进行补充。规费、税金的计算基础和费率均应按国家或地方相关部门的规定执行。

(5)工程量清单总说明编制

工程量清单总说明编制包括以下内容：

①工程概况。工程概况中要对建设规模、工程特征、计划工期、施工现场实际情况、自然地理条件、环境保护要求等做出描述。

②工程招标范围及分包概念。工程招标范围是指单位工程的招标范围，如建筑工程招标范围为全部建筑工程，装饰装修工程招标范围为全部装饰装修工程，或招标范围不含桩基础、幕墙头、门窗等。工程分包是指特殊工程项目的分包，如招标人自行采购安装铝合金门窗等。

③工程量清单编制依据。包括建设工程工程量清单计价规范、设计文件、招标文件、施工现场情况、工程特点及常规施工方案等。

④工程质量、材料、施工等的要求。工程质量要求，是指招标人要求拟建工程的质量应达到合格或优良标准；材料要求，是指招标人根据工程的重要性、使用功能及装饰装修标准提出的，诸如对水泥的品牌、钢材的生产厂家、花岗石的出产地及品牌等的要求；施工要求，一般是指建设项目中对单项工程的施工顺序等的要求。

⑤其他需要说明的事项。

(6)招标工程项目清单汇总

在分部分项工程项目清单、措施项目清单、其他项目清单及规费、税金项目清单编制完成后，经审查复核，与工程量清单封面及总说明汇总并装订，由相关责任人签字和盖章，形成完整的招标工程量清单文件。

4. 招标工程量清单编制示例

随招标文件发布、供投标报价的工程量清单，通常用表格形式表示并加以说明。招标人所用工程量清单表格与投标人报价所用表格是同一表格，在招标人发布的表格中，除暂列金额、暂估价列有“金额”外，其他只需列出工程量，该工程量是根据计量规范的计算规则计算得到的。

【例 5-1】 爱尚山水城一期住宅工程分部分项工程量的计算。

【解】 根据《房屋建筑与装饰工程工程量计算规范》(GB 50854—2013)，对现浇混凝土梁的混凝土、钢筋、脚手架等的工程量进行计算并列表。

(1)混凝土的工程量

根据附录 E.3 现浇混凝土梁的工程量计算规则，现浇混凝土梁的工程量按设计尺寸以体积计算，伸入墙内的梁头、梁垫并入梁体积内。项目特征：①混凝土种类；②混凝土强度等级。工作内容：①模板及支架(撑)制作、安装、拆除、堆放、运输及清理模内杂物、刷隔离剂等；②混凝土制作、运输、浇筑、振捣、养护。

(2)钢筋的工程量

“现浇构件钢筋”的工程量计算根据附录 E.15 钢筋工程中的“现浇构件钢筋”的工程量计算规则，按设计图示钢筋(网)长度(面积)乘以单位理论质量计算。项目特征：①钢筋种类；②钢筋规格。工作内容：①钢筋制作、运输；②钢筋安装；③焊接(绑扎)。注：①现浇构件中伸出构件的锚固钢筋应并入钢筋工程量内。除设计(包括规范规定)标明的搭接外，其他施工搭接不计入工程量，在综合单价中综合考虑。②现浇构件中固定位置的支撑钢筋、双层钢筋用的“铁马”在编制工程量清单时，如果设计未明确，其工程量可为暂估量，结算时按现场签证量计算。

(3)脚手架的工程量

脚手架工程属单价措施项目，其工程量计算根据附录 S.1 脚手架工程中综合脚手架工程量计算规则，按建筑面积以 m² 计算。项目特征：①建筑结构形式；②檐口高度。工作内容：①场内、场外材料搬运；②搭、拆脚手架、斜道、上料平台；③安全网的铺设；④选择附墙点与主体连接；⑤测试电动装置、安全锁等；⑥拆除脚手架后材料的堆放。注：①使用综合脚手架时，不再使用外脚手架、里脚手架等单项脚手架，综合脚手架适用于能够按“建筑面积计算规则”计算建筑面积的建筑工程脚手架，不适用于房屋加层、构筑物及附属工程脚手架；②同一建筑物有不同檐高时，根据建筑物竖向切面分别按不同檐高编列清单项目；③整体提升架已包括 2 m 高的防护架体设施；④脚手架材质可以不描述，但应注明由投标人根据工程实际情况按照《建筑施工扣件式钢管脚手架安全技术规范》(JGJ 130—2011)等规范自行确定。

(4)分部分项工程项目清单列表

分部分项工程和单价措施项目清单与计价表(招标工程量清单)见表 5-2。需要说明的是，表中带括号的数据属于随招标文件公布的最高投标限价的内容，即招标人提供招标工程量清单时，表中带括号数据的单元格在招标工程量清单中是空白的。

表 5-2　　分部分项工程和单价措施项目清单与计价表(招标工程量清单)

工程名称：爱尚山水城一期住宅工程　　标段：　　第　页　共　页

序号	项目编码	项目名称	项目特征描述	计量单位	工程量	金额/元		
						综合单价	合价	其中：暂估价
			…					
		0105 混凝土及钢筋混凝土工程						
6	010503001001	基础梁	C30 预拌混凝土，梁底标高－1.55 m	m³	208	(367.05)	(76 346)	
7	010515001001	现浇构件钢筋	螺纹钢 Q235，Φ14	t	200	(4 821.35)	(964 270)	(800 000)
			…					
		分部小计					(2 496 270)	(800 000)
			…					
		0117 措施项目						
16	011701001001	综合脚手架	砖混、檐高 22 m	m²	10 940	(20.85)	(228 099)	
			…					
		分部小计					(829 480)	
合计							(6 709 337)	(800 000)

5.2.2 最高投标限价的编制

最高投标限价是指根据国家或省级建设行政主管部门颁发的有关计价依据和办法，依据拟定的招标文件和招标工程量清单，结合工程具体情况发布的招标工程的最高投标价格。最高投标限价应在招标文件中注明。

1. 最高投标限价的编制要求

(1)国有资金投资的工程建设项目应实行工程量清单招标，招标人应编制最高投标限价，并应当拒绝高于最高投标限价的投标报价，即投标人的投标报价若超过公布的最高投标限价，则其投标作为废标处理。

(2)最高投标限价应由具有编制能力的招标人或受其委托、具有相应资质的工程造价咨询人编制。工程造价咨询人不得同时接受招标人和投标人对同一工程的最高投标限价和投标报价的编制。

(3)最高投标限价应在招标文件中公布,招标人对所编制的最高投标限价不得进行上浮或下调。在公布最高投标限价时,除公布最高投标限价的总价外,还应公布各单位工程的分部分项工程费、措施项目费、其他项目费、规费和税金。

(4)最高投标限价超过批准的概算时,招标人应将其报原概算审批部门审核。

(5)投标人经复核认为招标人公布的最高投标限价未按照《建设工程工程量清单计价规范》(GB 50500—2013)的规定进行编制的,应在最高投标限价公布后5天内向招标投标监督机构和工程造价管理机构投诉。工程造价管理机构受理投诉后,应立即对最高投标限价进行复查,组织投诉人、被投诉人或其委托的最高投标限价编制人等对投诉问题逐一核对。当最高投标限价复查结论与原公布的最高投标限价误差大于±3%时,应责成招标人改正。当重新公布最高投标限价时,若从重新公布之日起至原投标截止日不足15天,则应延长投标截止期。

(6)招标人应将最高投标限价及有关资料报送工程所在地的工程造价管理机构备查。

2. 最高投标限价的编制依据

最高投标限价的编制依据是指在编制最高投标限价时需要进行工程量计量、价格确认、工程计价的有关参数、费率的确定等工作时所需的基础性资料,主要包括:

(1)《建设工程工程量清单计价规范》(GB 50500—2013)与专业工程计量规范。

(2)建设行政主管部门颁发的计价定额和计价办法。

(3)建设工程设计文件及相关资料。

(4)拟定的招标文件及招标工程量清单。

(5)与建设项目相关的标准、规范、技术资料。

(6)施工现场情况、工程特点及常规施工方案。

(7)工程造价管理机构发布的工程造价信息;工程造价信息没有发布的,参照市场价。

(8)其他的相关资料。

3. 最高投标限价的编制程序

最高投标限价编制的基本程序包括编制前的准备、收集编制资料、计算最高投标限价、整理最高投标限价文件相关资料、编制最高投标限价成果文件,具体如图5-3所示。

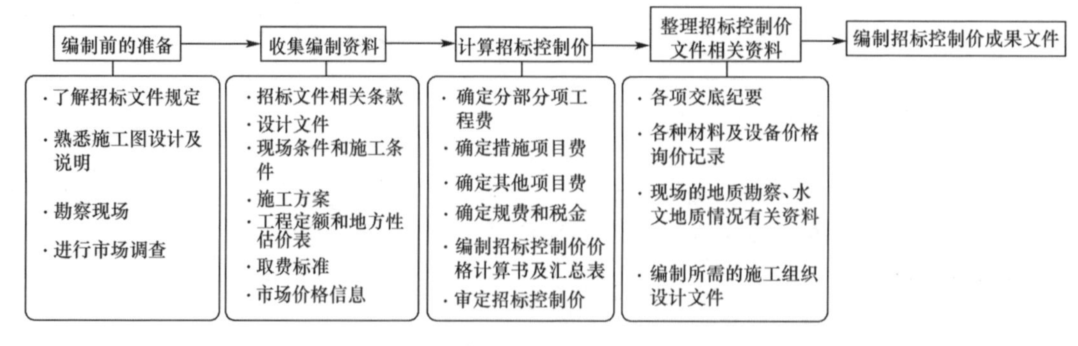

图5-3 最高投标限价编制的基本程序

4. 最高投标限价的编制内容

最高投标限价的编制内容包括分部分项工程费、措施项目费、其他项目费、规费和税金,各个部分有不同的计价要求。

(1)分部分项工程费的编制要求

①分部分项工程费应根据招标文件中的分部分项工程项目清单及有关要求，按《建设工程工程量清单计价规范》(GB 50500—2013)的有关规定确定综合单价计价。

②工程量依据招标文件中提供的分部分项工程项目清单确定。

③招标文件提供了暂估单价的材料，应按暂估单价计入综合单价。

④为使最高投标限价与投标报价所包含的内容一致，综合单价中应包括招标文件中要求投标人所承担的风险内容及其范围(幅度)产生的风险费用。

(2)措施项目费的编制要求

①措施项目费中的安全文明施工费应当按照国家或省级、行业建设主管部门的规定标准计价，该部分不得作为竞争性费用。

②措施项目应按招标文件中提供的措施项目清单确定，措施项目的计量方式分为以“量”计算和以“项”计算两种，措施项目费的计算方法见表5-3。

表5-3　措施项目费的计算方法

项目类别	总价措施项目	单价措施项目
计量单位	以“项”计算，计量单位为“项”	以“量”计算(不同项目计量单位不同)
计价方式	总价	综合单价
计算公式	措施项目计费基数×费率	项目工程量×综合单价

(3)其他项目费的编制要求

①暂列金额。暂列金额可根据工程的复杂程度、设计深度、工程环境条件(包括地质、水文、气候条件等)进行估算，一般可以分部分项工程费的10%～15%为参考。

②暂估价。暂估价中的材料单价应按照工程造价管理机构发布的工程造价信息中的材料单价计算，工程造价信息中未发布的材料单价，其单价参考市场价格估算；暂估价中的专业工程暂估价应分不同专业，按有关计价规定估算。

③计日工。在编制最高投标限价时，对计日工中的人工单价和施工机械台班单价应按省级、行业建设主管部门或其授权的工程造价管理机构公布的单价计算；材料应按工程造价管理机构发布的工程造价信息中的材料单价计算，工程造价信息中未发布单价的材料，其价格应按市场调查确定的单价计算。

④总承包服务费。总承包服务费应按照国家或省级、行业建设主管部门的规定计算，在计算时可参考表5-4的标准。

表5-4　总承包服务费计算标准

招标人的要求	计算基础	费率
仅对分包的专业工程进行总承包管理和协调	分包的专业工程估算造价	1.5%
对分包的专业工程进行总承包管理和协调，并同时要求提供配合服务	分包的专业工程估算造价	3%～5%
招标人自行供应材料	招标人供应材料价值	1%

(4)规费和税金的编制要求

规费和税金必须按国家或省级建设行政主管部门的规定计算。税金计算公式为

$$\text{税金}=(\text{分部分项工程项目清单费}+\text{措施项目清单费}+\text{其他项目清单费}+\text{规费})\times\text{综合税率} \quad (5\text{-}1)$$

5. 最高投标限价的计价与综合单价的组价

(1)最高投标限价计价程序

建设工程的最高投标限价反映的是单位工程费,各单位工程费是由分部分项工程费、措施项目费、其他项目费、规费和税金组成的。单位工程最高投标限价计价程序见表 5-5。

表 5-5　　单位工程最高投标限价计价程序(施工企业投标报价计价程序)

工程名称:　　　　标段:　　　　第　页　共　页

序号	汇总内容	计算方法	金额/元
1	分部分项工程	按计价规定计算/(自主报价)	
1.1			
1.2			
2	措施项目	按计价规定计算/(自主报价)	
2.1	其中:安全文明施工费	按规定标准估算/(按规定标准计算)	
3	其他项目		
3.1	其中:暂列金额	按计价规定估算/(按招标文件提供金额计列)	
3.2	其中:专业工程暂估价	按计价规定估算/(按招标文件提供金额计列)	
3.3	其中:计日工	按计价规定估算/(自主报价)	
3.4	其中:总承包服务费	按计价规定估算/(自主报价)	
4	规费	按规定标准计算	
5	税金(扣除不列入计税范围的工程设备金额)	(1+2+3+4)×规定税率	
6	最高投标限价/(投标报价)	1+2+3+4+5	

注:本表适用于单位工程最高投标限价计算或投标报价计算,如无单位工程划分,单项工程也可使用本表。

由于投标人(施工企业)投标报价计价程序(见本模块第三节)与招标人(建设单位)最高投标限价计价程序具有相同的表格,为便于对比分析,此处将两种表格合并列出,其中表格栏目中斜线后带括号的内容用于投标报价,其余为通用栏目。

(2)综合单价的组价

最高投标限价的分部分项工程费应由各单位工程的招标工程量清单乘以其相应综合单价汇总而成。综合单价由人工费、材料费、施工施工机具费、企业管理费和利润组成,计价时还需要考虑风险因素(技术难度大、复杂项目的管理风险;工程设备、材料价格波动的市场风险),其组价过程包括下列步骤:

①依据提供的工程量清单和施工图,按照工程所在地区颁发的计价定额的规定,确定所组价的定额项目名称并计算出相应的工程量;

②依据工程造价政策规定或工程造价信息确定其人工、材料、机械台班单价;同时,在考虑风险因素确定管理费费率和利润率的基础上,按规定程序计算出所组价定额项目的合价,计算公式为

$$\text{定额项目合价}=\text{定额项目工程量}\times[\sum(\text{定额人工消耗量}\times\text{人工单价})+\sum(\text{定额材料消耗量}\times\text{材料单价})+\sum(\text{定额机械台班消耗量}\times\text{机械台班单价})+\text{价差(基价或人工、材料、机械费用)}+\text{管理费和利润}] \quad (5\text{-}2)$$

③将若干项所组价的定额项目合价相加再除以工程量清单项目工程量,便得到工程量清单综合单价,计算公式为(未计价材料费,包括暂估单价的材料费应计入其中)

$$\text{工程量清单综合单价}=\frac{\sum\text{定额项目合价}+\text{未计价材料费}}{\text{工程量清单项目工程量}} \quad (5\text{-}3)$$

分项工程量清单的项目名称、工程量、项目特征依据工程所在地区颁发的计价定额和人工、材料、机械台班价格信息等进行组价确定，并编制工程量清单综合单价分析表。

6. 编制最高投标限价时应注意的问题

(1)采用的材料价格应是工程造价管理机构通过工程造价信息发布的材料价格，工程造价信息未发布材料单价的材料，其价格应通过市场调查确定。另外，未采用工程造价管理机构发布的工程造价信息时，需在招标文件或答疑补充文件中对最高投标限价采用的与造价信息不一致的市场价格予以说明，采用的市场价格则应通过调查、分析确定，应有可靠的信息来源。

(2)施工机械设备的选型直接关系到综合单价水平，应根据工程项目特点和施工条件，本着经济实用、先进高效的原则确定。

(3)应该正确、全面地使用行业和地方的计价定额与相关文件。

(4)不可竞争的措施项目费和规费、税金等费用的计算均属于强制性的条款，编制最高投标限价时应按国家有关规定计算。

(5)不同工程项目、不同施工单位会有不同的施工组织方法，所发生的措施项目费也会有所不同，因此，对于竞争性的措施项目费的确定，招标人应首先编制常规的施工组织设计或施工方案，经专家论证确认后再合理确定措施项目与费用。

(6)招标人应将最高投标限价及有关资料报送工程所在地工程造价管理机构备查。其中最高投标限价的封面必须有招标人单位盖章、法定代表人签字或盖章；最高投标限价总说明应详细描述工程概况，根据文件规定确定工程类别、规费和措施费费率；资料必须提供最高投标限价编制人的执业证书的原件、复核人的执业证书的复印件以及招标文件。

知识链接

关于最高投标限价与标底

最高投标限价是随着我国工程建设领域的招投标不断发展而产生的，主要经历了招投标“设标底招标→无标底招标”的改革历程，具体过程如图 5-4 所示。最高投标限价的实质是招标人用于对招标工程发包的最高限价。

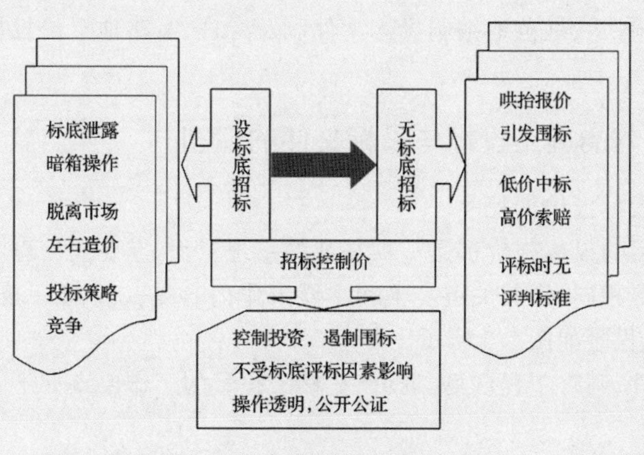

图 5-4　最高投标限价产生的过程

招标标底是建筑产品价格的表现形式之一，是业主对招标工程所需费用的预测和控制，是招标工程的期望价格。它是招标工作的核心文件，是择优选择承包人的重要依据。

最高投标限价与标底的异同点见表 5-6。

表 5-6　　最高投标限价与标底的异同点

异同点	最高投标限价	标底
不同点	随招标文件提前公开，需要到工程所在地建设主管部门备案	绝对保密，直到开标
	只起限价作用，不参与评标	可以参与评标
	是甲方可以接受的最高报价，报价高于限价者视为废标	是可以接受的最低报价，报价均高于标底时，最低的投标价仍能中标
相同点	1. 编制主体相同，都是由招标单位自行编制或委托具有编制资格和能力的代理机构编制，都是发包人或者发包人委托； 2. 编制时间大致相同，都是在发包前就应该编制完成； 3. 本质相同，都是建设工程的一个价格； 4. 编制程序、编制依据、使用的定额及采用的工程量计算方法相同	

5.3 投标文件及投标报价的编制

投标文件及投标报价的编制

具备承担招标项目能力的投标人，应招标人的邀请，根据招标文件的要求，在规定的时间内向招标人递交投标文件及投标报价，争取工程承包权的活动即投标。投标是一种要约，需要严格遵守关于招投标的法律规定及程序，还需对招标文件做出实质性响应，并符合招标文件的各项要求，科学、规范地编制投标文件以及合理、策略地提出投标报价，直接关系到承揽工程项目的中标率。

5.3.1　建设工程的施工投标与投标文件的编制

1. 建设项目施工投标报价的程序

任何一个建设项目的投标报价都是一项复杂的系统工程，需要周密思考、统筹安排。尽管各地投标报价的程序不尽相同，但其关键步骤和主要工作内容是一致的，一般均分为前期准备、报价编制两个阶段，具体程序如图 5-5 所示。

其中研究招标文件、调查工程现场、询价、复核工程量的工作要点如下：

(1)研究招标文件

投标人取得招标文件后，为保证工程量清单报价的合理性，应对投标人须知、合同条件、技术规范、图纸和工程量清单等重点内容进行分析，深刻而正确地理解招标文件和业主的意图。

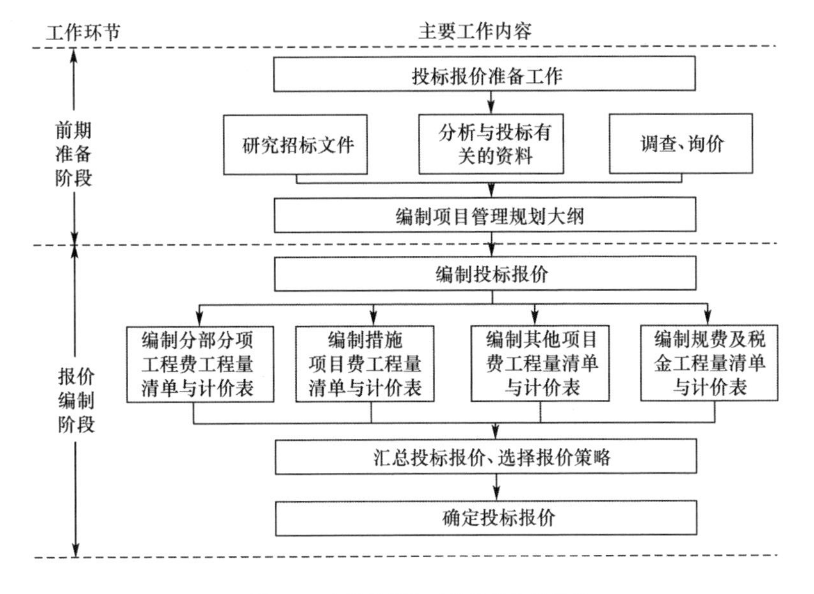

图5-5 建设项目施工投标报价的程序

(2)调查工程现场

招标人在招标文件中一般会明确进行工程现场踏勘的时间和地点。投标人对一般区域的调查应重点注意以下几个方面：

①自然条件调查。如气象资料，水文资料，地震、洪水及其他自然灾害情况，地质情况等。

②施工条件调查。主要包括：工程现场的用地范围、地形、地貌、地物、高程，地上或地下障碍物，现场的三通一平情况；工程现场周围的道路、进出场条件、有无特殊交通限制；工程现场施工临时设施、大型施工机具、材料堆放场地安排的可能性，是否需要二次搬运；工程现场邻近建筑物与招标工程的间距、结构形式、基础埋深、新旧程度、高度；市政给水及污水、雨水排放管线位置、高程、管径、压力、废水、污水处理方式，市政、消防供水管道管径、压力、位置等；当地供电方式、方位、距离、电压等；当地煤气供应能力，管线位置、高程等；工程现场通信线路的连接和铺设；当地政府有关部门对施工现场管理的一般要求、特殊要求及规定，是否允许节假日和夜间施工等。

③其他条件调查。主要包括各种构件、半成品及商品混凝土的供应能力和价格以及现场附近的生活设施、治安情况等。

(3)询价

询价是投标报价的基础，它为投标报价提供可靠的依据。询价时要特别注意两个问题：一是产品质量必须可靠，并满足招标文件的有关规定；二是供货方式、时间、地点有无附加条件和费用。对生产要素的询价主要包括材料询价、施工机械设备询价、劳务询价以及分包询价。

(4)复核工程量

工程量清单作为招标文件的组成部分，是由招标人提供的。工程量是投标报价最直接的依据。复核工程量要与招标文件中所给的工程量进行对比，注意以下几方面：

①投标人应认真根据招标说明、图纸、地质资料等招标文件资料计算主要清单工程量，复核工程量清单。其中特别注意按一定顺序进行，避免漏算或重算；正确划分分部分项工程项目，与《建设工程工程量清单计价规范》(GB 50500—2013)保持一致。

②复核工程量的目的不是修改工程量清单，即使有误，投标人也不能修改工程量清单中的工

程量，因为修改了清单就等于擅自修改了合同。对工程量清单存在的错误，可以向招标人提出，由招标人统一修改并把修改情况通知所有投标人。

③针对工程量清单中工程量的遗漏或错误，是否向招标人提出修改意见取决于投标策略。投标人可以运用一些报价的技巧提高报价的质量，争取在中标后能获得更大的收益。

④通过复核工程量计算还能准确地确定订货及采购物资的数量，防止由超量或少购等带来的浪费、积压或停工待料。

在复核完全部工程量清单中的细目后，投标人应按大项分类汇总主要工程总量，以便获得对整个工程施工规模的整体概念，并据此研究采用合适的施工方法及选择适用的施工设备等。

2. 投标文件编制的内容

投标人应当按照招标文件的要求编制投标文件。投标文件应当包括下列内容：

(1)投标函及投标函附录。

(2)法定代表人身份证明或附有法定代表人身份证明的授权委托书。

(3)联合体协议书(如工程允许采用联合体投标)。

(4)投标保证金。

(5)已标价工程量清单。

(6)施工组织设计。

(7)项目管理机构。

(8)拟分包项目情况表。

(9)资格审查资料。

(10)规定的其他材料。

3. 投标文件编制时应遵循的规定

(1)投标文件应按投标文件格式进行编写，如有必要，可以增加附页，作为投标文件的组成部分。

(2)投标文件应当对招标文件有关工期、投标有效期、质量要求、技术标准和要求、招标范围等实质性内容做出响应。

(3)投标文件应由投标人的法定代表人或其委托代理人签字或盖单位章。

(4)投标文件正本一份，副本份数按招标文件有关规定确定。

(5)除招标文件另有规定外，投标人不得递交备选投标方案。

5.3.2 投标报价编制的原则与依据

投标报价是在工程招标发包过程中，由投标人按照招标文件的要求，根据工程特点，并结合自身的施工技术、装备和管理水平，依据有关计价规定自主确定的工程造价，是投标人希望达成工程承包交易的期望价格，它不能高于招标人设定的最高投标限价。作为投标计算的必要条件，应预先确定施工方案和施工进度，此外，投标计算还必须与采用的合同形式相协调。

1. 投标报价的编制原则

报价是投标的关键性工作，报价是否合理不仅直接关系到投标的成败，还关系到中标后企业的盈亏。投标报价编制原则如下：

(1)投标报价由投标人自主确定，但必须执行《建设工程工程量清单计价规范》(GB 50500—2013)的强制性规定。投标报价应由投标人或受其委托、具有相应资质的工程造价咨询人员编制。

(2)投标人的投标报价不得低于成本。

(3)投标报价要以招标文件中设定的发承包双方责任划分,作为考虑投标报价费用项目和费用计算的基础。

(4)将施工方案、技术措施等作为投标报价计算的基本条件;将反映企业技术和管理水平的企业定额作为计算人工、材料和机械台班消耗量的基本依据;充分利用现场考察、调研成果、市场价格信息和行情资料编制基础标价。

(5)报价计算方法要科学严谨、简明适用。

2. 投标报价的编制依据

《建设工程工程量清单计价规范》(GB 50500—2013)规定,投标报价应根据下列依据编制和复核:

(1)《建设工程工程量清单计价规范》。

(2)国家或省级、行业建设主管部门颁发的计价办法。

(3)企业定额,国家或省级、行业建设主管部门颁发的计价定额和计价办法。

(4)招标文件、招标工程量清单及其补充通知、答疑纪要。

(5)建设工程设计文件及相关资料。

(6)施工现场情况、工程特点及投标时拟订的施工组织设计或施工方案。

(7)与建设项目相关的标准、规范等技术资料。

(8)市场价格信息或工程造价管理机构发布的工程造价信息。

(9)其他的相关资料。

5.3.3 投标报价的编制方法和内容

投标报价的编制应首先根据招标人提供的工程量清单编制分部分项工程和措施项目清单与计价表、其他项目清单与计价表以及规费、税金项目清单与计价表,计算完毕之后,汇总得到单位工程投标报价汇总表,再层层汇总,分别得出单项工程投标报价汇总表和工程项目投标总价汇总表,投标总价的组成如图 5-6 所示。在编制过程中,投标人应按招标人提供的工程量清单填报价格。填写的项目编码、项目名称、项目特征、计量单位、工程量必须与招标人提供的一致。

1. 分部分项工程和单价措施项目清单与计价表的编制

承包人投标价中的分部分项工程费和以单价计算的措施项目费应按招标文件中分部分项工程和单价措施项目清单与计价表的特征描述确定综合单价计算。综合单价包括完成一个规定清单项目所需的人工费、材料和工程设备费、施工机具使用费、企业管理费、利润,并考虑风险费用的分摊。

综合单价=人工费+材料和工程设备费+施工机具使用费+企业管理费+利润　(5-4)

(1)确定综合单价时的注意事项

①以项目特征描述为依据。项目特征是确定综合单价的重要依据之一,投标人投标报价时应依据招标文件中清单项目的特征描述确定综合单价。

②材料暂估单价、工程设备暂估价的处理。招标文件中在其他项目清单中提供了暂估单价的材料,应按其暂估的单价计入清单项目的综合单价中。专业工程暂估价应按招标人在其他项目清单中列出的金额填写。

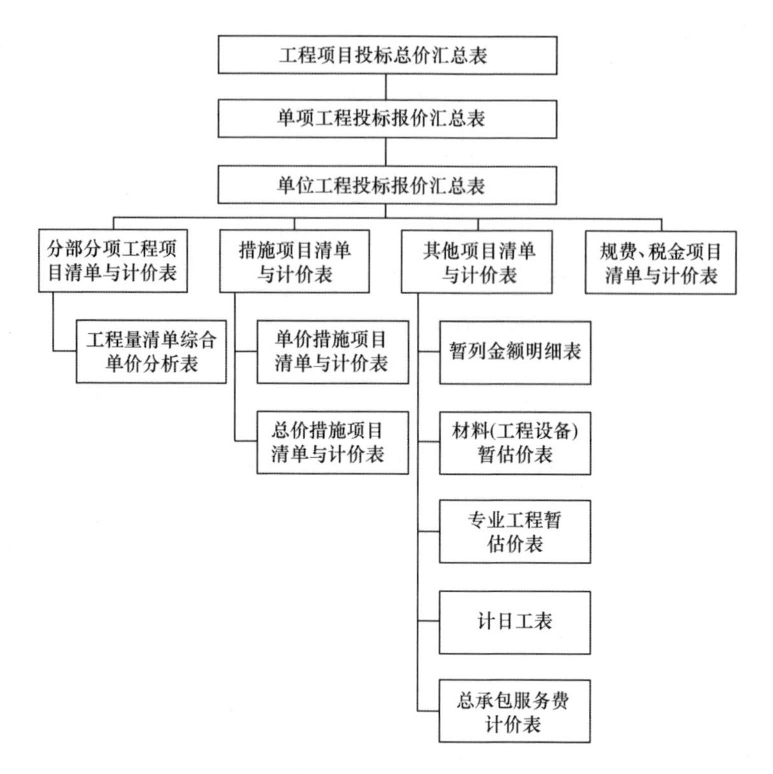

图 5-6 建设项目施工投标总价的组成

③考虑合理的风险。招标文件中要求投标人承担的风险费用，投标人应将其考虑进综合单价中。

(2)综合单价确定的步骤和方法

①确定计算基础。计算基础主要包括消耗量指标和生产要素单价。应根据本企业的实际消耗量水平，并结合拟订的施工方案确定完成清单项目需要消耗的各种人工、材料、机械台班的数量。计算时应采用企业定额，在没有企业定额或企业定额缺项时，可参照与本企业实际水平相近的国家、地区、行业定额，并通过调整来确定清单项目的人、材、机单位用量。各种人工、材料、机械台班的单价，则应根据询价的结果和市场行情综合确定。

②分析每一清单项目的工程内容。在招标工程量清单中，招标人已对项目特征进行了准确、详细的描述，投标人根据这一描述，再结合施工现场情况和拟订的施工方案确定完成各清单项目实际应发生的工程内容。必要时可参照《建设工程工程量清单计价规范》(GB 50500—2013)中提供的工程内容，有些特殊的工程也可能出现规范列表之外的工程内容。

③计算工程内容的工程数量与清单单位的含量。每一项工程内容都应根据所选定额的工程量计算规则计算其工程数量，当定额的工程量计算规则与清单的工程量计算规则相一致时，可直接以工程量清单中的工程量作为工程内容的工程数量。

当采用清单单位含量计算人工费、材料费、施工机具使用费时，还需要计算每一计量单位的清单项目所分摊的工程内容的工程数量，即清单单位含量公式为

$$\text{清单单位含量}=\frac{\text{某工程内容的定额工程量}}{\text{清单工程量}} \tag{5-5}$$

④分部分项工程人工、材料、机械费用的计算。以完成每一计量单位的清单项目所需的人

工、材料、机械用量为基础计算，即

$$\text{每一计量单位清单项目某种资源的使用量}=\text{该种资源的定额单位用量}\times\text{相应定额条目的清单单位含量} \tag{5-6}$$

再根据预先确定的各种生产要素的单位价格可计算出每一计量单位清单项目的分部分项工程的人工费、材料费与施工机具使用费，公式为

$$\text{人工费}=\text{完成单位清单项目所需人工的工日数量}\times\text{人工日工资单价} \tag{5-7}$$

$$\text{材料费}=\sum\text{完成单位清单项目所需各种材料、半成品的数量}\times\text{各种材料、半成品单价} \tag{5-8}$$

$$\text{施工机具使用费}=\sum\text{完成单位清单项目所需各种机械的台班数量}\times\text{各种机械的台班单价}+\text{仪器仪表使用费} \tag{5-9}$$

当招标人提供的其他项目清单中列示了材料暂估价时，应根据招标人提供的价格计算材料费，并在分部分项工程项目清单与计价表中表现出来。

⑤计算综合单价。企业管理费和利润的计算可按照人工费、材料费、施工机具使用费之和按照一定的费率取费计算，公式为

$$\text{企业管理费}=(\text{人工费}+\text{材料费}+\text{施工机具使用费})\times\text{企业管理费费率} \tag{5-10}$$

$$\text{利润}=(\text{人工费}+\text{材料费}+\text{施工机具使用费}+\text{企业管理费})\times\text{利润率} \tag{5-11}$$

将上述五项费用汇总，并考虑合理的风险费用后，即可得到清单综合单价。根据计算出的综合单价，可编制分部分项工程和单价措施项目清单与计价表，见表 5-7。

表 5-7　　分部分项工程和单价措施项目清单与计价表(投标报价)

工程名称：爱尚山水城一期住宅工程　　标段：　　第　页　共　页

序号	项目编码	项目名称	项目特征描述	计量单位	工程量	金额/元		
						综合单价	合价	其中：暂估价
			……					
		0105 混凝土及钢筋混凝土工程						
6	010503001001	基础梁	C30 预拌混凝土，梁底标高－1.55 m	m^3	208	356.14	74 077	
7	010515001001	现浇构件钢筋	螺纹钢 Q235，ϕ14	t	200	4 787.16	957 432	800000
			……					
		分部小计					2 432 419	800 000
			……					
		0117 措施项目						
16	011701001001	综合脚手架	砖混、檐高 22 m	m^2	10 940	19.80	216 612	
			……					
		分部小计					738 257	
		合计					6 318 410	800 000

(3)工程量清单综合单价分析表的编制

为表明综合单价的合理性，投标人应对其进行单价分析，以作为评标时的判断依据。综合单价分析表的编制应反映上述综合单价的编制过程，并按照规定的格式进行，见表 5-8。

表 5-8　　　　　　　　　　工程量清单综合单价分析表

工程名称：爱尚山水城一期住宅工程　　　　　　标段：　　　　　　　　　　　　第　页　共　页

项目编码	010515001001	项目名称	现浇构件钢筋	计量单位	t	工程量	200

清单综合单价组成明细											
定额编号	定额名称	定额单位	数量	单价/元				合价/元			
				人工费	材料费	机械费	管理费和利润	人工费	材料费	机械费	管理费和利润
AD0899	现浇构件钢筋制安	t	1.00	294.75	4 327.70	62.42	102.29	294.75	4 327.70	62.42	102.29
人工单价				小计				294.75	4 327.70	62.42	102.29
80 元/工日				未计价材料费							
清单项目综合单价								4 787.16			

材料费明细	主要材料名称、规格、型号	单位	数量	单价/元	合价/元	暂估单价/元	暂估合价/元
	螺纹钢 Q235，ϕ14 mm	t	1.07			4 000.00	4 280.00
	焊条	kg	8.64	4.00	34.56		
	其他材料费			—	13.14	—	
	材料费小计			—	47.70	—	4 280.00

2. 措施项目清单与计价表的编制

编制内容主要是计算各项措施项目费，措施项目费应根据招标文件中的措施项目清单及投标时拟订的施工组织设计或施工方案按不同报价方式自主报价。措施项目清单计价应根据拟建工程的施工组织设计，对于可以精确计量的措施项目宜采用分部分项工程项目清单方式的综合单价计价，编制分部分项工程和单价措施项目清单与计价表，见表 5-9；对于不能精确计量的措施项目，应编制总价措施项目清单与计价表，见表 5-10。投标人对措施项目中的总价项目投标报价应遵循以下原则：

(1)措施项目的内容应依据招标人提供的措施项目清单和投标人投标时拟订的施工组织设计或施工方案确定。

(2)措施项目费由投标人自主确定，但其中安全文明施工费必须按照国家或省级行业建设主管部门的规定计价，不得作为竞争性费用。招标人不得要求投标人对该项费用进行优惠，投标人也不得将该项费用参与市场竞争。

表 5-9　　　　　　　　分部分项工程和单价措施项目清单与计价表

工程名称：爱尚山水城一期住宅工程　　　　　　标段：　　　　　　　　　　　　第　页　共　页

序号	项目编码	项目名称	项目特征描述	计量单位	工程量	金额/元	
						综合单价	合价
1	011701001001	综合脚手架	框剪结构，檐口高度 73.65 m	m^2	7 500	2.16	16 200
2	011702014001	现浇钢筋混凝土有梁板及支架	矩形梁，断面 200 mm×400 mm，梁底支模高度 2.6 m，板底支模高度 3 m	m^2	1 500	25	37 500

续表

序号	项目编码	项目名称	项目特征描述	计量单位	工程量	金额/元	
						综合单价	合价
3	011702016001	现浇混凝土平板模板及支架	矩形板，支模高度 3 m	m^2	1 200	20	24 000
			……				
本页小计							85 200
合计							195 401

表 5-10　　总价措施项目清单与计价表

工程名称：爱尚山水城一期住宅工程　　标段：　　第　页　共　页

序号	项目编码	项目名称	计算基础	费率/%	金额/元	调整费率/%	调整后金额/元	备注
1	011707001001	安全文明施工费	定额人工费	25	209 650			
2	011707002001	夜间施工增加费	定额人工费	1.5	12 579			
3	011707004001	二次搬运费	定额人工费	1	8 386			
4	011707005001	冬雨季施工增加费	定额人工费	0.6	5 032			
5	011707007001	已完工程及设备保护费			6 000			
		……						
合计					241 647			

3. 其他项目清单与计价表的编制

其他项目费主要包括暂列金额、暂估价、计日工以及总承包服务费，见表 5-11。

表 5-11　　其他项目清单与计价表

工程名称：爱尚山水城一期住宅工程　　标段：　　第　页　共　页

序号	项目名称	金额/元	结算金额/元	备注
1	暂列金额	306 000		明细详见表 5-12
2	暂估价	1 045 000		
2.1	材料（工程设备）暂估价/结算价	845 000		明细详见表 5-13
2.2	专业工程暂估价/结算价	200 000		明细详见表 5-14
3	计日工	29 780		明细详见表 5-15
4	总承包服务费	20 760		明细详见表 5-16
	……			
合计				—

投标人对其他项目费投标报价时应遵循以下原则：

(1)暂列金额应按照招标人提供的其他项目清单中列出的金额填写，不得变动（表 5-12）。

表 5-12 **暂列金额明细表**

工程名称：爱尚山水城一期住宅工程　　　　标段：　　　　第　页　共　页

序号	项目名称	计量单位	暂定金额/元	备注
1	工程量清单中工程量偏差和设计变更	项	101 000	
2	政策性调整和材料价格风险	项	102 000	
3	其他	项	103 000	
合计			306 000	

(2)暂估价不得变动和更改。暂估价中的材料、工程设备暂估价必须按照招标人提供的暂估单价计入清单项目的综合单价，见表 5-13；专业工程暂估价必须按照招标人提供的其他项目清单中列出的金额填写，见表 5-14。材料、工程设备暂估单价和专业工程暂估价均由招标人提供，为暂估价格，在工程实施过程中，对于不同类型的材料与专业工程采用不同的计价方法。

表 5-13 **材料(工程设备)暂估单价表**

工程名称：爱尚山水城一期住宅工程　　　　标段：　　　　第　页　共　页

序号	材料(工程设备)名称、规格、型号	计算单位	数量		暂估/元		确认/元		差额±/元		备注
			暂估	确认	单价	合价	单价	合价	单价	合价	
1	钢筋(规格见施工图)	t	200		4 000		800 000				用于现浇钢筋混凝土项目
2	低压开关柜(CGD190 380/220 V)	台	1		45 000		45 000				用于低压开关柜安装项目
	……										
合计							845 000				

表 5-14 **专业工程暂估价表**

工程名称：爱尚山水城一期住宅工程　　　　标段：　　　　第　页　共　页

序号	工程名称	工程内容	暂估金额/元	结算金额/元	差额±/元	备注
1	消防工程	合同图纸中标明的以及消防工程规范和技术说明中规定的各系统中的设备、管道、阀门、线缆等的供应、安装和调试工作	200 000			
	……					
合计			200 000			

(3)计日工应按照招标人提供的其他项目清单列出的项目和估算的数量，自主确定各项综合单价并计算费用，见表 5-15。

表 5-15　　　　　　　　　　　　　　计日工表

工程名称：爱尚山水城一期住宅工程　　　　　　　标段：　　　　　　　　　　　第　页　共　页

序号	项目名称	单位	暂定数量	综合单价/元	合价/元
一	人工				
1	普工	工日	200	56	11 200
2	技工	工日	50	86	4 300
3	高级技工	工日	20	129	2 580
人工小计					18 080
二	材料				
1	钢筋(规格、型号综合)	t	1	5 000	5 000
2	水泥 42.5	t	2	460	920
3	中砂	m^3	10	83	830
4	砾石(5～40 mm)	m^3	5	46	230
5	蒸压灰砂砖(240 mm×115 mm×53 mm)	千块	1	230	230
材料小计					7 210
三	施工机械				
1	自升式塔式起重机(起重力矩 1 250 kN·m)	台班	5	840	4 200
2	灰浆搅拌机(400 L)	台班	2	65	130
3	交流弧焊机(30 kV·A)	台班	1	160	160
施工机械小计					4 490
总计					29 780

(4)总承包服务费应根据招标人在招标文件中列出的分包专业工程内容和供应材料、设备情况，按照招标人提出的协调、配合与服务要求和施工现场管理需要自主确定，总承包服务费计价表见表 5-16。

表 5-16　　　　　　　　　　　　　总承包服务费计价表

序号	项目名称	项目价值/元	服务内容	计算基础	费率/%	金额/元
1	发包人发包专业工程	200 000	1. 按专业工程承包人的要求提供施工工作面并对施工现场进行统一管理，对竣工资料进行统一整理汇总；2. 为专业工程承包人提供垂直运输机械和焊接电源接入点，并承担垂直运费和电费	项目价值	7	14 000
2	发包人提供材料	845 000	对发包人供应的材料进行验收及保管和使用发放	项目价值	0.8	6 760
	合计	—	—		—	20 760

4. 规费、税金项目清单与计价表的编制

规费和税金应按国家或省级、行业建设主管部门的规定计算，不得作为竞争性费用。这是由于规费和税金的计取标准是依据有关法律、法规和政策规定制定的，具有强制性。因此，投标人在投标报价时必须按照国家或省级、行业建设主管部门的有关规定计算规费和税金。规费、税金项目清单与计价表的编制见表5-17。

表5-17　　规费、税金项目清单与计价表

工程名称：爱尚山水城一期住宅工程　　标段：　　第　页　共　页

序号	项目名称	计算基础	费率/%	金额/元
1	规费			104 272
1.1	社会保险费	(1)+(2)+(3)+(4)+(5)		81 928
(1)	养老保险费	人工费	14	52 136
(2)	失业保险费	人工费	2	7 448
(3)	医疗保险费	人工费	6	22 344
(4)	生育保险费			
(5)	工伤保险费			
1.2	住房公积金	人工费	6	22 344
1.3	工程排污费	按工程所在地环保部门规定按实计算		
2	税金	分部分项工程费+措施项目费+其他项目费+规费	3.477	72 550.57
合计				176 822.57

5. 投标价的汇总

投标人的投标总价应当与组成工程量清单的分部分项工程费、措施项目费、其他项目费和规费、税金的合计金额相一致，即投标人在进行工程量清单招标的投标报价时，不能进行投标总价优惠（或降价、让利），投标人对投标报价的任何优惠（或降价、让利）均应反映在相应清单项目的综合单价中。

施工企业某单位工程投标报价汇总表，见表5-18。

表5-18　　单位工程投标报价汇总表

工程名称：爱尚山水城二期住宅工程　　标段：　　第　页　共　页

序号	汇总内容	金额/元	其中：暂估价/元
1	分部分项工程	6 134 749	845 000
……			
0105	混凝土及钢筋混凝土工程	2 432 419	800 000
……			
2	措施项目	738 257	
2.1	其中：安全文明施工费	209 650	
3	其他项目	597 288	
3.1	其中：暂列金额	350 000	
3.2	其中：专业工程暂估价	200 000	
3.3	其中：计日工	26 528	
3.4	其中：总承包服务费	20 760	
4	规费	239 001	
5	税金（扣除不列入计税范围的工程设备金额）	268 284	
投标报价合计=1+2+3+4+5		7 977 579	845 000

知识链接

投标报价的策略与技巧

投标策略是指承包人在投标竞争中的指导思想与系统工作部署，及其参与投标竞争的方式和手段。它作为投标获胜的方式、手段和艺术，贯穿于投标竞争的始终。常用的投标报价的策略有以下几种：

1. 根据招标项目的不同特点而采用不同的投标报价(表 5-19)

表 5-19　招标项目的特点与适用的投标报价

投标报价可高一些的情况	投标报价可低一些的情况
1. 施工条件差的工程； 2. 专业要求高的技术密集型工程，而本公司在这方面又有专长，声望也较高； 3. 总价低的小工程，以及自己不愿做且不方便不投标的工程； 4. 特殊的工程，如港口码头、地下开挖工程等； 5. 工期要求急的工程； 6. 投标对手少的工程； 7. 支付条件不理想的工程	1. 施工条件好的工程，工作简单、工程量大而一般公司都可以做的工程； 2. 本公司目前急于打入某一市场、某一地区，或在该地区面临工程结束，机械设备等无工地转移时； 3. 本公司在附近有工程，而本项目又可利用该工程的设备、劳务； 4. 有条件短期内突击完成的工程； 5. 投标对手多，竞争激烈的工程； 6. 非急需工程； 7. 支付条件好的工程

2. 不平衡报价法

不平衡报价法是指一个工程项目总报价基本确定后，通过调整内部各个项目的报价，以期既不提高总报价、不影响中标，又能在结算时得到更理想的经济效益的方法。一般可以考虑在以下几方面采用不平衡报价：

(1)能够早日结账收款的项目(如开办费、基础工程、土方开挖、桩基等)可适当提高。

(2)预计今后工程量会增加的项目，单价可适当提高，这样在最终结算时可多赚钱；将工程量可能减少的项目单价降低，工程结算时损失不大。

上述两种情况要统筹考虑，即对于工程量有错误的早期工程，如果实际工程量可能小于工程量表中的数量，则不能盲目抬高单价，要具体分析后再定。

(3)设计图纸不明确，估计修改后工程量要增加的，可以提高单价；而工程内容解说不清楚的，则可适当降低一些单价，待澄清后可再要求提价。

(4)暂定项目，又叫任意项目或选择项目，对这类项目要具体分析。

注意：采用不平衡报价一定要建立在对工程量表中的工程量仔细核对分析的基础上，特别是对报低单价的项目，如工程量执行时增多将造成承包人的重大损失；不平衡报价过多和过于明显，可能会引起业主反对，甚至导致废标。

3. 计日工单价的报价

若是单纯报计日工单价，且不计入总报价中，可以报高些，以便在业主额外用工或使用施工机械时多盈利。但如果计日工单价要计入总报价时，则需具体分析是否报高价，以免抬高总报价。总之，要先分析业主在开工后可能使用的计日工数量，再来确定报价方针。

4. 可供选择的项目的报价

有些工程项目的分项工程，业主可能要求按某一方案报价，而后再提供几种可供选择方案的比较报价。例如，某住房工程的地面水磨石砖，工程量表中要求按 25 cm×25 cm×2 cm 的规格报价；另外，还要求投标人用更小规格砖 20 cm×20 cm×2 cm 和更大规格砖 30 cm×30 cm×3 cm 作为可供选择项目报价。投标时，除对几种水磨石地面砖调查询价外，还应对当地习惯用砖情况进行调查。对于将来有可能被选择使用的地面砖铺砌应适当提高其报价；对于当地难以供货的某些规格地面砖，可将价格有意抬高得更多一些，以阻挠业主选用。但是，"可供选择项目"并非由承包人任意选择，而是业主才有权进行选择。因此，我们虽然适当提高了可供选择项目的报价，并不意味着肯定可以取得较好的利润，只是提供了一种可能性，一旦业主今后选用，承包人即可得到额外加价的利益。

5. 暂定工程量的报价

暂定工程量通常有三种情况，对于不同的情况应采用不同的报价，见表 5-20。

表 5-20　暂定工程量的报价技巧

具体情况	报价技巧
业主规定了暂定工程量的分项内容和暂定总价款，并规定所有投标人都必须在总报价中加入这笔固定金额，但由于分项工程量不是很准确，允许将来按投标人所报单价和实际完成的工程量付款	适当提高暂定工程量的单价
业主列出了暂定工程量的项目的数量，但并没有限制这些工程量的估价总价款，要求投标人既应列出单价，也应按暂定项目的数量计算总价，当将来结算付款时可按实际完成的工程量和所报单价支付	必须慎重考虑，一般来说可采用正常价格。若估计实际工程量肯定会增大，则可适当提高单价
只有暂定工程的一笔固定总金额，将来这笔金额的用途由业主确定	按招标文件要求将规定的暂定款列入总报价即可

6. 多方案报价法

对于一些招标文件，如果发现工程范围不是很明确，条款不清楚或很不公正，或技术规范要求过于苛刻，则要在充分估计投标风险的基础上，按多方案报价法处理。即是按原招标文件报一个价，然后再提出，如某某条款发生某些变动，报价可降低多少，由此可报出一个较低的价。这样，可以降低总价，吸引业主。

7. 增加建议方案

有时招标文件中规定，可以提一个建议方案，即可以修改原设计方案，提出投标者的方案。投标者这时应抓住机会，组织一批有经验的设计和施工工程师，对原招标文件的设计和施工方案仔细研究，提出更为合理的方案以吸引业主，促进自己的方案中标。这种新建议方案可以降低总造价或是缩短工期，或使工程运用更为合理。

注意：对原招标方案一定也要报价。建议方案不要写得太具体，要保留方案的技术关键，防止业主将此方案交给其他承包人。同时要强调的是，建议方案一定要比较成熟，有很好的可操作性。

8. 分包商报价的采用

总承包人在投标前找2～3家分包商分别报价，而后选择其中一家信誉较好、实力较强和报价合理的分包商签订协议，同意该分包商作为本分包工程的唯一合作者，并将分包商的姓名列到投标文件中，要求该分包商相应地提交投标保函。使得分包商的利益同投标人捆在一起，不但可以防止分包商事后反悔和涨价，还可能迫使分包时报出较合理的价格，以便共同争取中标。

9. 无利润报价

缺乏竞争优势的承包人，在不得已的情况下，只好在算标中根本不考虑利润去夺标。这种办法一般是处于以下条件时采用：

(1)中标后有可能将大部分工程分包给索价较低的一些分包商。

(2)对于分期建设的项目，以低价获得首期工程，而后赢得机会创造第二期工程中的竞争优势，并在以后的实施中赚得利润。

(3)承包人没有在建的工程项目，难以维持生存。只要能有一定的管理费维持公司的日常运转，就可设法度过暂时的困难，以图将来东山再起。

5.4 综合应用案例

【综合案例 5-1】

某土石方工程，基础为C20混凝土条形基础，基础垫层为C10，垫层宽度为1.4 m，高0.2 m。挖土深度为2 m，基础总长为200 m。设计室外地坪以下的基础体积为285 m^3，垫层体积为48 m^3。要求用工程量清单计价法计算挖基础土方、土方回填工程的清单项目投标综合单价，并计算投标报价。

【案例解析】

(1)招标人计算清单工程量

基础土方工程量＝1.4×2×200＝560 m^3

基础回填土工程量＝560－(285＋48)＝227 m^3

将结果填入分部分项工程项目清单。

(2)投标人报价计算

某承包人拟投标此项目，根据该企业的管理水平确定管理费按工料机之和的15％计取，利润率和风险系数以工料机和管理费为基数按5％计算。

①确定计算依据

根据地质资料和施工方案，该基础工程土质为三类土，基础土方为人工放坡开挖，弃土运距为200 m，根据《全国统一建筑工程基础定额》规定，工作面每边300 mm，自垫层上表面开始放坡，坡度系数为0.33，余土全部外运。表5-21为企业消耗量定额的有关内容和相关资源市场价格资料。

表 5-21　企业消耗量定额的有关内容和相关资源市场价格资料　m^3

项目		单位	人工挖三类土	回填夯实土	翻斗车运土
人工	综合工日(41.5元/工日)	工日	0.588	0.302	0.100
机械	机动翻斗车(92.4元/台班)	台班			0.070
	电动打夯机(31.2元/台班)			0.009	

②计算计价工程量

根据《全国统一建筑工程基础定额》的规定,计算计价工程量如下:

● 人工挖土方工程量的计算

基础挖土截面积=(1.4+2×0.3)×0.2+[1.4+2×0.3+0.33×(2−0.2)]×(2−0.2)
=5.069 m^2

基础挖土工程量=5.069×200=1 013.80 m^3

● 基础回填土工程量的计算

基础回填土工程量=基础挖土工程量−室外地坪标高以下的埋设物
=1 013.8−285−48=680.80 m^3

● 余土运输工程量的计算

余土运输工程量=基础挖土工程量−基础回填土工程量
=1 013.8−680.80=333.00 m^3

③计算综合单价

● 挖基础土方综合单价(工作内容包括人工挖土方、翻斗车运土方,运距 200 m)的计算

工料机费用合计=(1 013.80×0.588+333.00×0.100)×41.5+333.00×0.070×92.4
=28 274.54 元

综合单价=28 274.54×(1+15%)×(1+5%)/560=60.97 元/m^3

● 基础回填土综合单价的计算

工料机费用合计=680.80×(0.302×41.5+0.009×31.2)=8 723.64 元

综合单价=8 723.64×(1+15%)×(1+5%)/227=46.40 元/m^3

④填列分部分项工程项目清单综合单价分析表(略)

⑤填列分部分项工程项目清单与计价表(表 5-22)

⑥投标总价

投标总价应当与分部分项工程费、措施项目费、其他项目费和规费、税金的合计金额一致。

表 5-22　分部分项工程项目清单与计价表

工程名称:××××工程　　　　标段:　　　　第　页 共　页

序号	项目编码	项目名称	项目特征描述	计量单位	工程量	金额/元		
						综合单价	合价	其中:暂估价
1	010101003001	挖基础土方	三类土,条形基础,挖土深度 2 m,垫层宽 1.4 m,弃土运距 200 m	m^3	560	60.97	34 143.20	
2	010103001001	土方回填		m^3	227	46.40	10 532.80	
3	合计						44 676.00	

【综合案例 5-2】

某市兴建一座体育馆,全部由政府投资建设。该项目为该省建设规划的重点项目之一,且已列入地方年度固定投资计划,该工程征地工作尚未全部完成,施工图纸及有关技术资料齐全。业主决定对该项目进行邀请招标。因估计除本市施工企业参加投标外还可能有外省市施工企业参加投标,故招标人委托咨询单位编制了两个标底,准备分别用于对本市和外省市施工企业投标价的评定。业主于 2018 年 6 月 1 日向具备承担该项目能力的 A、B、C、D、E 五家承包人发出投标邀请书,其中说明,6 月 5 日、6 日在招标人总工程师室领取招标文件,6 月 17 日 16 时为投标截止时间。该五家承包人均领取了招标文件。发放招标文件后,6 月 10 日召开了招标预备会,对投标单位所提出的问题做了书面解答。6 月 13 日,组织各投标单位进行了施工现场踏勘。6 月 17 日 16 时前 2 小时,上述五家承包人都递交了投标书。

问题:上述招标工作存在哪些不妥之处,正确的做法是什么?

【案例解析】

上述招标工作存在以下五点不妥之处:

(1)本项目征地工作尚未全部完成,不具备施工招标的必要条件,因而尚不能进行施工招标,却决定对该项目进行施工招标。

(2)根据《中华人民共和国招标投标法》的规定,该工程是由政府全部投资兴建的省级重点项目,所以应采取公开招标。

(3)编制了两个标底用于对本市和外省市的企业,违背了招投标的基本原则。

(4)从发售招标文件到投标截止时间少于 20 天。

(5)投标预备会后再进行现场踏勘,程序安排不妥。

【综合案例 5-3】

已知某实训中心大楼工程的分部分项工程项目清单与计价表(节选)见表 5-23,措施项目清单与其他项目清单(略),试计算该工程的投标报价。

表 5-23　　分部分项工程项目清单与计价表(节选)

工程名称:某实训中心大楼　　标段:　　第 1 页　共 5 页

序号	项目编码	项目名称	项目特征描述	计量单位	工程量	金额/元		
						综合单价	合价	其中:暂估价
1	010101001001	平整场地	土壤类别:二类土; 平整厚度:10 cm	m^2	1 375.92			
2	010101004001	挖基坑土方	土壤类别:二类土; 基础类型:承台; 挖土深度:2 m 以内; 弃土运距:5 km	m^3	286.90			
3	010101003001	挖沟槽土方	土壤类别:二类土; 基础类型:地梁; 挖土深度:2 m 以内; 弃土运距:5 km	m^3	223.24			

续表

序号	项目编码	项目名称	项目特征描述	计量单位	工程量	金额/元		
						综合单价	合价	其中:暂估价
4	010101004002	挖基坑土方	土壤类别:二类土; 基础类型:承台; 挖土深度:4 m 以内; 弃土运距:5 km	m^3	82.30			
5	010101002001	挖一般土方	土壤类别:二类土; 基础类型:地下室满堂基础; 垫层底宽、底面积:23.4 m、1375.92 m^2; 挖土深度:2.7 m; 弃土运距:5 km	m^3	3 714.48			

【案例解析】

(1)单位工程投标报价汇总表,见表 5-24。

表 5-24　　单位工程投标报价汇总表(节选)

工程名称:某实训中心大楼　　标段:　　第 1 页　共 5 页

序号	汇总内容	金额/元	其中:暂估价/元
1	分部分项合计	3 753 602.8	
2	措施合计	828 550.69	
2.1	安全防护、文明施工措施项目费	319 428.24	
2.2	其他措施项目费	509 122.45	
3	其他项目	50 000	
3.1	暂列金额	50 000	
3.2	专业工程暂估价		
3.3	计日工		
3.4	总承包服务费		
4	规费	217 247.99	
5	税金	165 364.59	
6	总造价	5 014 766.07	

(2)分部分项工程项目清单与计价表(节选),见表 5-25。

表 5-25　　分部分项工程项目清单与计价表(节选)

工程名称:某实训中心大楼　　标段:　　第 1 页　共 5 页

序号	项目编码	项目名称	项目特征描述	计量单位	工程量	金额/元		
						综合单价	合价	其中:暂估价
1	010101001001	平整场地	土壤类别:二类土; 平整厚度:10 cm	m^2	1 375.92	3.77	5 187.22	

续表

序号	项目编码	项目名称	项目特征描述	计量单位	工程量	金额/元		
						综合单价	合价	其中：暂估价
2	010101004001	挖基坑土方	土壤类别：二类土； 基础类型：承台； 挖土深度：2 m 以内； 弃土运距：5 km	m^3	286.90	19.24	5 519.96	
3	010101003001	挖沟槽土方	土壤类别：二类土； 基础类型：地梁； 挖土深度：2 m 以内； 弃土运距：5 km	m^3	223.24	39.25	8 762.17	
4	010101004002	挖基坑土方	土壤类别：二类土； 基础类型：承台 12； 挖土深度：4 m 以内； 弃土运距：5 km	m^3	82.30	23.16	1 906.07	
5	010101002001	挖一般土方	土壤类别：二类土； 基础类型：地下室满堂基础； 垫层底宽、底面积：23.4 m、1375.92 m^2； 挖土深度：2.7 m； 弃土运距：5 km	m^3	3 714.48	19.10	70 946.57	

(3)措施项目清单与计价表和工程量清单综合单价分析表，见表 5-26～表 5-28。

表 5-26　　分部分项工程和单价措施项目清单与计价表

工程名称：某实训中心大楼　　标段：　　第　页　共　页

序号	项目编码	项目名称	项目特征描述	计量单位	工程量	金额/元	
						综合单价	合价
1	011701001001	综合脚手架	框剪结构 檐口高度 40.65 m	m^2	7 500	13.30	99 750
2	011702001001	现浇钢筋混凝土基础模板及支架	承台	m^2	1 500	40.80	61 200
3	011702001002	现浇钢筋混凝土基础模板及支架	地梁	m^2	1 200	29.90	35 880
4	011702001003	现浇钢筋混凝土基础模板及支架	地下室满堂基础	m^2	1 330	25.60	34 048
			……				
本页小计							230 878
合价							458 190.45

表 5-27　　　　　　　　　　　　总价措施项目清单与计价表

工程名称:某实训中心大楼　　　　　　　　标段:　　　　　　　　　　第　页　共　页

序号	项目编码	项目名称	计算基础	费率/%	金额/元	调整费率/%	调整后金额/元	备注
1	011707001001	安全文明施工费	定额人工费	25	319 428.25			
2	011707002001	夜间施工增加费	定额人工费	3	38 331.39			
3	011707004001	二次搬运费	定额人工费	2	25 554.26			
4	011707005001	冬雨季施工增加费	定额人工费	1	12 777.13			
		……						
合价					396 091.03			

表 5-28　　　　　　　　　　　　工程量清单综合单价分析表(节选)

工程名称:某实训中心大楼　　　　　　　　标段:　　　　　　　　　　第　页　共　页

项目编码	010101001001			项目名称	平整场地		计量单位	m²	清单工程量	1 375.92	
清单综合单价组成明细											
定额编号	定额名称	定额单位	数量	单价				合价			
				人工费	材料费	机械费	管理费和利润	人工费	材料费	机械费	管理费和利润
A1-1	平整场地	100 m²	0.01	295.2			82.31	2.95			0.82
人工单价				小计				2.95			0.82
80 元/工日				未计价材料费							
清单项目综合单价								3.77			
材料费明细	主要材料名称、规格、型号				单位	数量		单价/元	合价/元	暂估单价/元	暂估合价/元
	其他材料费										
	材料费小计										

本章小结

本模块包括三部分内容,简单介绍了建设工程招投标的概念,建设工程招标的范围、规模、主要类别和形式,重点阐述了建设工程招标程序,最高投标限价的编制依据、原则和方法;建设工程施工投标的程序、投标报价的编制方法以及投标报价的策略与技巧。最后还对最高投标限价与标底的区别进行了比较。

具体的招投标的工作内容,由其他相关课程专门介绍,本模块不再赘述。通过本模块的学习,学生应重点掌握最高投标限价和投标报价的编制方法,在学习过程中,学生可参考相关的资料(如招标投标相关法规、工程量清单计价规范等)。

在线自测

模块 5

模块 6 建设工程施工阶段工程造价控制

模块 6

子模块	知识目标	能力目标
施工阶段工程造价的控制	了解施工阶段工程造价控制的特点；明确施工阶段工程造价控制的任务	能明确施工阶段工程造价控制的特点与任务
工程变更及合同价款的调整	了解工程变更的分类；熟悉工程变更处理的程序；掌握合同价款调整的方法	能进行工程变更的处理及合同价款的调整
工程索赔	了解工程索赔的概念与分类；明确工程索赔产生的原因；熟悉工程索赔处理的程序；掌握工程索赔处理的原则与计算方法	能正确处理工程索赔事件，并进行相关计算工作
建筑工程价款结算	了解建筑工程价款结算的方式；掌握建筑工程预付款和进度款的计算方法	能进行建筑工程价款结算
资金使用计划的编制与应用	了解施工阶段资金使用计划编制的作用和方法；了解投资偏差产生的原因及纠偏措施；掌握投资偏差分析的方法	能进行投资偏差和进度偏差的计算，并分析其原因，采取纠偏措施

6.1 施工阶段工作特点及工程造价控制的任务和工作流程

建设工程的施工阶段是根据设计图纸将工程设计者的意图建设成各种建筑产品的一个过程，是实际投入资金最多、最集中的阶段。相对于建设工程其他阶段，工程造价控制（工程结算）阶段更为具体，影响因素更为繁多，因此该阶段工程造价的控制更为重要。

6.1.1 施工阶段工作特点

施工阶段工程造价的管理

1. 影响因素众多

在施工阶段存在众多干扰因素，其中以人员、材料、设备、机械与机具、设计方案、工作方法和工作环境等方面的因素较为突出。所以要求在施工阶段要做好风险管理，以减少风险的发生。

2. 涉及单位众多

在施工阶段，不但有项目业主、承包人、材料供应商、设备厂家、设计单位等直接参加建设的单位，还涉及政府相关部门、工程毗邻单位等工程建设项目组织外的有关部门与机构。所以协调好各方关系显得尤为重要。

3. 投入资金最多

从资金投放量上来说，施工阶段是资金投放量最大的阶段。该阶段中所需的各种材料、机具、设备、人员全部要进入现场，投入到工程建设的实质性工作中。如图 6-1 所示，从建设项目各阶段投入的资金比较可以看出，施工阶段投入资金最多。

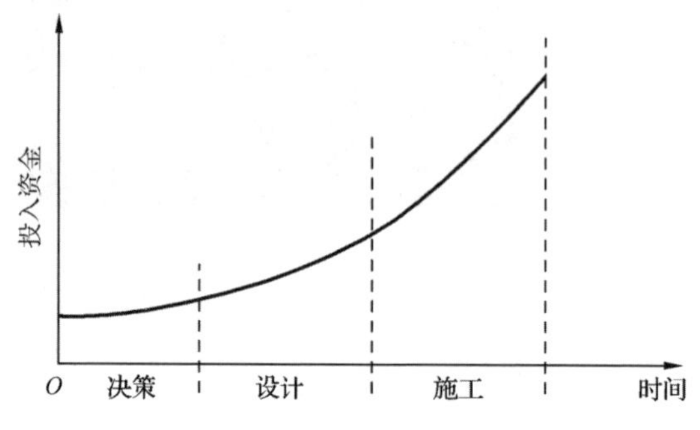

图 6-1　建设项目各阶段投入资金比较

4. 工作量最大，内容繁杂

在建设项目整个周期内，施工期的时间最长，工作量最大，监理内容最多，工作量最繁重。有70%～80%的工作量是在此期间完成的。

5. 持续时间长、动态性强

施工阶段合同数量多，存在频繁和大量的支付关系。由于对合同条款理解上的差异，以及合同中不可避免地存在着含糊不清和矛盾的内容，加上外部环境变化引起的分歧等，合同纠纷会经常出现，各种索赔事件不断发生，矛盾增多，使得该阶段持续时间长、动态性强。

6. 应加强系统过程控制

任何项目都是通过施工实现从无到有，由小到大，逐步形成工程实体的。在此过程中前道工序工程质量对后道工序工程质量有直接影响，每一道工序的质量，必然会影响整个工程的质量，所以要对施工阶段全部工序进行检验，进行严格的系统过程控制。

7. 工程信息内容广、数量大、时间性强

在施工阶段，工程状态时刻在变化，各种工程信息和外部环境信息的数量大、类型多、周期短、内容杂。因此，在施工过程中伴随着控制而进行的计划调整和完善，尽量以执行计划为主，不要更改计划，造成索赔。

6.1.2　施工阶段工程造价控制的任务

施工阶段是实现建设工程价值的主要阶段，也是资金投入最多的阶段。在实践中，往往把施工阶段作为工程造价控制的重要阶段。在施工阶段工程造价控制的主要任务是通过工程付款控制、工程变更费用控制、预防并处理好费用索赔、挖掘节约工程造价潜力来实现实际发生费用不超过计划投资额。施工阶段工程造价控制的工作内容包括技术、经济、合同、组织等几个方面。

1. 在技术工作方面

(1)继续寻找通过设计挖掘节约造价的可能性。

(2)对设计变更进行技术系统比较，严格控制设计变更。

(3)审核承包人编制的施工组织设计，对主要施工方案进行技术经济分析。

2. 在经济工作方面

(1)编制资金使用计划,确定、分解工程造价控制目标。

(2)对工程项目造价控制目标进行风险分析,并确定防范性对策。

(3)进行工程计量。

(4)复核工程付款账单,签发付款证书。

(5)在施工过程中进行工程造价跟踪控制,定期进行造价实际支出值与计划目标的比较。发现偏差并分析产生偏差的原因,采取纠偏措施。

(6)协商确定工程变更的价款。

(7)审核竣工结算。

(8)对工程施工过程中的造价支出做好分析与预测,经常或定期向业主提交项目造价控制的方案及其存在的问题。

3. 在合同工作方面

(1)作好工程施工记录,保存各种文件图纸,特别要注意有实际变更情况的图纸,为可能发生的索赔提供依据。

(2)参与索赔事宜。

(3)参与合同修改、补充工作,着重考虑它对造价控制的影响。

4. 在组织工作方面

(1)编制本阶段工程造价的工作计划和详细的工作流程图。

(2)在项目管理班子中落实从工程造价控制角度进行施工跟踪的人员分工、任务分工和职能分工等。

6.1.3 施工阶段工程造价控制的工作流程

施工阶段工程造价控制的工作流程如图 6-2 所示。

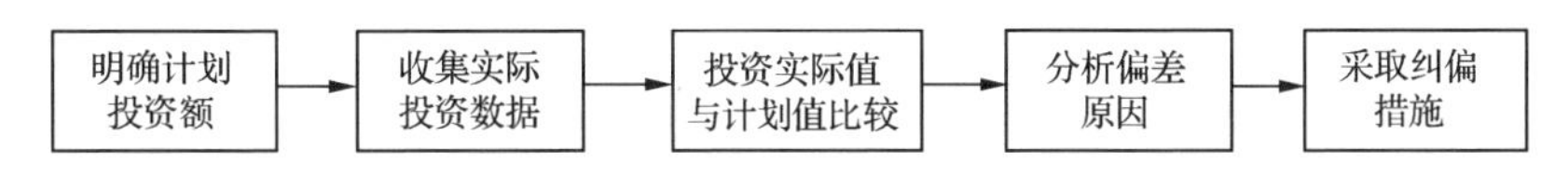

图 6-2 施工阶段工程造价控制的工作流程

6.2 工程变更及其合同价款的调整

工程变更和合同价款的调整(1)

在工程项目的实施过程中,工程建设的周期长、涉及的经济关系和法律关系复杂、受自然条件和客观因素的影响大,导致项目的实际情况与项目招标投标时的情况相比会发生一些变化。这些变化会导致发承包双方在施工合同中约定的合同价款可能会出现变动。为合理分配双方的合同价款变动风险,有效地控制工程造价,发承包双方应当在施工合同中明确约定合同价款的调整事件、调整方法及调整程序。

工程变更是发承包双方按照合同约定调整合同价款的主要事项,经发承包双方确认调整的合同价款,作为追加(减)合同价款,应与工程进度款或结算款同期支付。

6.2.1 工程变更的概念与范围

1. 工程变更的概念

工程变更是指在合同实施过程中由发包人提出或由承包人提出，经发包人批准的对合同工程的工作内容、工程数量、质量要求、施工顺序与时间、施工条件、施工工艺或其他特征及合同条件等的改变。工程变更指令发出后，应当迅速落实指令，全面修改相关的各种文件。承包人也应当抓紧落实，如果承包人不能全面落实变更指令，则扩大的损失应当由承包人承担。

2. 工程变更的范围

《建设工程施工合同(示范文本)》(GF—2017—0201)规定，工程变更的范围和内容包括：

(1)增加或减少合同中任何工作或追加额外的工作。

(2)取消合同中任何工作，但转由他人实施的工作除外。

(3)改变合同中任何工作的质量标准或其他特性。

(4)改变工程的基线、标高、位置和尺寸。

(5)改变工程的时间安排或实施顺序。

工程变更和合同价款的调整(2)

6.2.2 工程变更合同价款的调整方法

1. 分部分项工程费的调整

工程变更引起分部分项工程项目发生变化的，应按照下列规定调整：

(1)已标价工程量清单中有适用于变更工程项目的，且工程变更导致的该清单项目的工程数量变化不足±15%时，采用该项目的单价。

工程变更后直接采用适用的项目单价调整合同价款的判断依据包括：

①变更项目与合同中已有项目性质相同，即两者的图纸尺寸、施工工艺和方法、材质完全一致。

②变更项目与合同中已有项目施工条件一致。

③变更工程的增减工程量在执行原有单价的合同约定幅度范围内。

④合同已有项目的价格没有明显偏高或偏低。

⑤不因变更工作增加关键线路上工程的施工时间。

这类变更主要体现为工程量清单原有工程量的改变，即在合同约定幅度内增加或减少。

【例 6-1】 某独立土方工程，招标工程量清单中估计工程量为 100 万立方米，合同中规定：土方工程单价为 5 元/m^3，当实际工程量超过估计工程量 15%时，调整单价，单价调为 4 元/m^3。工程结束时实际完成土方工程量为 130 万立方米，则土方工程款为多少万元?

【解】 合同约定范围内(即 15%以内)的工程款为：100×(1+15%)×5=115×5=575 万元

超过 15%之后部分工程量的工程款为：(130－115)×4=60 万元

则土方工程款合计=575+60=635 万元

(2)已标价工程量清单中没有适用、但有类似于变更工程项目的，可在合理范围内参照类似项目的单价或总价调整。

工程变更后采用类似的项目单价调整合同价款的判断依据包括：

①变更项目与合同中已有项目，两者的施工图改变，但是施工方法、材料、施工条件不变。

②变更项目与合同中已有的项目，两者的材质改变，但是人工、材料、机械消耗量不变，施工

方法、施工条件不变。

说明：

● 对于仅改变施工图的工程变更项目，可以采用以下两种方法确定变更项目综合单价。

比例分配法：　　变更项目综合单价＝投标综合单价×调整系数　　(6-1)

数量插入法：　变更项目综合单价＝原项目综合单价＋变更新增部分的单价　　(6-2)

变更新增部分的单价＝变更新增部分净成本×(1＋管理费率)(1＋利润率)　　(6-3)

● 对于只改变材质，但是人工、材料、机械消耗量不变，施工方法、施工条件均不变的情况，变更项目的综合单价只需将原有项目综合单价中材料的组价进行替换，替换为新材料组价，即变更项目的人工费、施工机具费执行原清单项目中的人工费、施工机具费；变更项目的材料消耗量执行报价清单中的消耗量；对报价清单中的材料单价可按市场价或信息价进行调整；变更工程的管理费执行原合同中确定的费率。

【例 6-2】 某堤防工程挖方、填方以及路面三项细目合同内的工程量清单表中，泥结石路面原设计厚度为 20 cm，其单价为 24 元/m^2。现泥结石路面设计厚度变更为 22 cm。那么变更后的路面单价是多少？

【解】 由于施工工艺、材料、施工条件均未发生变化，只改变了泥结石路面的厚度，所以只将泥结石路面的单价按比例进行调整即可。

按上述原则可求出变更后路面的单价为：24×22/20＝26.40 元/m^2。

【例 6-3】 某合同中沥青路面原设计厚度为 5 cm，其单价为 160 元/m^2。现进行设计变更，沥青路面改为 7 cm 厚。经测定沥青路面增厚 1 cm 的净成本是 30 元/m^2，若测算原综合单价的管理费率为 6%，利润率为 5%，那么调整后的单价是多少？

【解】 变更新增部分的单价：X＝30×2×(1＋0.06)×(1＋0.05)＝66.78 元/m^2

则调整后的单价为：160＋X＝160＋66.78＝226.78 元/m^2

(3)已标价工程量清单中没有适用也没有类似于变更工程项目的，由承包人根据变更工程资料、计量规则和计价办法、工程造价管理机构发布的信息(参考)价格和承包人报价浮动率，提出变更工程项目的单价或总价，报发包人确认后调整。承包人报价浮动率可按下列公式计算：

①实行招标的工程：　承包人报价浮动率 L＝(1－中标价/最高投标限价)×100%　　(6-4)

②不实行招标的工程：　承包人报价浮动率 L＝(1－报价值/施工图预算)×100%　　(6-5)

注：上述公式中的中标价、最高投标限价或报价值、施工图预算，均不含安全文明施工费。

对于这种情况，通常集中在变更项目与已有项目的性质不同，原清单单价无法套用、施工条件与环境不同、变更工作增加了关键线路上的施工时间等情况下。这时可采用实际组价法，定额组价法，数据库预测法，考虑浮动率的成本加利润法确定变更后的项目单价。

【例 6-4】 某建筑工程最高投标限价为 8 413 949 元，承包人的投标报价为 7 972 282 元，试计算承包人报价浮动率。在施工过程中，屋面防水采用 PE 高分子防水卷材(1.5 mm)，但清单项目中无类似项目，工程造价管理机构发布的该卷材单价为 18 元/m^2，项目所在地定额人工费为 3.78 元，除卷材外的其他材料费为 0.65 元，管理费和利润为 1.13 元，试问该项目综合单价如何确定？

【解】 ①报价浮动率 L ＝(1－7 972 282/8 413 949)×100%＝5.25%

②该项目的综合单价＝(3.78＋18＋0.65＋1.13)×(1－5.25%)＝23.56×94.75%

＝22.32 元

即发承包双方可按 22.32 元协商确定该项目综合单价。

（4）已标价工程量清单中没有适用也没有类似于变更工程项目，且工程造价管理机构发布的信息（参考）价格缺价的，由承包人根据变更工程资料、计量规则、计价办法和通过市场调查等有合法依据的市场价格提出变更工程项目的单价或总价，报发包人确认后调整。

2. 措施项目费的调整

工程变更引起措施项目发生变化，承包人提出调整措施项目费的，应事先将拟实施的方案提交发包人确认，并详细说明与原方案措施项目相比的变化情况。拟实施的方案经发承包双方确认后执行并应按照下列规定调整措施项目费：

（1）安全文明施工费，按照实际发生变化的措施项目调整，不得浮动。

（2）采用单价计算的措施项目费，根据实际发生变化的措施项目按前述分部分项工程费的调整方法确定单价。

（3）按总价（或系数）计算的措施项目费，除安全文明施工费外，按照实际发生变化的措施项目调整，但应考虑承包人报价浮动因素，即调整金额按照实际调整金额乘以按照式（6-4）或式（6-5）得出的承包人报价浮动率（L）计算。

如果承包人未事先将拟实施的方案提交给发包人确认，则视为工程变更没有引起措施项目费的调整或承包人放弃调整措施项目费的权利。

3. 删减工程或工作的补偿

如果发包人提出的工程变更，因非承包人原因删减了合同中的某项原定工作或工程，致使承包人产生的费用或得到的收益不能被包括在其他已支付或应支付的项目中，也未被包含在任何替代的工作或工程中，则承包人有权提出并得到合理的费用及利润补偿。

6.2.3 常见变更类事项引起的合同价款调整

1. 工程量偏差

（1）工程量偏差的概念

工程量偏差是指承包人根据发包人提供的图纸（或由承包人提供经发包人批准的图纸）进行施工，按照现行国家工程量计算规范规定的工程量计算规则，计算得到的完成合同工程项目应予计量的工程量与相应的招标工程量清单项目列出的工程量出现的量差。

（2）合同价款的调整方法

施工合同履行期间，若应予计算的实际工程量与招标工程量清单列出的工程量出现偏差，或者因工程变更等非承包人原因导致工程量偏差，则该偏差对工程量清单项目的综合单价将产生影响，对于是否调整综合单价以及如何调整，发承包双方应当在施工合同中约定。如果合同中没有约定或约定不明的，可以按以下原则办理：

①综合单价的调整原则。当应予计算的实际工程量与招标工程量清单出现偏差（包括因工程变更等原因导致的工程量偏差）超过15%时，对综合单价的调整原则为：当工程量增加15%以上时，其增加部分的工程量的综合单价应予调低；当工程量减少15%以上时，减少后剩余部分的工程量的综合单价应予调高。至于具体的调整方法，可参见式（6-6）和式（6-7）。

当 $Q_1>1.15Q_0$ 时：

$$S=1.15Q_0\times P_0+(Q_1-1.15Q_0)\times P_1 \tag{6-6}$$

当 $Q_1 < 0.85Q_0$ 时

$$S = Q_1 \times P_1 \tag{6-7}$$

式中　S——调整后的某一分部分项工程费结算价；

Q_1——最终完成的工程量；

Q_0——招标工程量清单中列出的工程量；

P_1——按照最终完成工程量重新调整后的综合单价；

P_0——承包人在工程量清单中填报的综合单价。

新综合单价 P_1 的确定方法：新综合单价 P_1 的确定，一是发承包双方协商确定，二是与最高投标限价相联系，当工程量偏差项目出现承包人在工程量清单中填报的综合单价与发包人最高投标限价相应清单项目的综合单价偏差超过 15%时，工程量偏差项目综合单价的调整可参考式(6-6)和式(6-7)

当 $P_0 < P_2 \times (1-L) \times (1-15\%)$ 时，P_1 按照 $P_2 \times (1-L) \times (1-15\%)$ 调整；

当 $P_0 > P_2 \times (1+15\%)$ 时，P_1 按照 $P_2 \times (1+15\%)$ 调整；

当 $P_0 > P_2 \times (1-L) \times (1-15\%)$ 且 $P_0 < P_2 \times (1+15\%)$ 时，P_1 可不调整。

式中　P_0——承包人在工程量清单中填报的综合单价；

P_2——发包人最高投标限价相应项目的综合单价；

L——承包人报价浮动率。

【例 6-5】 某工程项目招标工程量清单数量为 1 520 m^3，施工中由于设计变更调整为 1 824 m^3，该项目最高投标限价综合单价为 350 元，投标报价为 406 元，应如何调整？

【解】 1 824/1 520＝120%，工程量增加超过 15%，需对单价做调整。

$P_2 \times (1+15\%) = 350 \times (1+15\%) = 402.50$ 元＜406 元

该项目变更后的综合单价应调整为 402.50 元。

$S = 1\ 520 \times (1+15\%) \times 406 + (1\ 824 - 1\ 520 \times 1.15) \times 402.50 = 740\ 278$ 元

②总价措施项目费的调整。当应予计算的实际工程量与招标工程量清单出现偏差(包括因工程变更等原因导致的工程量偏差)超过 15%，且该变化引起措施项目相应发生变化，如该措施项目是按系数或单一总价方式计价的，则对措施项目费的调整原则为：工程量增加的，措施项目费调增；工程量减少的，措施项目费调减。至于具体的调整方法，则应由双方当事人在合同专用条款中约定。

2. 工程量清单缺项、漏项

(1)工程量清单缺项、漏项的责任

招标工程量清单必须作为招标文件的组成部分，其准确性和完整性由招标人负责。因此，招标工程量清单是否准确与完整，其责任应当由提供工程量清单的发包人负责，作为投标人的承包人不应承担因工程量清单缺项、漏项以及计算错误带来的风险与损失。

(2)合同价款的调整方法

①分部分项工程费的调整。施工合同履行期间，招标工程量清单中分部分项工程出现缺项、

漏项，造成新增工程清单项目的，应按照工程变更事件中关于分部分项工程费的调整方法，调整合同价款。

②措施项目费的调整。新增分部分项工程项目清单后，引起措施项目发生变化的，应当按照工程变更事件中关于措施项目费的调整方法，在承包人提交的实施方案被发包人批准后，调整合同价款；招标工程量清单中措施项目缺项，承包人应将新增措施项目实施方案提交发包人批准并于获得批准后，按照工程变更事件中的有关规定调整合同价款。

3. 项目特征不符

(1)项目特征描述

项目的特征描述是确定综合单价的重要依据之一，承包人在投标报价时应依据发包人提供的招标工程量清单中的项目特征描述，确定其清单项目的综合单价。发包人在招标工程量清单中对项目特征的描述，应被认为是准确的和全面的，并且与实际施工要求相符合。承包人应按照发包人提供的招标工程量清单，根据其项目特征描述的内容及有关要求实施合同工程。

(2)合同价款的调整方法

承包人应按照发包人提供的设计图纸实施合同工程，若在合同履行期间，出现设计图纸(含设计变更)与招标工程量清单中任一项目的特征描述不符，且该变化引起该项目的工程造价增减变化的，发承包双方应当按照实际施工的项目特征，重新确定相应工程量清单项目的综合单价，调整合同价款。

4. 计日工

(1)计日工费用的产生

发包人通知承包人以计日工方式实施的零星工作，承包人应予执行。采用计日工计价的任何一项变更工作，承包人应在该项变更的实施过程中，按合同约定提交以下报表和有关凭证送发包人复核：

①工作名称、内容和数量。

②投入该工作所有人员的姓名、工种、级别和耗用工时。

③投入该工作的材料名称、类别和数量。

④投入该工作的施工设备型号、台数和耗用台时。

⑤发包人要求提交的其他资料和凭证。

(2)计日工费用的确认和支付

任一计日工项目实施结时，承包人应按照确认的计日工现场签证报告核实该类项目的工程数量，并根据核实的工程数量和承包人已标价工程量清单中的计日工单价计算，提出应付价款；已标价工程量清单中没有该类计日工单价的，由发承包双方按工程变更的有关的规定商定计日工单价计算。

每个支付期末，承包人应与进度款同期向发包人提交本期间所有计日工记录的签证汇总表，以说明本期间自己认为有权得到的计日工金额，调整合同价款，列入进度款支付。

6.2.4 物价变化引起的合同价款调整

施工合同履行期间，因人工、材料、工程设备和施工机具台班等价格波动影响合同价款时，发承包双方可以根据合同约定的调整方法，对合同价款进行调整。承包人采购材料和工程设备的，应在合同中约定主要材料、工程设备价格变化的范围或幅度，如没有约定，则材料、工程设备单价变化超过5%，超过部分的价格按以下两种方法之一进行调整。

1. 价格指数调整法

采用价格指数调整价格差额的方法，主要适用于施工中所用的材料品种较少，但每种材料使用量较大的土木工程，如公路、水坝等。

(1)价格调整公式

因人工、材料、工程设备和施工机具台班等价格波动影响合同价款时，根据投标函附录中的价格指数和权重表约定的数据，按以下价格调整公式计算差额并调整合同价款。

$$\Delta P = P_0\left[A + \left(B_1 \times \frac{F_{t1}}{F_{01}} + B_2 \times \frac{F_{t2}}{F_{02}} + B_3 \times \frac{F_{t3}}{F_{03}} + \cdots + B_n \times \frac{F_{tn}}{F_{0n}}\right) - 1\right]$$

式中 ΔP——需调整的价格差额；

P_0——根据进度付款、竣工付款和最终结清等付款证书中，承包人应得到的已完成工程量的金额，此项金额应不包括价格调整、不计质量保证金的扣留和支付、预付款的支付和扣回，变更及其他金额已按现行价格计价的，也不计在内；

A——定值权重(即不调部分的权重)；

$B_1, B_2, B_3, \cdots, B_n$——各可调因子的变值权重(即可调部分的权重)，为各可调因子在投标函投标总报价中所占的比例；

$F_{t1}, F_{t2}, F_{t3}, \cdots, F_{tn}$——各可调因子的现行价格指数，指根据进度付款、竣工付款和最终结清等约定的付款证书相关周期最后一天的前42天的各可调因子的价格指数；

$F_{01}, F_{02}, F_{03}, \cdots, F_{0n}$——各可调因子的基本价格指数，指基准日的各可调因子的价格指数。

以上价格调整公式中的各可调因子、定值和变值权重，以及基本价格指数及其来源在投标函附录价格指数和权重表中约定。

(2)应用价格调整公式应注意的问题

①价格指数应首先采用工程造价管理机构提供的价格指数，缺乏上述价格指数时，可采用工程造价管理机构提供的价格代替；若得不到现行价格指数的，可暂用上一次价格指数计算，并在以后的付款中再按实际价格指数进行调整。

②权重的调整。按变更范围和内容所约定的变更，导致原定合同中的权重不合理时，由承包人和发包人协商后进行调整。

③工期延误后，对于计划进度日期(或竣工日期)后续施工的工程，在使用价格调整公式时，应首先明确导致工期延误的原因，再比较两个日期的价格指数，按表6-1规定确定现行价格指数。

表 6-1　　工期延误后确定现行价格指数

导致工期延误的原因	两个日期价格指数	现行价格指数选取
发包人	计划进度日期(或竣工日期)价格指数与实际进度日期(或竣工日期)价格指数	两个指数中较高者
承包人		两个指数中较低者

【例 6-6】 某市政工程扩建项目进行施工招标,投标截止日期为 2021 年 3 月 1 日。通过评标确定中标人后,签订的施工合同总价为 60 000 万元,工程于 2021 年 5 月 20 日开工。施工合同中约定:工程价款结算时人工单价、钢筋、商品混凝土以及施工机具使用费采用价格指数法给承包人以调价补偿,各项权重系数及价格指数见表 6-2。已知该工程基准日为 2021 年 3 月 15 日,8 月份承包人完成的清单子目的合同价款为 3 200 万元,试计算 8 月份的价格调整金额。

表 6-2　　各项权重系数及价格指数

可调因子	人工	钢筋	商品混凝土	施工机具使用费	定值部分
权重系数	0.15	0.1	0.3	0.1	0.35
2021 年 3 月指数	100.0	85.0	113.4	110.0	—
2021 年 8 月指数	105.0	89.0	118.6	113.0	—

【解】 由于基准日为 2021 年 3 月 15 日,所以应当选取 3 月份的价格指数作为各可调因子的基本价格指数。

8 月份的价格调整金额 $= 3\ 200\times[0.35+(0.15\times105/100+0.10\times89/85+0.30\times118.6/113.4+0.10\times113/110)-1]=91.81$ 万元

2. 造价信息调整法

采用造价信息调整价格差额的方法主要适用于使用的材料品种较多,相对而言每种材料使用量较小的房屋建筑与装饰工程。

施工合同履行期间,因人工、材料、工程设备和施工机具台班价格波动影响合同价格时,人工、施工机具使用费按照国家或省、自治区、直辖市建设行政管理部门、行业建设管理部门或其授权的工程造价管理机构发布的人工成本信息、施工机具台班单价或施工机具使用费系数进行调整;需要进行价格调整的材料,其单价和采购数量应由发包人复核,发包人确认需调整的材料单价及数量,作为调整合同价款差额的依据。

(1)人工单价的调整。人工单价发生变化时,发承包双方应按省级或行业建设主管部门或其授权的工程造价管理机构发布的人工成本文件调整合同价款。

(2)施工机具台班单价的调整。施工机具台班单价或施工机具使用费发生变化超过省级或行业建设主管部门或其授权的工程造价管理机构规定的范围时,按照其规定调整合同价款。

(3)材料和工程设备价格的调整。材料、工程设备价格变化的价款调整,按照承包人提供主要材料和工程设备一览表,根据发承包双方约定的风险范围,按以下规定进行调整。

①如果承包人投标报价中材料单价低于基准单价,工程施工期间材料单价涨幅以基准单价为基础超过合同约定的风险幅度值时,或材料单价跌幅以投标报价为基础超过合同约定的风险幅度值时,其超过部分按实调整。

②如果承包人投标报价中材料单价高于基准单价,工程施工期间材料单价跌幅以基准单价为基础超过合同约定的风险幅度值时,或材料单价涨幅以投标报价为基础超过合同约定的风险幅度值时,其超过部分按实调整。

③如果承包人投标报价中材料单价等于基准单价，工程施工期间材料单价涨、跌幅以基准单价为基础超过合同约定的风险幅度值时，其超过部分按实调整。

④实际结算价＝投标报价±调整额

注意：承包人应当在采购材料前将采购数量和新的材料单价报发包人核对，确认用于本合同工程时，发包人应当确认采购材料的数量和单价。发包人在收到承包人报送的确认资料后3个工作日不予答复的，视为已经认可，作为调整合同价款的依据。如果承包人未报经发包人核对即自行采购材料，再报发包人确认调整合同价款的，如发包人不同意，则不做调整。

【例6-7】 施工合同中约定，承包人承担的普通泵送混凝土C30价格风险幅度为±5%，超出部分依据《建设工程工程量清单计价规范》(GB 50500—2013)，采用造价信息调整法调整价格差额。已知投标人投标价、基准期发布价分别为600元/m^3、550元/m^3，2022年11月、2023年8月的造价信息发布价分别为640元/m^3、520元/m^3。试计算该两个月普通泵送混凝土的实际结算价，每立方米应分别为多少元？

【解】 (1) 2022年11月信息价上涨，应以较高的投标价为基础计算合同约定的风险幅度值，即600×(1＋5%)＝630元/m^3。

因此普通泵送混凝土应上调价格＝640－630＝10元/m^3。

2022年11月实际结算价＝600＋10＝610元/m^3。

(2)2023年8月信息价下降，应以较低的基准价为基础计算合同约定的风险幅度值，即550×(1－5%)＝522.5元/m^3。

因此普通泵送混凝土应下浮价格＝522.5－520＝2.5元/m^3。

2023年8月实际结算价＝600－2.5＝597.5元/m^3。

6.3 工程索赔

工程索赔(1)

6.3.1 工程索赔概述

1. 工程索赔的概念

工程索赔是指在工程承包合同履行中，当事人一方由于另一方未履行合同所规定的义务或者出现了应当由对方承担的风险而遭受损失时，向另一方提出赔偿要求的行为。

> **注意** 在实际工作中，“索赔”是双向的，我国《建设工程施工合同(示范文本)》(GF—2013—0201)中的索赔就是双向的，既包括承包人向发包人的索赔，也包括发包人向承包人的索赔，如图6-3所示。

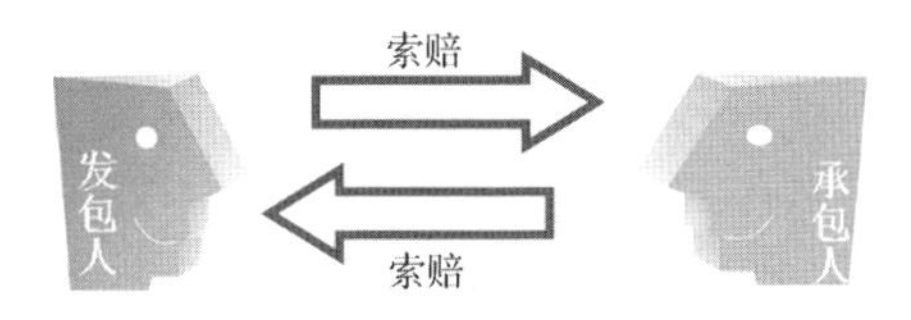

图6-3 双向索赔

在实际工程中，由于发包人与承包人所处地位的不同，索赔表现出不同的特点，见表 6-3。

表 6-3　　索赔的特点

承包人向发包人的索赔	发包人向承包人的索赔
1. 数量较多； 2. 处理复杂，比较困难，不易成功	1. 数量较少； 2. 处理方便，可以通过冲账、扣拨工程款、扣保证金等方式实现

通常情况下，索赔是指承包人（施工单位）在合同实施过程中，对非自身原因造成的工程延期、费用增加而要求发包人给予补偿损失的一种权利要求。

工程索赔一般包含以下三方面的含义：

(1)一方违约使另一方蒙受损失，受损方向对方提出赔偿损失的要求。

(2)发生应由业主承担责任的特殊风险或遇到不利自然条件等情况，使承包人蒙受较大损失而向业主提出补偿损失要求。

(3)承包人本人应获得的正当利益，由于没能及时得到监理工程师的确认和业主应给予的支付，而以正式函件向业主索赔。

2. 工程索赔的起因

工程实施的过程会受到各种因素的影响，不可避免地会引起工程索赔，归纳起来包括以下六个方面，如图 6-4 所示。

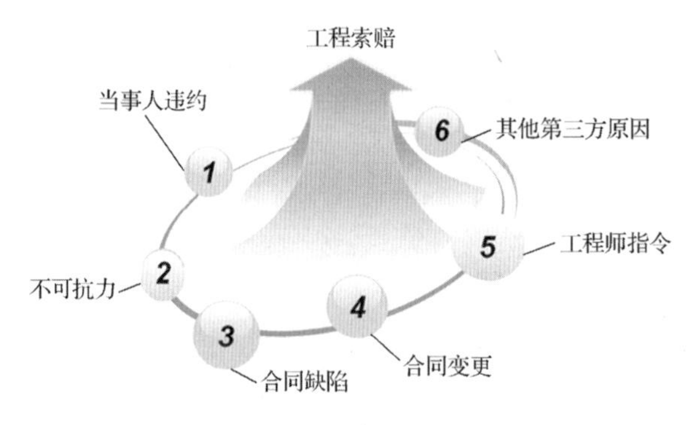

图 6-4　工程索赔的起因

(1)当事人违约

当事人违约常常表现为当事人没有按照合同约定履行自己的义务。发包人违约常常表现为发包人没有为承包人提供合同约定的施工条件，未按照合同约定的期限和数额付款等。工程师未能按照合同约定完成工作，如未能及时发出图纸、指令等也视为发包人违约。承包人违约的情况则主要是承包人没有按照合同约定的质量、期限完成施工，或者由于不当行为给发包人造成其他损害。

(2)不可抗力

不可抗力又分为自然事件和社会事件。自然事件主要是不利的自然条件和客观障碍，这是即使有经验的承包人也无法预测的。不利自然条件和客观障碍，包括在施工过程中遇到了经现场调查无法发现的、业主提供的资料中也未提到的、无法预料的情况等，如地下水、地质断层等。社会事件则包括国家政策、法律、法令的变更，战争，罢工等。

(3)合同缺陷

合同缺陷表现为合同条件规定不严谨甚至矛盾、合同中的遗漏或错误。在这种情况下，工程师应当给予解释，如果这种解释将导致成本增加或工期延长，发包人应当给予补偿。

(4)合同变更

合同变更表现为设计变更、施工方法变更、追加或者取消某些工作、合同规定的其他变更等。

(5)工程师指令

工程师指令有时也会产生索赔，如工程师指令承包人加速施工、进行某项工作、更换某些材料、采取某些措施等。

(6)第三方原因

第三方原因常常表现为由与工程有关的第三方的问题而引起的对工程的不利影响。

3. 工程索赔的分类

工程索赔有多种分类方法，见表6-4。

表6-4 工程索赔的分类

按索赔的合同依据分	按索赔目的分	按索赔事件的性质分
合同中明示的索赔 合同中默示的索赔	工期索赔 费用索赔	工程延误索赔 工程变更索赔 合同被迫终止索赔 工程加速索赔 意外风险和不可预见因素索赔 其他索赔

(1)合同中明示的索赔。指承包人所提供的索赔要求，在该工程项目的合同中有文字依据，承包人可以据此提出索赔要求，并取得经济补偿。

(2)合同中默示的索赔。指承包人的该项索赔要求，虽然在工程项目的合同条款中没有专门的文字叙述，但可以根据该合同的某些条款的含义，推论出承包人有索赔权。这种索赔要求，同样有法律效力，有权得到相应的经济补偿。

在合同管理工作中，我们把这种有经济补偿含义的条款称为“默示条款”或称为“隐含条款”。

注意

默示条款是一个广泛的合同概念，它包含合同明示条款中没有写入、但符合双方签订合同时设想的愿望和当时环境条件的一切条款。这些默示条款，或者从明示条款所表述的设想愿望中引申出来，或者从合同双方在法律上的合同关系引申出来，经双方协商一致，或被法律和法规所指明，都成为合同条件的有效条款，要求合同双方遵照执行。

(3)工期索赔。由于非承包人责任的原因而导致施工进程延误，要求批准顺延合同工期的索赔，称为工期索赔。工期索赔形式上是对权利的要求，以避免在原定合同竣工日不能完工时，被发包人追究违约责任。一旦获得批准合同工期顺延后，承包人不仅免除了承担拖期违约赔偿费的严重风险，而且可能提前工期得到奖励，最终仍反映在经济收益上。

(4)费用索赔。费用索赔的目的是要求经济补偿。当施工的客观条件改变导致承包人增加开支时，要求对超出计划成本的附加开支给予补偿，以挽回不应由他承担的经济损失。

(5)工程延误索赔。因发包人未按合同要求提供施工条件，如未及时交付设计图纸、施工现场、道路等，或因发包人指令工程暂停或不可抗力事件等原因造成工期拖延的，承包人对此提出索赔。这是工程中常见的一类索赔。

(6)工程变更索赔。由于发包人或监理工程师指令增加或减少工程量或增加附加工程、修改设计、变更工程顺序等，造成工期延长和费用增加，承包人可对此提出索赔。

(7)合同被迫终止索赔。由于发包人或承包人违约以及不可抗力事件等原因造成合同非正常终止，无责任的受害方因其蒙受经济损失而向对方提出索赔。

(8)工程加速索赔。一项工程可能遇到各种意外的情况或由于工程变更而必须延长工期。但由于业主的原因(该工程已经出售给买主，需按议定时间移交给买主)坚持不给延期而迫使承包人加班赶工来完成工程。因而由发包人或工程师指令承包人加快施工速度、缩短工期所引起承包人在人、财、物上的额外开支而提出的索赔。

(9)意外风险和不可预见因素索赔。在工程实施过程中，因人力不可抗拒的自然灾害、特殊风险以及一个有经验的承包人通常不能合理预见的不利施工条件或外界障碍，如地下水、地质断层、溶洞、地下障碍物等引起的索赔。

(10)其他索赔。如因货币贬值、汇率变化、物价上涨、工资上涨、政策法令变化等原因引起的索赔。

6.3.2 工程索赔的处理

1. 工程索赔的处理原则

总的处理原则：以契为据，及时合理，主动控制。具体原则如下：

(1)索赔必须以合同为依据。不论是风险事件的发生，还是当事人不完成合同工作，都必须在合同中找到相应的依据，当然，有些依据可能是合同中隐含的，工程师依据合同和事实对索赔进行处理是其公平性的重要体现。

注意 不同的合同条件，依据不同。例如，因为不可抗力导致的索赔，在我国《建设工程施工合同(示范文本)》条件下，承包人机械设备损坏，是由承包人承担的，不能向发包人索赔；但在FIDIC合同条件下，不可抗力事件一般都列为由业主承担的风险，损失都应当由业主承担。

(2)及时、合理地处理索赔。索赔事件发生后，索赔的提出应当及时，索赔的处理也应当及时。索赔处理得不及时，对双方都会产生不利的影响，如承包人的索赔长期得不到合理解决，索赔积累的结果会导致其资金困难，同时会影响工程进度，给双方都带来不利的影响。处理索赔还必须坚持合理性原则，既考虑到国家的有关规定，也应当考虑到工程的实际情况。例如，承包人提出索赔要求：机械停工按照机械台班单价计算损失，显然是不合理的，因为机械停工不发生运行费用。

(3)加强主动控制，减少工程索赔。对于工程索赔应当加强主动控制，尽量减少索赔。这就要求在工程管理过程中，应当尽量将工作做在前面，减少索赔事件的发生。这样能够使工程更顺利地进行，降低工程投资，减少施工工期。

2. 成功索赔的条件

索赔是蒙受损失一方的权利，其目的是提出赔偿或补偿，挽回损失，保护自身利益。索赔成功与否取决于提出的索赔要求是否符合以下基本条件：

(1)客观性：是指客观存在不符合合同或违反合同的索赔事件，并对承包人的工期和成本造成影响。当合同当事人一方向另一方提出索赔时，要有正当的索赔理由，且提供索赔事件发生时的有效证据。证据是索赔报告的重要组成部分，证据不足或没有证据，索赔就不可能成立。

(2)合法性：是指索赔要求必须符合本工程施工合同的规定。合同法律文件，可以判定干扰事件的责任由谁承担，承担什么样的责任，应赔偿多少等。

(3)合理性：是指索赔要求应合情合理，符合实际情况，真实地反映由于索赔事件引起的实际损失，采用合理的计算方法等。承包人不能为了追求利润，滥用索赔，或者采用不正当的手段进行索赔。

3. 工程索赔的程序

在工程项目的实施过程中，每当出现一个索赔事件，都应按国家有关规定、国际惯例和工程项目合同条件的规定，认真及时地处理，协商解决。关于索赔的规定，《建设工程施工合同(示范文本)》与 FIDIC 合同条件在处理程序上是有区别的。

(1)《建设工程施工合同(示范文本)》规定的工程索赔程序

业主未能按合同约定履行自己的各项义务或发生错误以及应由业主承担责任的其他情况，对承包人造成延期支付合同价款、延误工期包括不可抗力延误的工期或其他经济损失的，承包人可按下列程序(图 6-5)以书面形式向业主提出索赔：

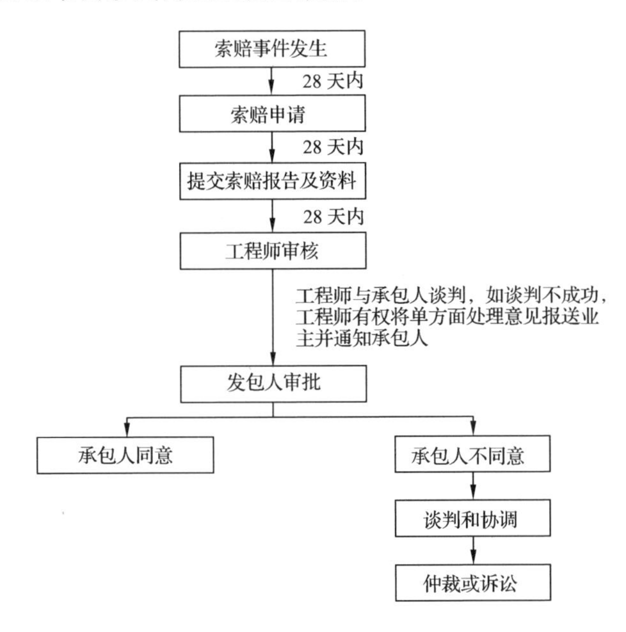

图 6-5 《建设工程施工合同(示范文本)》规定的工程索赔程序

①承包人提出索赔申请。索赔事件发生 28 天内，承包人向工程师发出索赔意向通知。合同实施过程中，凡不属于承包人责任导致项目延期和成本增加事件发生后的 28 天内，必须以正式函件通知工程师声明对此事项要求索赔，同时仍须遵照工程师的指令继续施工。逾期申报时，工程师有权拒绝承包人的索赔要求。

②承包人发出索赔意向通知后 28 天内，向工程师提供补偿经济损失和(或)延长工期的索赔报告及有关资料。正式提出索赔申请后，承包人应抓紧准备索赔的证据资料，包括事件的原因、对其权益影响的证据资料、索赔的依据及其计算出的该事件影响所要求的索赔额和申请展延工期天数，并在索赔申请发出的 28 天内报出，逾期的视同该索赔事件未引起工程款额的变化和工期的延误。

③工程师审核承包人的索赔申请。工程师在收到补充索赔理由和证据后于 28 天内给予答

复。接到承包人的索赔信件后，工程师应该立即研究承包人的索赔资料，在不确认责任属谁的情况下，依据自己同期记录的资料客观地分析事故发生的原因，根据有关合同条款研究承包人提出的索赔证据，必要时还可以要求承包人进一步提交补充资料，包括索赔的更详细说明材料或索赔计算的依据。工程师在 28 天内未予答复或未对承包人提出进一步要求的，则视为该项索赔已被认可。

④当该索赔事件持续进行时，承包人应当阶段性向工程师发出索赔意向；在索赔事件终了后 28 天内，向工程师提供索赔的有关资料和最终索赔报告。

⑤工程师与承包人谈判，双方各自依据对这一事件的处理方案进行友好协商，若能通过谈判达成一致意见，则该事件较容易解决。如果双方对该事件的责任、索赔款额或工期展延天数分歧较大，通过谈判达不成共识的话，按照条款规定工程师有权确定一个他认为合理的单价或价格作为最终的处理意见报送业主并通知承包人。

⑥发包人审批工程师的索赔处理证明。发包人首先根据事件发生的原因、责任范围、合同条款审核承包人的索赔申请和工程师的处理报告，在根据项目的目的、投资控制、竣工验收要求，以及针对承包人在实施合同过程中的缺陷或不符合合同要求的地方提出反索赔方面的考虑，决定是否批准工程师的索赔处理证明。

⑦承包人是否接受最终的索赔决定。承包人同意了最终的索赔决定，这一索赔事件即告结束。若承包人不接受工程师的单方面决定或业主删减的索赔或工期展延天数过大，则会导致合同纠纷。通过谈判和协调双方达成互让的解决方案是处理纠纷的理想方式，如果双方不能达成谅解就只能诉诸仲裁或诉讼。

承包人未能按合同约定履行自己的各项义务和发生错误给发包人造成损失的，发包人也可按上述时限向承包人提出索赔。

注意 28 天这个关键的时间点。

(2)FIDIC 合同条件规定的工程索赔程序

FIDIC 合同条件只对承包人的索赔做出了规定，如图 6-6 所示。

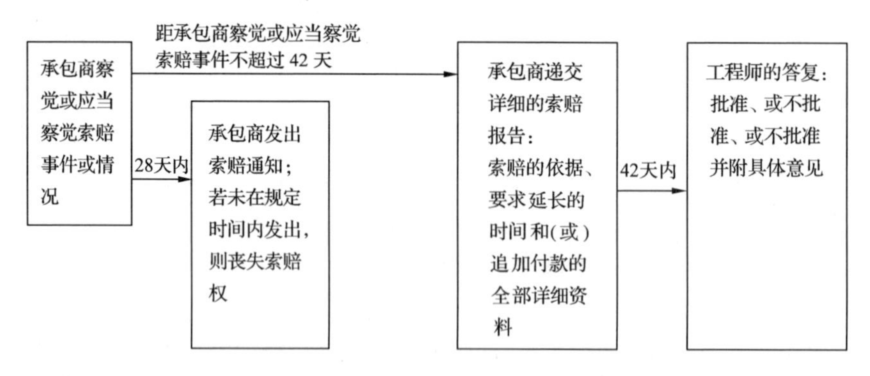

图 6-6　FIDIC 合同条件规定的工程索赔程序

①承包人发出索赔通知。如果承包人认为有权得到竣工时间的任何延长期和(或)任何追加付款，承包人应当向工程师发出通知，说明索赔的事件或情况。该通知应当尽快在承包人察觉或者应当察觉该事件或情况后 28 天内发出。

②承包人未及时发出索赔通知的后果。如果承包人未能在上述 28 天期限内发出索赔通知，

则竣工时间不得延长，承包人无权获得追加付款，而业主应免除有关该索赔的全部责任。

③承包人递交详细的索赔报告。在承包人察觉或者应当察觉该事件或情况后42天内，或在承包人可能建议并经工程师认可的其他期限内，承包人应当向工程师递交一份充分详细的索赔报告，报告包括索赔的依据、要求延长的时间和（或）追加付款的全部详细资料。

④如果引起索赔的事件或者情况具有连续影响，则应按以下要求执行：

- 上述索赔报告应被视为中间的。
- 承包人应当按月递交进一步的中间索赔报告，说明累计索赔延误时间和（或）金额，以及能说明其合理要求的进一步详细资料。
- 承包人应当在索赔的事件或者情况产生影响结束后28天内，或在承包人建议并经工程师认可的其他期限内，递交一份最终索赔报告。

⑤工程师的答复。工程师在收到索赔报告或对过去索赔的任何进一步证明资料后42天内，或在工程师可能建议并经承包人认可的其他期限内做出回应，表示批准、不批准，或不批准并附具体意见。工程师应当商定或者确定应给予竣工时间的延长期及承包人有权得到的追加付款。

注意 28天、42天这两个关键的时间点。

4. 工程索赔的依据

提出索赔的依据有以下几个方面：

(1)招标文件、施工合同文本及附件，其他双方签字认可的文件（如备忘录、修正案等），经认可的工程实施计划、各种工程图纸、技术规范等。这些索赔的依据可在索赔报告中直接引用。

(2)双方的往来信件及各种会谈纪要。在合同履行过程中，业主、监理工程师和承包人定期或不定期的会谈所做出的决议或决定是合同的补充，应作为合同的组成部分，但会谈纪要只有经过各方签署后才可作为索赔的依据。

(3)进度计划和具体的进度以及项目现场的有关文件。进度计划和具体的进度安排是和现场有关变更索赔的重要证据。

(4)气象资料、工程检查验收报告和各种技术鉴定报告，工程中送停电、送停水、道路开通和封闭的记录和证明。

(5)国家有关法律、法令、政策文件，官方的物价指数、工资指数，各种会计核算资料，材料的采购、订货、运输、进场、使用方面的凭据。

5. 费用索赔的计算

(1)索赔费用的组成

索赔费用的组成部分，与施工承包合同价所包含的内容相似，一般承包人可索赔的费用包括人工费、材料费、施工机具使用费、施工管理费[包括现场管理费、总部（企业）管理费]、利润、保险费、保函手续费、利息、分包费等。承包人可索赔的费用如图6-7所示。

当承包人有索赔权的工程成本增加时，原则上讲，都是可以索赔费用的。此费用都是承包人为了完成额外的施工任务而增加的开支。但是，对于不同原因引起的索赔，可索赔的费用的具体内容也随之不同。所以对于不同的索赔事件，可索赔的费用应做具体分析与判断。一般承包人可索赔的费用组成见表6-5。

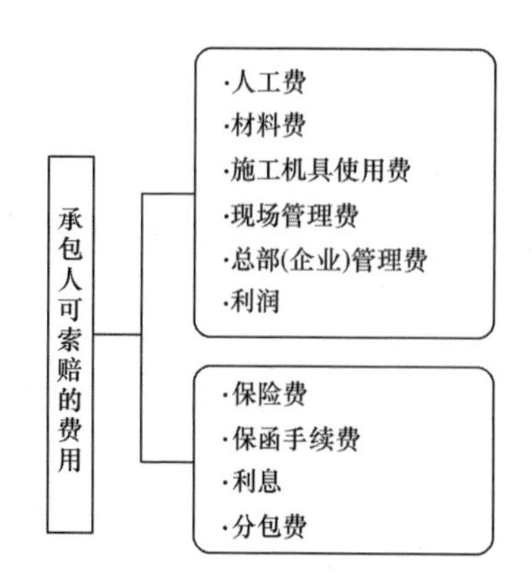

图 6-7 承包人可索赔的费用

工程索赔(1)

表 6-5 一般承包人可索赔的费用组成

序号	可索赔的费用	计算说明
1	人工费	包括增加工作内容的人工费、停工损失费和工作效率降低的损失费等累计，其中增加工作内容的人工费应按照计日工费计算，而停工损失费和工作效率降低的损失费按窝工费计算，窝工费的标准双方应在合同中约定
2	材料费	包括索赔事项材料实际用量超过计划用量而增加的材料费；因客观原因造成材料价格大幅度上涨而增加的材料费；非承包人的原因工程延误导致的材料价格上涨和超期储存费用。材料费中应包括运费、仓储费以及合理的损耗费用。如果由于承包人管理不善，造成材料损失，则不能列入索赔计价
3	施工施工机具费	可采用机械台班费、机械折旧费、设备租赁费等几种形式。当工作内容增加引起的设备费索赔时，设备费的标准按照机械台班费计算。因窝工引起的设备费索赔，当施工机械属于施工企业自有时，按照机械折旧费计算索赔费用；当施工机械是施工企业从外部租赁时，索赔费用的标准按照设备租赁费计算
4	施工管理费	分为现场管理费和总部(企业)管理费两部分，计算方法不同，应区别对待
5	保险费	因发包人原因导致工程延期时，承包人必须办理工程保险、施工人员意外伤害保险等各项保险的延期手续，对于由此而增加的费用，承包人可以提出索赔
6	保函手续费	工程延期时，保函手续费相应增加；反之，取消部分工程且发包人与承包人达成提前竣工协议时，承包人的保函金额相应扣减，则计入合同价内的保函手续费也应扣减
7	利息	包括拖期付款的利息、由于工程变更和工程延期增加投资的利息、索赔款的利息、错误扣款的利息等
8	利润	一般来说，由工程范围的变更、文件有缺陷或技术性错误、业主未能提供现场等所引起的索赔，承包人可以列入利润索赔。但对于工程暂停的索赔，由于利润通常是包括在每项实施的工程内容的价格之内的，而延误工期并未影响某些项目的实施而导致利润减少，所以，一般造价管理者很难同意在工程暂停的费用索赔中列入利润损失。索赔利润的款额计算通常是与原报价单中的利润率一致

注意

对于不同的索赔事件，可以索赔的内容是不同的。《标准施工招标文件》(2017 年版)的通用合同条款中，按照引起索赔事件的原因不同，对一方当事人提出的索赔可能给予合理补偿工期、费用和(或)利润的情况，分别做出了相应的规定。其中，引起承包人索赔的事件以及可能得到的合理补偿内容见表 6-6。

表 6-6　　《标准施工招标文件》(2017 年版)中承包人的索赔事件及可补偿内容

序号	条款号	索赔事件	可补偿内容		
			工期	费用	利润
1	1.61	延迟提供图纸	√	√	√
2	1.10.1	施工中发现文物、古迹	√	√	
3	2.3	迟延提供施工场地	√	√	√
4	3.4.5	监理人指令迟延或错误	√	√	
5	4.11	施工中遇到不利物质条件	√	√	
6	5.2.4	提前向承包人提供材料、工程设备		√	
7	5.2.6	发包人提供材料、工程设备不合格或迟延提供或变更交货地点	√	√	√
8	5.4.3	发包人更换其提供的不合格材料、工程设备	√	√	
9	8.3	承包人依据发包人提供的错误资料导致测量放线错误	√	√	√
10	9.2.6	因发包人原因造成承包人人员工伤事故		√	
11	11.3	因发包人原因造成工期延误	√	√	√
12	11.4	异常恶劣的气候条件导致工期延误	√		
13	11.6	承包人提前竣工		√	
14	12.2	发包人暂停施工造成工期延误	√	√	√
15	12.4.2	工程暂停后因发包人原因无法按时复工	√	√	√
16	13.1.3	因发包人原因导致承包人工程返工	√	√	√
17	13.5.3	监理人对已经覆盖的隐蔽工程要求重新检查且结果合格	√	√	√
18	13.6.2	因发包人提供的材料、工程设备造成工程不合格	√	√	√
19	14.1.3	承包人应监理人要求对材料、工程设备和工程重新检验且检验结果合格	√	√	√
20	16.2	基准日后法律的变化		√	
21	18.4.2	发包人在工程竣工前提前占用工程	√	√	√
22	18.6.2	因发包人的原因导致工程试运行失败		√	√
23	19.2.3	工程移交后因发包人原因出现新的缺陷或损坏的修复		√	√
24	19.4	工程移交后因发包人原因出现的缺陷修复后的试验和试运行		√	
25	21.3.1(4)	因不可抗力停工期间应监理人要求照管、清理、修复工程		√	
26	21.3.1(5)	因不可抗力造成工期延误	√		
27	22.2.2	因发包人违约导致承包人暂停施工	√	√	√

(2)索赔费用的计算方法

索赔费用的计算方法有实际费用法、修正总费用法等。

①实际费用法:是工程索赔计算时最常用的一种方法。该方法按照各索赔事件所引起损失的费用项目分别分析计算索赔值,然后将各费用项目的索赔值汇总,即可得到总索赔费用值。这种

方法以承包人为某项索赔工作所支付的实际开支为依据，但仅限于由于索赔事项引起的、超过原计划的费用，故也称额外成本法。应用时需要注意的是不要遗漏费用项目。

②修正总费用法：是对总费用法的改进，即在总费用计算的原则上，去掉一些不确定的可能因素，对总费用法进行相应的修改和调整，使其更加合理。

(3)不允许索赔的费用

在工程索赔的实践中，以下几项费用一般是不允许索赔的：

①承包人对索赔事项的发生原因负有责任的有关费用。

②承包人对索赔事项未采取减轻措施因而扩大的损失费用。

③承包人进行索赔工作的准备费用。

④索赔款在处理期间的利息。

⑤工程有关的保险费用，索赔事件涉及的一些保险费用，如工程一切险、工人事故保险、第三方保险等费用，均在计算索赔款时不予考虑，除非在合同条款中另有规定。

【例 6-8】 甲承包人对某商贸城大理石地面 10 000 m^2 装修工程进行承包，报价中指明，计划用工 2 500 工日，即工效为 2 500 工日/10 000 m^2＝0.25 工日/m^2。每工日工资按 96 元计，共计报价人民币 240 000 元。

在装修过程中，由业主供应大理石块料不及时，影响了承包人的工作效率，完成 10 000 m^2 的大理石地面铺设的实际用工花费 2 700 工日，由于工期拖延，导致工资上涨，实际支付工资按 100 元/工日计，共实际支付 270 000 元。该工程合理索赔款额应为多少？

【解】 在这项承包工程中，承包人遇到了非承包人的原因造成的工期延长和工资的提高。人工费索赔应包括工资提高和工效降低增加开支两项：

工资提高部分＝2 700×(100－96)＝10 800 元

工效降低增加开支部分＝(2 700－2 500)×96＝19 200 元

合理的索赔款额应为两项合计＝10 800＋19 200＝30 000 元

【例 6-9】 某市政工程项目业主与承包人签订了可调价格合同。合同中约定：主导施工机械一台为承包人自有设备，台班单价为 800 元/台班，折旧费为 100 元/台班，人工日工资单价为 80 元/工日，窝工费 10 元/工日。合同履行后第 20 天，因等待业主设计图纸变更全场停工 2 天，造成人员窝工 30 个工日；合同履行后的第 60 天业主指令增加一项新工作，完成该工作需要 6 天时间，机械 6 台班，人工 20 个工日，材料费 3 000 元。试求承包人可索赔的人、材、机费。

【解】 因等待设计图纸变更停工导致的人、材、机费索赔额包括：

人工费＝30×10＝300 元

机械费＝2×100＝200 元

因业主指令增加新工作导致的人、材、机费索赔额如下：

人工费＝20×80＝1 600 元

材料费＝3 000 元

机械费＝6×800＝4 800 元

则承包人可索赔的人、材、机费＝(300＋200)＋(1 600＋3 000＋4 800)＝9 900 元

6. 工期索赔的计算

(1)计算方法

工期索赔的计算主要有比例计算法和网络图分析法两种。

①比例计算法。该方法主要应用于工程量有增加时工期索赔的计算，其计算公式为

$$\text{工期索赔值}=\frac{\text{额外增加的工程量的价格}}{\text{原合同总价}}\times\text{原合同总工期} \tag{6-8}$$

②网络图分析法。该方法是利用进度计划的网络图，分析其关键线路。如果延误的工作为关键工作，则总延误的时间为批准延续的工期；如果延误的工作为非关键工作，当该工作由于延误超过时差限制而成为关键工作时，可以批准延误时间与时差的差值；若该工作延误后仍为非关键工作，则不存在工期索赔问题。

【例6-10】 某工程项目总价值1 000万元，合同工期为18个月，现承包人因建设条件发生变化需增加额外工程费用50万元，则承包人提出工期索赔为多少个月？

【解】 因该项目工程量有所增加，可采用比例计算法进行索赔工期的计算。

承包人可提出的索赔工期＝50×18/1 000＝0.9月

(2)工期索赔中应当注意的问题

①划清施工进度拖延的责任。因承包人的原因造成施工进度滞后，属于不可原谅的延期；只有承包人不应承担任何责任的延误，才是可原谅的延期。有时工程延期的原因中可能包含双方责任，工程师应进行详细分析，分清责任比例，只有可原谅延期部分才能批准顺延合同工期。可原谅延期又可细分为可原谅并给予补偿费用的延期和可原谅但不给予补偿费用的延期；后者是指非承包人责任的，影响并未导致施工成本的额外支出，大多属于发包人应承担风险责任事件的影响，如异常恶劣的气候条件影响的停工等。

②被延误的工作应是处于施工进度计划关键线路上的施工内容。只有位于关键线路的工作内容滞后，才会影响到竣工日期。但有时也应注意，既要看被延误的工作是否在批准进度计划的关键路线上，又要详细分析这一延误对后续工作的可能影响。若对非关键路线工作的影响时间较长，超过了该工作可用于自由支配的时间，也会导致进度计划中非关键路线转化为关键路线，其滞后将影响总工期的拖延，此时应充分考虑该工作的自由时间，给予相应的工期顺延，并要求承包人修改施工进度计划。

7.共同延误问题的处理

(1)共同延误的概念

在工期索赔事件中，工期的拖延很少是只由一方造成的，往往是两种或三种原因同时发生(或相互作用)而形成的，我们通常把这种拖延称为“共同延误”。

(2)共同延误的处理原则

共同延误工期索赔在工程实践中普遍存在，而且其影响因素多、牵涉面广。在这种情况下，要对具体原因进行具体分析，明确哪一种情况延误是有效的，应依据“初始延误”原则分析共同延误的责任分摊和工期索赔的内容。即首先判断造成拖期的哪一种原因是最先发生的，即确定“初始延误”者，它应对工程拖期负责。在初始延误发生作用期间，其他并发的延误者不承担拖期责任(谁在先，谁负责)。共同延误责任分析见表6-7。

表6-7　共同延误责任分析

初始延误者	在初始延误发生期间承包人可索赔内容
发包人	既可得到工期延长，又可得到经济补偿
客观条件	可得到工期延长，很难得到经济补偿
承包人	不能得到工期延长，也不能得到经济补偿

注意

对于索赔事件，当一个有经验的承包人可以合理预见时，不应该给予索赔。
在处理工程索赔时，一定要明确谁是初始延误者或谁是初始责任者。

(3)共同延误的处理方法

共同延误问题的分析最简单的方法是横道图法。即自上而下(按事件发生的先后顺序纵向排列)列事件,从左到右(按事件持续时间长短)画横线,两端标出时间点,自前向后观横道,谁在前面谁负责,注意时点是否包容。归纳初始延误者的三种情况如图 6-8 所示。

共同延误问题的处理

承包人 C	业主 E	客观原因 N
C —— E —— N ——	E —— C —— N ——	N —— E —— C ——
C —— N —— E ——	E —— N —— C ——	N —— C —— E ——

图 6-8 初始延误者示意图

【例 6-11】 某水利工程施工中,发生了设备损坏、大雨、图纸供应延误等三个事件,都造成了工期延误,分别是 6 天(7 月 1～6 日)、9 天(7 月 4～12 日)和 7 天(7 月 9～15 日)。试分析其应延长的工期天数。

【解】 延误时间分析,确定初始延误者及时间

设备损坏延误:1 2 3 4 5 6

大雨延误: 4 5 6 7 8 9 10 11 12

图纸供应延误: 9 10 11 12 13 14 15

责任分析:

设备损坏是承包人的过失,属不可原谅的工期延误,不予工期补偿;后两个事件分别为不可预见及由业主承担的风险,属可原谅的工期延误,应予以工期赔偿。

①1～3 日为不可原谅延误,不予赔偿。

②4～6 日为不可原谅延误与可原谅延误的重叠期,按不可原谅延误计,不予赔偿,即如果不下大雨,设备坏了也无法施工。

③7～8 日为可原谅延误,补偿 2 天。

④9～12 日为两个可原谅延误重叠,可予以赔偿,但只计一次,故补偿 4 天。

⑤13～15 日为可原谅延误,补偿 3 天。

故总计应补偿 9 天,即延长竣工期 9 天。

8. 处理工程索赔应注意的问题

(1)非自身的责任方可进行工程索赔。

(2)费用索赔时伴随工期索赔,工期索赔要看是否在关键路线上。

(3)不可抗力事件主要是指当事人无法控制的事件。事件发生后当事人不能合理避免或克服的,即合同当事人不能预见、不能避免且不能克服的客观情况。

(4)不可抗力后的责任处理如下:

①工程本身的损害、第三方人员伤亡和财产损失以及运至施工现场用于施工的材料和待安装的设备的损害,由发包人承担。

②发承包双方人员伤亡由其所在单位负责,并承担相应费用。

③承包人机械设备损坏及停工损失由承包人承担。

④停工期间，承包人应工程师要求留在施工场地的必要的管理人员和保卫人员的费用由发包人承担。

⑤工程所需清理、修复的费用由发包人承担。

⑥延误的工期相应顺延。

6.3.3 索赔文件

1. 索赔意向通知

发现索赔或意识到存在索赔的机会后，承包人要做的第一件事就是要将自己的索赔意向书面通知监理工程师（业主）。这种意向通知是非常重要的，它标志着一项索赔的开始。前已述及在引起索赔事件第一次发生之后的28天内，承包人将索赔意向以书面形式通知工程师，同时将一份副本呈交业主。事先向监理工程师（业主）通知索赔意向，这不仅是承包人要取得补偿必须首先遵守的基本要求之一，也是承包人在整个合同实施过程中保持良好索赔意识的最好办法。

索赔意向通知，通常包括以下四个方面的内容：

（1）事件发生的时间和情况的简单描述。

（2）合同依据的条款和理由。

（3）有关后续资料的提供，包括及时记录和提供事件发展的动态。

（4）对工程成本和工期产生的不利影响的严重程度，以期引起监理工程师（业主）的注意。

一般索赔意向通知仅仅是表明意向，应简明扼要，涉及索赔内容但不涉及索赔金额。索赔意向通知的具体形式见表6-8。

表 6-8　　索赔意向通知

（承包〔　　〕赔通　　号）

合同名称：　　　　　　　　　　合同编号：

承包人：

致：（监理机构） 由于________________原因，根据施工合同的约定，我方拟提出索赔申请，请审核。 附件：索赔意向书（包括索赔事件、索赔依据等） 承　包　人：（全称及盖章） 项目经理：（签名） 日期：　　年　　月　　日
监理机构将另行签发批复意见。 监理机构：（全称及盖章） 签收人：（签字） 日期：　　年　　月　　日

说明：本表一式5份，由承包人填写，监理机构审核后，随同批复意见发包人1份、监理机构1份、承包人3份。

2. 索赔申请报告

索赔申请报告是承包人向监理工程师(业主)提交的一份要求业主给予一定经济(费用)补偿和(或)延长工期的正式报告,承包人应该在索赔事件对工程产生的影响结束后,尽快(一般合同规定 28 天内)向监理工程师(业主)提交正式的索赔申请报告,具体的索赔申请报告见表 6-9。

表 6-9 **索赔申请报告**

(承包〔　　〕赔报　　号)

合同名称:　　　　　　　　　　　　　　合同编号:

承包人:

致:(监理机构) 根据有关规定和施工合同约定,我方对＿＿＿＿＿＿＿＿＿＿事件申请赔偿金额为(大写)＿＿＿＿＿＿＿(小写＿＿＿＿＿＿＿),请审核。 附件:索赔报告。主要内容包括: 1.事因简述 2.引用合同条款及其他依据 3.索赔计算 4.索赔事实发生的当时记录 5.索赔支持文件 承 包 人:(全称及盖章) 项目经理:(签名) 日期:　年　月　日
监理机构将另行签发审核意见。 监理机构:(全称及盖章) 签收人:(签名) 日期:　年　月　日

说明:本表一式 5 份,由承包人填写,监理机构审核后,随同审核意见发包人 1 份、监理机构 1 份、承包人 3 份。

索赔报告的具体内容,随着索赔事件的性质和特点的不同而有所不同(在撰写索赔报告时,注意索赔报告的内容和措辞)。但从报告的必要内容与文字结构方面而论,一份完整的索赔报告应包括以下四个部分:

(1)总论部分

总论部分一般包括以下内容:序言、索赔事项概述、具体索赔要求、索赔报告编写及审核人员名单等。

文中首先应概要地论述索赔事件的发生日期与过程;施工单位为该索赔事件所付出的努力和附加开支;施工单位的具体索赔要求。在总论部分最后,附上索赔报告编写组主要人员及审核人员的名单,注明有关人员的职称、职务及施工经验,以表示该索赔报告的严肃性和权威性。总论部分的阐述要简明扼要地说明问题。

(2)根据部分

根据部分主要说明自己具有的索赔权利,这是索赔能否成立的关键。根据部分的内容主要来自该工程项目的合同文件,并参照有关法律规定制定。施工单位在该部分应引用合同中的具体条款来说明自己理应获得经济补偿或工期延长。

根据部分的篇幅可能很大,其具体内容随各个索赔事件的特点而不同。一般来说,根据部分应包括以下内容:索赔事件的发生情况、已递交索赔意向通知的情况、索赔事件的处理过程、索赔要求的合同根据、所附的证据资料等。

在写法结构上按照索赔事件发生、发展、处理和最终解决的过程编写,并明确全文引用有关的合同条款,使建设单位和监理工程师能历史地、逻辑地了解索赔事件的始末,并充分认识该项索赔的合理性和合法性。

(3)计算部分

索赔计算的目的是以具体的计算方法和计算过程来说明自己应得经济补偿的款额或延长时间。如果根据部分的任务是解决索赔能否成立,则计算部分的任务就是决定应得到多少索赔款额和工期。前者是定性的,后者是定量的。

在款额计算部分,施工单位必须阐明下列问题:索赔款的要求总额;各项索赔款的计算,如额外开支的人工费、材料费、管理费和损失利润;指明各项开支的计算依据及证据资料,施工单位应注意采用合适的计价方法。至于采用哪一种计价方法,应根据索赔事件的特点及自己所掌握的证据资料等因素来确定。另外还应注意每项开支款的合理性,并指出相应的证据资料的名称及编号。切忌采用笼统的计价方法和不实的开支款额。

(4)证据部分

证据部分包括该索赔事件所涉及的一切证据资料以及对这些证据的说明。证据是索赔报告的重要组成部分,没有翔实可靠的证据,索赔是不能成功的。在引用证据时,要注意该证据的效力或可信程度,因此对重要的证据资料最好附以文字证明或确认件。例如,对一个重要的电话内容,仅附上自己的记录是不够的,最好附上经过双方签字确认的电话记录或附上发给对方要求确认该电话记录的函件,即使对方未给复函,亦可说明责任在对方,因为对方未给复函确认或修改,按惯例应理解为他已默认。

6.4 建设工程价款结算

工程价款结算是指承包人在工程实施过程中,依据承包合同中有关付款条款的规定和已经完成的工程量,并按照规定的程序向业主收取工程价款的一项经济活动。

6.4.1 工程价款结算概述

建设工程价款结算(1)

1. 工程价款结算方式

我国现行工程价款结算根据不同情况，可采取多种方式，见表 6-10。

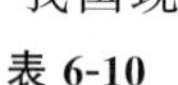
表 6-10　　工程价款结算方式

结算方式	说明	应用条件
按月结算	实行旬末或月中预支，月中结算，竣工后清理	—
竣工后一次结算	工程价款每月月中预支、竣工后一次结算，即合同完成后承包人与发包人进行合同价款结算，确认的工程价款为发承包双方结算的合同价款总额	建设项目或单项工程全部建筑安装工程建设期在 12 个月以内，或工程承包合同价在 100 万元以下
分段结算	按照工程形象进度划分不同阶段进行结算。分段标准由各部门、自治区、直辖市规定	当年开工当年不能竣工的单项工程或单位工程
目标结算	在工程合同中，将承包工程的内容分解成不同控制面(验收单元)，当承包人完成单元工程内容并经工程师验收合格后，业主支付相应单元工程内容的工程价款	在合同中应明确设定控制面，承包人要想获得工程款，必须按照合同约定的质量标准完成控制面工程内容
其他方式	双方事先约定	

2. 工程价款的支付过程

在实际工程中工程价款的支付不可能一次完成，一般分为三个阶段，即开工前支付工程预付款，施工过程中的中间结算和工程完工、办理完竣工手续后的竣工结算，如图 6-9 所示。

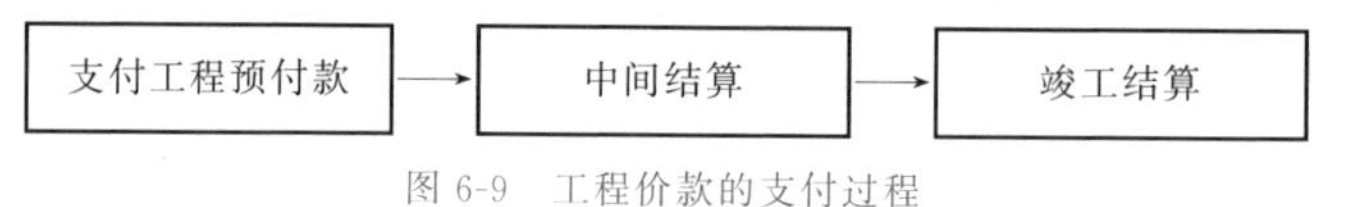

图 6-9　工程价款的支付过程

3. 工程价款约定的内容

工程价款能否按期支付是承包人最为关心的问题，关键是要在合同中约定相关内容，具体包括：

(1)预付工程款的数额、支付时限及抵扣方式。

(2)工程进度款的支付方式、数额及时限。

(3)工程施工中发生变更时，工程价款的调整方法、索赔方式、时限要求及支付方式。

(4)发生工程价款纠纷的解决方法。

(5)约定承担风险的范围和幅度以及超出约定范围和幅度的调整方法。

(6)工程竣工价款的结算与支付方式、数额及时限。

(7)工程质量保证(保修)金的数额、预扣方式及时限。

(8)安全措施和意外伤害保险费用。

(9)工期及工期提前或延后的奖惩办法。

(10)与履行合同、支付价款相关的担保事项。

建设工程价款结算(2)

6.4.2 工程预付款及其计算

1. 工程预付款的性质

施工企业承包工程，一般实行包工包料，这就需要有一定数量的备料周转金。工程预付款是在开工前发包人提前拨付一定数额给承包人的，用于购买施工所需的材料和构件，保证工程正常开工的备料款，又称预付备料款。

在工程承包合同条款中，一般要明文规定发包人在开工前拨付给承包人一定数额的工程预付款。此预付款构成施工企业为该承包工程项目储备主要材料、结构件所需的流动资金。工程预付款仅用于承包人支付施工开始时与本工程有关的动员费用。如果承包人滥用此款，发包人有权立即收回。

2. 工程预付款的限额

工程预付款的额度按各地区、部门的规定不完全相同，决定工程预付款限额的主要因素有：主要材料占工程造价比重、材料储备期、施工工期、建筑安装工程量等。一般根据这些因素测算确定。

(1)在合同条件中约定

发包人根据工程的特点、工期的长短、市场行情、供求规律等因素，招标时在合同条件中约定工程预付款的百分比。

包工包料工程的预付款按合同约定拨付，原则上预付比例不低于合同金额的10%，不高于合同金额的30%，对于重大工程项目，按年度工程计划逐年预付。计价执行《建设工程工程量清单计价规范》(GB 50500—2013)的工程项目，实体性消耗部分和非实体性消耗部分应在合同中分别约定预付款比例。

【例6-12】 某项目业主与一承包人签订了工程施工合同，合同中含两个子项工程，估算工程量甲项为3 000 m^3，乙项为2 800 m^3，经协商合同价甲项为190元/m^3，乙项为170元/m^3，承包合同规定：开工前业主应向承包人支付合同价15%的预付款，试计算该项目的预付款。

【解】 预付款金额=(3 000×190+2 800×170)×15%=15.69万元

(2)公式计算法

公式计算法是根据主要材料(含结构件等)占年度承包工程总价的比重、材料储备定额天数和年度施工天数等因素，通过公式计算预付款额度的方法。其计算公式为

$$\text{工程预付款数额}=\frac{\text{工程总价}\times\text{主要材料比重}(\%)}{\text{年度施工天数}}\times\text{材料储备定额天数} \tag{6-9}$$

$$\text{工程预付款比例}=\frac{\text{工程预付款数额}}{\text{工程总价}}\times 100\% \tag{6-10}$$

式中，年度施工天数按365天计算；材料储备定额天数由当地材料供应的在途天数、加工天数、整理天数、供应间隔天数、保险天数等因素决定。

预付备料款的比例额度根据工作类型、合同工期、承包人式、供应体制等不同而定。

①建筑工程不应超过当年建筑工作量(包括水、电、暖)的30%。

②安装工程按年安装工作量的10%计算，材料占比重较大的安装工程按年产值15%左右拨付；

③对于只包定额工日，所有材料都由发包人提供的工程项目，可以不预付备料款。

3. 工程预付款的拨付时限

预付工程款的时间和数额在合同专用条款中约定，工程开工后，按约定时间和比例逐次扣回。根据《建设工程价款结算暂行办法》(财建〔2004〕369号)的规定，预付工程款的拨付时间应不迟于约定的开工前7天，发包人不按约定预付，承包人在约定时间10天后向发包人发出要求

预付的通知,发包人收到通知后仍不能按要求预付的,承包人可在发出通知后 14 天停止施工,发包人应从约定应付之日起向承包人支付应付款的贷款利息,并承担违约责任。预付工程款约定时间示意图如图 6-10 所示。

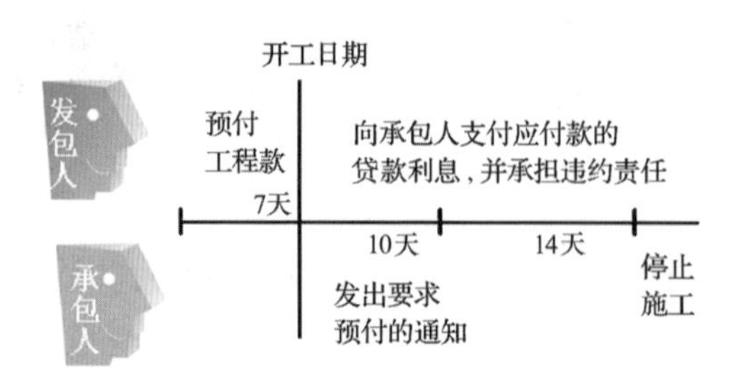

微课

工程预付款
及其扣回

图 6-10　预付工程款约定时间示意图

4. 工程预付款的扣回

发包人拨付给承包人的预付款属于预支的性质。工程实施后,随着工程所需材料储备的逐步减少,应以抵充工程款的方式陆续扣回,即在承包人应得的工程进度款中扣回。扣回的时间称为起扣点,起扣点计算方法有两种。

方法一:从未施工工程尚需的主要材料及构件的价值相当于预付备料款数额时起扣,从每次结算的工程款中按材料比重抵扣工程价款,竣工前全部扣清,即

未完工程材料款=预付备料款

未完工程材料款=未完工程价值×主材比重=(合同总价−已完工程价值)×主材比重

预付备料款=(合同总价−已完工程价值)×主材比重

已完工程价值(起扣点)=合同总价−预付备料款/主材比重

用公式表示为

$$T=P-\frac{M}{N} \tag{6-11}$$

式中　T——起扣点,即预付备料款开始扣回时的累计完成工作量金额;

M——预付备料款限额;

N——主要材料所占比重;

P——承包工程价款总额。

起扣点、预付备料款、承包工程价款总额的关系示意图如图 6-11 所示。

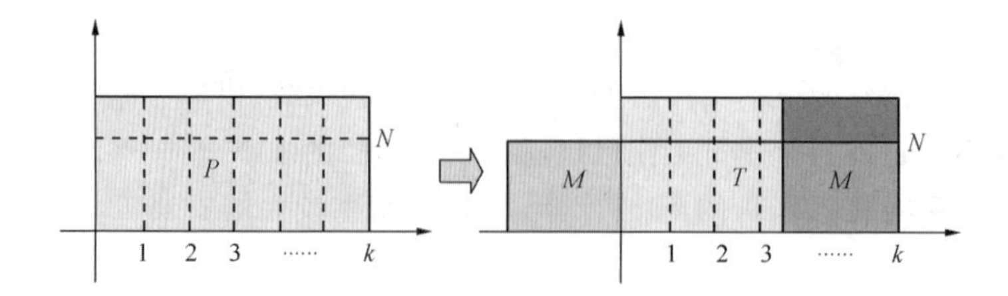

图 6-11　起扣点、预付备料款、承包工程价款总额的关系示意图

【例 6-13】 某一市政工程合同价款为 530 万元,合同规定按 10%支付工程预付款,已知主要材料比重为 45%,试计算工程预付款起扣点。

【解】 由题意知

工程预付款＝530×10％＝53 万元

根据式(6-11)，$T=P-M/N=530-53/(45\%)=412.22$ 万元

故当累计完成工作量金额达 412.22 万元时，开始扣工程预付款。

方法二：在承包人完成金额累计达到合同总价一定比例(双方合同约定，例如 10％)后，由发包人从每次应付给承包人的工程款中扣回工程预付款，发包人至少在合同规定的完工期前三个月将工程预付款的总计金额按逐次分摊的办法扣回，以使承包人将预付款还清。

【例 6-14】 某市政工程甲方与乙方签订了工程施工合同，合同中含两个子项工程，估算工程量 A 项为 4 000 m^3，B 项为 2 600 m^3，经协商合同价 A 项为 200 元/m^3，B 项为 150 元/m^3。承包合同规定：①开工前甲方应向乙方支付合同价 15％的预付款；②预付款在最后两个月扣除，每月扣 50％。试计算该市政工程的工程预付款及扣回金额。

【解】

(1)预付款金额＝(4 000×200＋2 600×150)×15％＝17.85 万元

(2)根据合同规定预付款在最后两个月扣除，每月扣 50％，则

每个月应扣预付款＝17.85×50％＝8.925 万元

注意

(1)当工程款支付未达到起扣点时，每月按照应签证的工程款支付。

(2)当工程款支付达到起扣点后，从应签证的工程款中按材料比重扣回预付备料款。

(3)当发包人一次付给承包人的余额少于规定扣回的金额时，其差额应转入下一次支付中作为债务结转。

6.4.3 工程进度款结算

施工企业在施工过程中，根据合同所约定的结算方式，按月或形象进度或控制面，对完成的工程量计算各项费用，向业主办理工程进度款结算，即中间结算。

1. 工程进度款支付过程

以按月结算为例，业主在月中向施工企业预支半月工程款，施工企业在月末根据实际完成工程量向业主提供已完工程月报表和工程价款结算账单，经业主和工程师确认，收取当月工程价款，并通过银行结算。即承包人提交已完工程量报告→工程师核实并确认→建立单位认可并审批→支付工程进度款。具体支付过程如图 6-12 所示。

图 6-12 工程进度款支付过程

2. 工程进度款支付要点

在工程进度款支付过程中，应掌握以下要点：

要点一：工程量的确认

(1)承包人应按专用条款约定的时间向工程师提交已完工程量报告。工程师接到报告后 14 天内按设计图纸核实已完工程量(计量)，计量前 24 小时通知承包人，承包人为计量提供便利条件并派人参加。承包人收到通知不参加计量的，计量结果有效，并作为工程价款支付的依据。

(2)工程师收到承包人报告后14天内未计量,从第15天起,承包人报告中开列的工程量即视为被确认,作为工程价款支付的依据。工程师不按约定时间通知承包人,致使承包人未能参加计量,计量结果无效。

(3)承包人超出设计图纸范围和因承包人原因造成返工的工程量,工程师不予计量。例如在地基工程施工中,当地基底面处理到施工图所规定的处理范围边缘时,承包人为了保证夯击质量,将夯击范围比施工图规定范围适当扩大,此扩大部分不予计量。因为这部分的施工是承包人为保证质量而采取的技术措施,费用由施工单位自己承担。

工程量确认过程示意图的具体规定如图6-13所示。

要点二:合同收入组成

按财政部制定的《企业会计准则—建造合同》中的规定,建设工程合同收入由合同中规定的初始收入和由于各种原因造成的追加收入两部分组成,具体组成如图6-14所示。

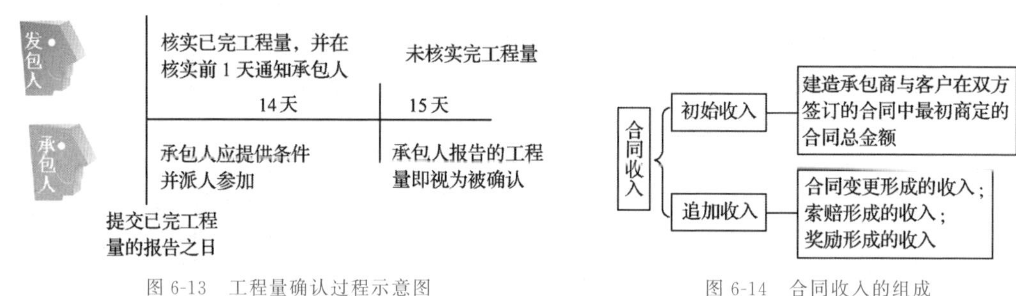

图6-13　工程量确认过程示意图

图6-14　合同收入的组成

要点三:工程进度款支付

(1)在计量结果确认后14天内,发包人应向承包人支付工程款(进度款),并按约定可将应扣回的预付款与工程款同期结算。

(2)符合规定范围合同价款的调整,工程变更调整的合同价款及其他条款中约定的追加合同价款应与工程款同期支付。

(3)发包人超过约定时间不支付工程款,承包人可向发包人发出要求付款通知,发包人收到通知仍不能按要求付款的,可与承包人签订延期付款协议,经承包人同意后延期支付。协议应明确延期支付的时间和从计量结果确认后第15天起计算应付款的贷款利息。

(4)发包人不按合同约定支付工程款,双方又未达成延期付款协议,导致施工无法进行,承包人可停止施工,由发包人承担违约责任。

工程进度款支付过程示意图如图6-15所示。

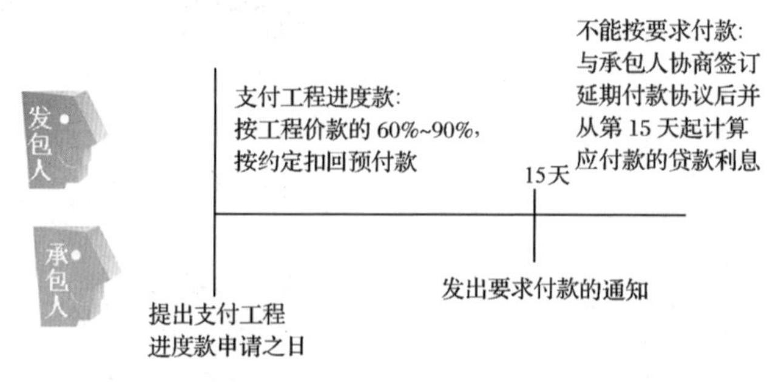

图6-15　工程进度款支付过程示意图

6.4.4 工程竣工结算

工程竣工结算是指施工企业按照合同规定的内容全部完成所承包的工程，经验收质量合格，并符合合同要求之后，向发包人进行的最终工程价款结算。

1. 工程竣工结算过程

(1)工程竣工验收报告经发包人认可后28天内，承包人向发包人递交竣工结算报告及完整的结算资料，双方按照协议书约定合同价款及专用条款约定的合同价款调整内容，进行工程竣工结算。

(2)发包人收到承包人递交的竣工结算资料后28天内核实，给予确认或者提出修改意见，承包人收到竣工结算价款后14天内将竣工工程交付发包人。

(3)发包人收到竣工结算报告及结算资料后28天内无正当理由不支付工程竣工结算价款的，从第29天起按承包人同期向银行贷款利率支付拖欠工程价款的利息并承担违约责任。

(4)发包人收到竣工结算报告及结算资料后28天内不支付工程竣工结算价款，承包人可以催告发包人支付结算价款。发包人在收到竣工结算报告及结算资料56天内仍不支付的，承包人可以与发包人协议将该工程折价，也可以由承包人申请法院将该工程拍卖，承包人就该工程折价或拍卖的价款优先受偿。

(5)工程竣工验收报告经发包人认可28天后，承包人未向发包人递交竣工结算报告及完整的结算资料，造成工程竣工结算不能正常进行或工程竣工结算价款不能及时支付时，发包人要求交付工程的，承包人应当交付，发包人不要求交付工程的，承包人承担保管责任。

具体结算过程如图6-16所示。

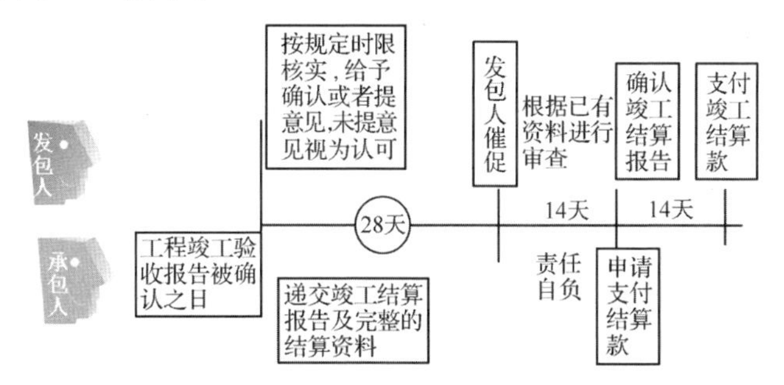

图6-16 工程竣工结算过程

2. 工程竣工结算价款的计算

$$\text{工程竣工结算价款}=\text{合同价款}+\text{施工过程中预算或合同价款调整数额}-\text{预付及已结算工程价款}-\text{保修金} \quad (6\text{-}12)$$

6.5 资金使用计划的编制和费用偏差

资金使用计划与应用(1)

6.5.1 资金使用计划的编制

在确定了投资控制目标以后，为了有效地进行投资控制必须编制资金使用计划，即按工程计划进度，将投资目标进行分解，明确每个阶段具体的投资额。

1. 施工阶段资金使用计划编制的作用

施工阶段既是建设工程规模大、周期长、造价高的阶段，又是资金投入量最大、最直接，效果最明显的阶段。施工阶段资金使用计划的编制与控制在整个建设工程管理中处于重要的地位，它对工程造价有着重要的影响，其主要作用有：

(1)通过编制资金使用计划，可以预测未来工程项目的资金使用并控制进度，减小资金浪费。

(2)通过编制资金使用计划，可以合理地确定工程造价施工阶段目标值，使工程造价控制有据可依，并为资金的筹集与协调打下基础。有了明确的目标值后，就能将工程实际支出与目标值进行比较，找出偏差，分析原因，采取措施纠正偏差。

(3)通过资金使用计划的执行，可以有效地控制工程造价上升，最大限度地节约投资。

2. 资金使用计划的编制方式

建设工程项目资金使用计划的编制通常有两种方式：一种是按不同子项目编制资金使用计划；另一种是按时间进度编制资金使用计划，具体说明见表6-11。

表6-11　建设工程项目资金使用计划的编制方式

编制方式	具体内容
按不同子项目编制资金使用计划	将一个建设项目划分为多个单项工程，每个单项工程又划分为多个单位工程，进而将单位工程划分为若干个分部分项工程，从而把投资目标分解，明确其资金使用情况。 对工程项目划分的粗细程度，根据具体实际需要而定。 投资计划分解到单项工程、单位工程的同时，还应分解到建筑工程费、安装工程费、设备购置费、工程建设其他费等，这样有助于检查各项具体投资支出对象的落实情况
按时间进度编制资金使用计划	将建设项目总投资目标按使用时间分解来确定不同时间段的分目标值，明确不同阶段的资金使用情况。 按时间进度编制的资金使用计划通常采用横道图、时标网络图、S形曲线、香蕉图等形式

(1)横道图

横道图是用不同的横道标识已完工程计划投资、实际投资及拟完工程计划投资，横道的长度与其数据成正比。横道图的优点是形象直观，但信息量少。

(2)时标网络图

时标网络图是在确定施工计划网络图的基础上，将施工进度与工期相结合而形成的网络图。

(3)S形曲线(时间-投资累计曲线)

S形曲线绘制步骤：

①确定工程项目进度计划。

②根据每单位时间内完成的实际工程量或投入的人力、物力和财力，计算单位时间(月或旬)的投资，在时标网络图上按时间编制投资支出计划，见表6-12。

表6-12　单位时间的投资

时间/月	1	2	3	4	5	6	7	8	9	10	11	12
投资/万元	100	200	300	500	600	800	800	700	600	400	300	200

③将各单位时间计划完成的投资额累计，得到计划累计完成的投资，见表6-13。

表 6-13　　计划累计完成的投资

时间/月	1	2	3	4	5	6	7	8	9	10	11	12
单位时间投资/万元	100	200	300	500	600	800	800	700	600	400	300	200
计划累计投资/万元	100	300	600	1 100	1 700	2 500	3 300	4 000	4 600	5 000	5 300	5 500

④绘制 S 形曲线，如图 6-17 所示。

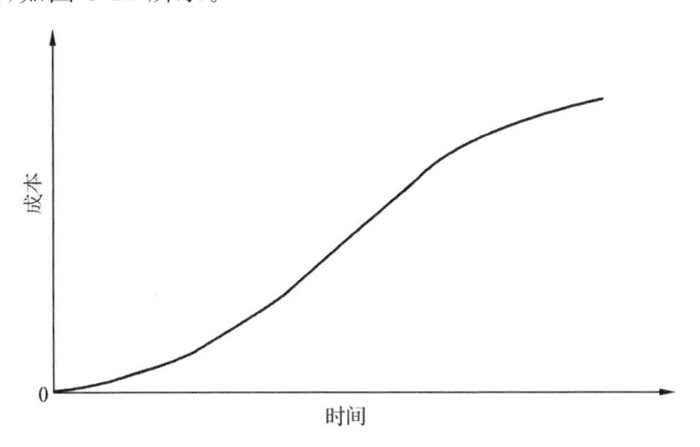

图 6-17　S 形曲线

注意

每一条 S 形曲线都对应某一特定的工程进度计划。

香蕉图绘制方法同 S 形曲线，不同之处在于分别绘制按最早开工时间和最迟开工时间的曲线，两条曲线形成类似香蕉的曲线图，如图 6-18 所示。S 形曲线必然包括在香蕉图曲线内。

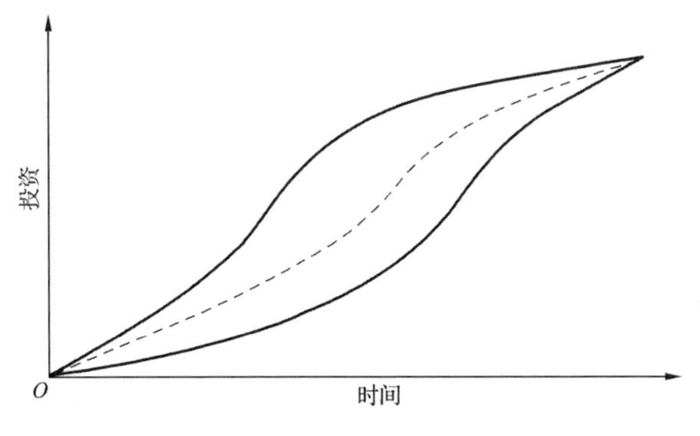

图 6-18　香蕉图

【例 6-15】　已知某施工项目的数据资料见表 6-14，绘制该项目的 S 形曲线。

表 6-14　　某施工项目的数据资料

编码	项目名称	最早开始时间	工期	每月投资额/万元
1	场地平整	1 月	1 个月	20
2	基础施工	2 月	3 个月	15

续表

编码	项目名称	最早开始时间	工期	每月投资额/万元
3	主体工程施工	4月	5个月	30
4	砌筑工程施工	8月	3个月	20
5	屋面工程施工	10月	2个月	30
6	楼地面施工	11月	2个月	20
7	室内设施安装	11月	1个月	30
8	室内装饰	12月	1个月	20
9	室外装饰	12月	1个月	10

【解】

(1)确定施工项目进度计划,编制进度计划的横道图,如图6-19所示。

编码	项目名称	工期	每月投资额/万元	工程进度/月											
				01	02	03	04	05	06	07	08	09	10	11	12
1	场地平整	1个月	20												
2	基础施工	3个月	15												
3	主体工程施工	5个月	30												
4	砌筑工程施工	3个月	20												
5	屋面工程施工	2个月	30												
6	楼地面施工	2个月	20												
7	室内设施安装	1个月	30												
8	室内装饰	1个月	20												
9	室外装饰	1个月	10												

图6-19 进度计划横道图

(2)在横道图基础上,按时间编制成本计划,如图6-20所示。

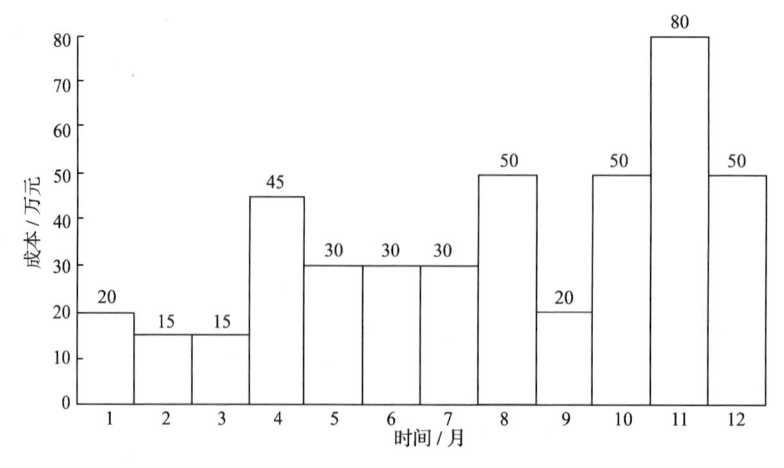

图6-20 成本计划

(3)计算规定时间 t 计划累计支出的成本额。

根据进度计划横道图，将各月工程成本累加，可得如下结果：

$Q_1=20,Q_2=35,Q_3=50,\cdots,Q_{10}=305,Q_{11}=385,Q_{12}=435$

(4)绘制 S 形曲线，如图 6-21 所示。

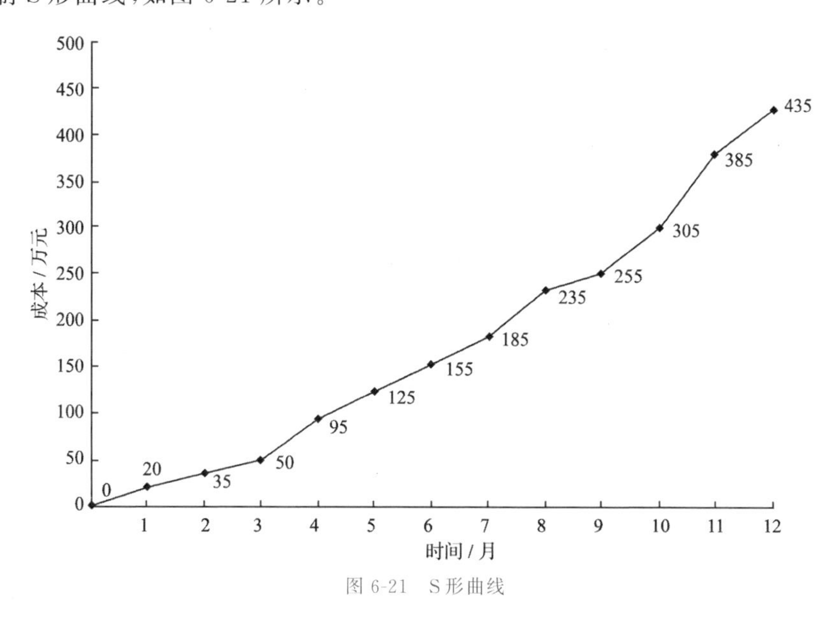

图 6-21　S 形曲线

6.5.2　费用偏差的分析

在工程施工阶段，无论是建设单位还是承包人，均需要进行实际费用(实际投资或成本)与计划费用(计划投资或成本)的动态比较，分析费用偏差产生的原因，并采取有效措施控制费用偏差。

1. 偏差

在工程项目实施的过程中，由于各种因素的影响，实际情况往往会与计划出现偏差，主要有费用偏差和进度偏差两种。我们把工程项目投资或成本的实际值与计划值的差额叫作费用偏差；把实际工程进度与计划工程进度的差额叫作进度偏差。费用偏差与进度偏差的产生，如图 6-22 所示。

资金使用计划的编制与应用(2)

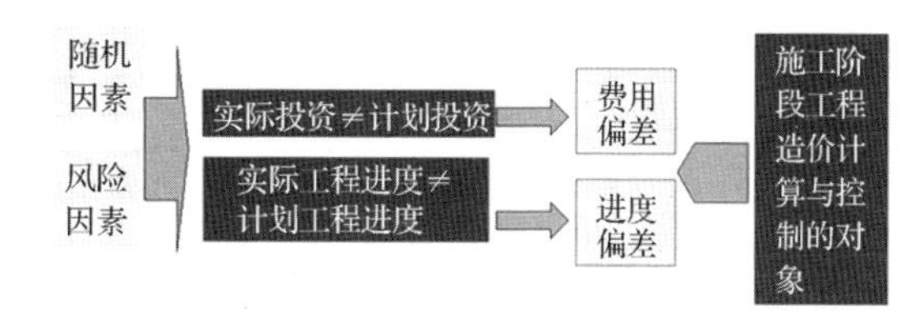

图 6-22　费用偏差与进度偏差的产生

2. 费用偏差与进度偏差

为准确地表达和计算费用偏差与进度偏差，进行偏差分析，可以通过拟完工程计划费用、已完工程计划费用、已完工程实际费用三个参数完成，其具体含义见表 6-15。通过这三个参数间的差额(或比值)测算相关费用偏差指标值，并进一步分析偏差产生的原因，从而采取措施纠正偏差。费用偏差分析方法既可以用于业主方的投资偏差分析，也可以用于承包人的成本偏差分析。

表 6-15　　费用偏差与进度偏差

偏　差	计算公式	说　明
费用偏差	已完工程计划费用－已完工程实际费用	正：费用节约 负：费用超支
	实际工程量×（计划单价－实际单价）	
进度偏差	已完工程计划时间－已完工程实际时间	正：工期超前 负：工期拖后
	（实际工程量－拟完工程量）×计划单价	

3. 偏差分析

常用的偏差分析方法有横道图法、时标网络图法、表格法、曲线法，见表 6-16。

表 6-16　　常用的偏差分析方法

方法	横道图法	时标网络图法	表格法	曲线法
基本原理	用不同的横道标识拟完工程计划费用、已完工程实际费用和已完工程计划费用，再确定费用偏差与进度偏差	根据时标网络图可以得到拟完工程计划费用，考虑实际进度前锋线就可以得到已完工程计划费用，已完工程实际费用可以根据实际工作完成情况测得，从而进行费用偏差和进度偏差的计算（图 6-23）	表格法是进行偏差分析最常用的方法，具有灵活、适用性强、信息量大的特点，可根据实际需要设计表格，进行偏差计算（表 6-17）。表格处理可借助计算机，从而节约大量人力，并提高数据处理速度	通过 S 形曲线进行偏差分析，通过三条曲线的横向和纵向距离确定费用偏差和进度偏差（图 6-24）
关键问题	需要根据拟完工程计划费用和已完工程实际费用确定已完工程计划费用	实际进度前锋线的确定	准确测定各项目的已完工程量、计划工程量、计划单价、实际单价	已完实际费用与已完计划费用两条曲线之间的竖向距离表示费用偏差，拟完计划费用与已完计划费用曲线的水平距离表示进度偏差。曲线的绘制必须准确

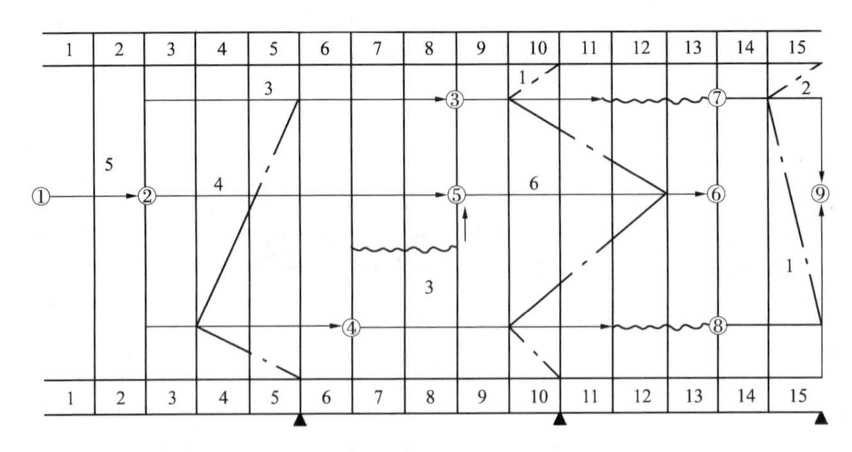

图 6-23　某工程时标网络图

表 6-17　　　　偏差分析计算表

序号				
(1)	项目编码	011	012	013
(2)	项目名称	土方工程	桩基工程	砌筑工程
(3)	计划单价			
(4)	拟完工程量			
(5)＝(4)×(3)	拟完工程计划费用	50	66	80
(6)	已完工程量			
(7)＝(6)×(3)	已完工程计划费用	60	100	60
(8)	实际单价			
(9)＝(6)×(8)	已完工程实际费用	70	80	80
(10)＝(7)－(9)	费用偏差	－10	＋20	－20
(11)＝(7)－(5)	进度偏差	＋10	＋34	－20

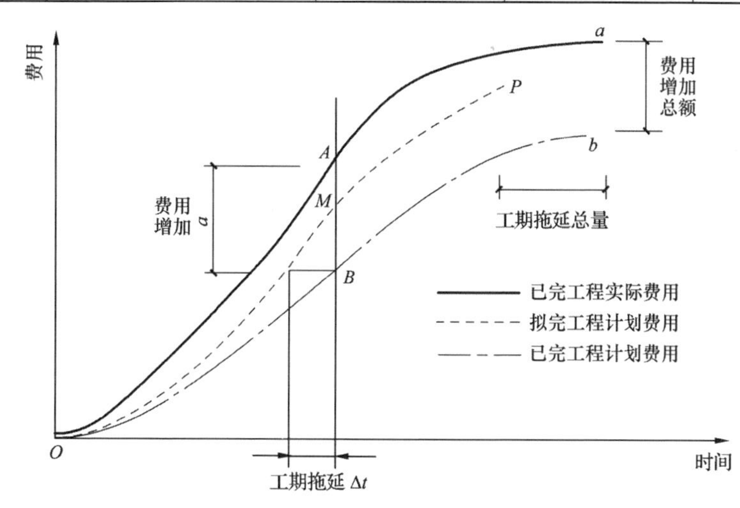

图 6-24　曲线法偏差分析

6.5.3　费用偏差产生的原因、类型及纠偏措施

1. 费用偏差产生的原因

任何建设项目在实施的各个阶段都会受到各种因素的影响，致使费用出现偏差，归纳起来有四种原因，见表 6-18。

表 6-18　　　　费用偏差产生的原因

原因种类	产生因素
客观原因	人工费涨价，材料涨价，设备涨价，利率、汇率的变化，地基因素，国家政策、法规变化等
业主原因	增加内容、投资规划不当、组织不落实、建设手续不健全、因业主原因变更工程、未及时付款等
设计原因	设计错误或缺陷、设计标准变更、图纸提供不及时、结构变更等
施工原因	施工方案不当、施工组织设计不合理、材料代用、质量事故、进度安排不当、工期拖延等

注意 客观原因是无法避免的，因施工原因造成的损失由施工单位负责，纠偏的主要对象是由业主或设计原因造成的费用偏差。

2. 偏差类型

在数量分析的基础上，可以将偏差的类型分为四种，见表6-19。

表6-19　偏差的类型

序号	形　式	是否采取措施
1	费用增加且工期拖延	必须采取措施纠正偏差
2	费用增加但工期提前	适当考虑工期提前带来的效益；当增加的资金值超过增加的效益时，要采取纠偏措施，若这种收益与增加的费用大致相当甚至高于费用增加额，则未必须要采取纠偏措施
3	工期拖延但费用节约	根据实际需要确定是否采取纠偏措施
4	工期提前且费用节约	不需要采取任何纠偏措施

3. 纠偏措施

当项目目标失控，出现偏差时，必须采取措施进行纠正与控制，通常纠偏措施分为以下四种，见表6-20。

表6-20　纠偏措施

组织措施	从投资控制的组织管理方面采取措施。例如，落实投资控制的组织机构和人员，明确各级投资控制人员的任务、职能分工、权利和责任，改善投资控制工作流程等。这是其他措施的前提和保障
经济措施	最易被人们接受，但在运用中要特别注意，不可把经济措施简单理解为审核工程量及相应的支付价款，应从全局出发来考虑，如检查投资目标分解的合理性、资金使用计划的保障性、施工进度计划的协调性。另外，通过偏差分析和未完工程预测可以发现潜在的问题，及时采取预防措施，从而取得造价控制的主动权
技术措施	不同的技术措施往往会有不同的经济效果，要对不同的技术方案进行技术经济分析，综合评价后加以选择
合同措施	主要指索赔管理。在施工过程中，索赔事件的发生是难免的，发生索赔事件后要认真审查索赔依据是否符合合同规定，计算是否合理等

注意 组织措施是目标实现的决定性因素，应充分重视组织措施对项目目标控制的作用。做施工阶段费用偏差分析时应注意拟完工程计划费用、已完工程计划费用和已完工程实际费用的区别。

6.6 综合应用案例

【综合案例6-1】

某建筑工程合同价款总额为600万元，施工合同规定预付备料款为合同价款的20%，主要材料款为工程价款的60%，在每月工程款中扣留5%作为保修金，每月实际完成工程款见表6-21。试求预付备料款和每月结算工程款。

表 6-21　　每月实际完成工程量

月份	1	2	3	4	5	6
完成工程费/万元	90	100	110	120	100	80

【案例解析】 相关计算如下：

预付备料款＝600×20％＝120 万元

起扣点＝600－120/60％＝400 万元

1 月份：累计完成工程费 90 万元，结算工程款＝90－90×5％＝85.5 万元

2 月份：累计完成工程费 190 万元，结算工程款＝100－100×5％＝95 万元

3 月份：累计完成工程费 300 万元，结算工程款＝110×(1－5％)＝104.5 万元

4 月份：累计完成工程费 420 万元，超过起扣点 400 万元

结算工程款＝120－(420－400)×60％－120×5％＝102 万元

5 月份：累计完成工程款 520 万元

结算工程款＝100－100×60％－100×5％＝35 万元

6 月份：累计完成工程款 600 万元

结算工程款＝80×(1－60％)－80×5％＝28 万元

【综合案例 6-2】

某建设工程业主与施工单位签订了施工合同，合同中含有两个子项目，工程量清单中甲子项目工程量为 2 300 m^3，乙子项目工程量为 3 200 m^3，经协商合同价甲子项目为 180 元/m^3，乙子项目为 160 元/m^3。

施工合同规定：

开工前业主向施工单位支付合同价 20％的预付款；业主自第一个月起，从施工单位的工程款中，按 5％的比例扣保修金；当子项目工程实际工程量超过估算工程量 10％时，可进行调价，调整系数为 0.9；动态结算根据市场情况，规定价格调整系数平均按 1.2 计算；工程师签发月度付款最低金额为 25 万元；预付款在最后两个月扣除，每月扣 50％。施工单位每月实际完成并经工程师签证确认的工程量见表 6-22。

表 6-22　　每月实际完成并经工程师签证确认的工程量

月　份	3	4	5	6
甲子项目/m^3	500	800	800	600
乙子项目/m^3	700	900	800	600

问题：

(1)工程预付款是多少？

(2)每月工程价款、工程师签证确认的工程款、实际签发付款凭证金额各是多少？

【案例解析】

工程预付款＝(2 300×180＋3 200×160)×20％＝18.52 万元

第一个月(3 月)：

工程量价款＝500×180＋700×160＝20.20 万元

应签证的工程款＝20.2×1.2×(1－5％)＝23.03 万元

由于合同规定工程师签发的月度付款最低金额为 25 万元，故本月工程师不予签发付款

凭证。

第二个月(4月)：

工程量价款=800×180+900×160=28.80万元

应签证的工程款=28.8×1.2×(1-5%)=32.83万元

本月应付款为32.83万元

本月工程师实际签发的付款凭证金额=23.03+32.83=55.86万元

第三个月(5月)：

工程量价款=800×180+800×160=27.20万元

应签证的工程款=27.20×1.2×(1-5%)=31.01万元

应扣预付款=18.52×50%=9.26万元

本月应付款为31.01-9.26=21.75万元

因本月应付款金额小于25万元,故本月工程师不予签发付款凭证。

第四个月(6月)：

甲子项目累计完成工程量为2 700 m^3,比原清单工程量2 300 m^3超出400 m^3,已经超过清单工程量的10%,超出部分其单价应进行调整。则：

超过清单工程量的10%的工程量=2 700-2 300×(1+10%)=170 m^3

这部分工程量单价应调整为:180×0.9=162元/m^3

甲子项目工程量价款=(600-170)×180+170×162=10.50万元

乙子项目累计完成工程量为3 000 m^3,比原清单工程量3 200 m^3减少200 m^3,不超过原清单工程量的10%,其单价不需要进行调整。则：

乙子项目工程量价款=600×160=9.60万元

本月完成甲、乙两个子项目工程量价款合计=10.50+9.60=20.10万元

应签证的工程款=20.10×1.2×(1-5%)=22.91万元

应扣预付款=18.52×50%=9.26万元

本月应付款为22.91-9.26=13.65万元

本月工程师实际签发的付款凭证金额=21.75+13.65=35.40万元

【综合案例6-3】

某市政工程,合同规定结算款为200万元,合同原始报价日期为2017年5月,工程于2018年8月建成交付使用,工程人工费、材料费构成比例以及有关造价指数见表6-23,试计算实际结算款。

表6-23　　工程人工费、材料费构成比例以及有关造价指数

项目	人工费	钢材费	水泥费	集料费	砌块费	砂费	木材费	不调值
费用比例/%	30	10	10	5	15	6	4	20
2017年5月造价指数	100	102	103	96	93	95	101	
2018年8月造价指数	110	98	112	98	90	95	105	

【案例解析】 由题意知,调值部分为0.8,根据调值公式

$$P=P_0\left(a_0+a_1\times\frac{A}{A_0}+a_2\times\frac{B}{B_0}+a_3\times\frac{C}{C_0}+a_4\times\frac{D}{D_0}\right)$$

该市政工程结算的工程价款$=200\times(0.2+0.3\times\frac{110}{100}+0.1\times\frac{98}{102}+0.1\times\frac{112}{103}+0.05\times\frac{98}{96}+0.15\times\frac{90}{93}+0.06\times\frac{95}{95}+0.04\times\frac{105}{101})=206.60$ 万元

【综合案例 6-4】

某建筑工程由外商投资建设,业主与承包人按照 FIDIC 合同条件签订了施工合同。施工合同专用条件规定:水泥、木材、钢材由业主供货到施工现场仓库,其他材料由承包人自行采购。

当工程施工至第 6 层框架柱钢筋绑扎时,业主提供的钢筋未到,使得该项作业从 5 月 3 日至 5 月 17 日停工(该项作业的总时差为零)。

5 月 7 日至 5 月 9 日因停电、停水,第 4 层的砌砖停工(该项作业的总时差为 4 天)。

5 月 15 日至 5 月 17 日因砂浆搅拌机发生故障,第 2 层抹灰延迟开工(该项作业的总时差为 4 天)。

为此,承包人于 5 月 18 日向工程师提交了一份索赔意向书,并于 5 月 25 日送交了一份工期、费用索赔计算书和索赔依据的详细材料。其计算书内容如下:

(1)工期索赔

①框架柱钢筋绑扎 5 月 3 日至 5 月 17 日停工:计 15 天。

②砌砖 5 月 7 日至 5 月 9 日停工:计 3 天。

③抹灰 5 月 15 日至 5 月 17 日延迟开工:计 3 天。

总计请求展延工程:21 天。

(2)费用索赔

①窝工机械设备费:

1 台塔吊:15×234=3 510 元

1 台混凝土搅拌机:15×60=900 元

1 台砂浆搅拌机:6×25=150 元

小计:4 560 元

②窝工人工费:

绑扎钢筋:35×30×15=15 750 元

砌砖:30×30×3=2 700 元

抹灰:35×30×3=3 150 元

小计:21 600 元

③保函费延期补偿:450 元

④管理费增加:18 000.5 元

⑤利润损失:(4 560+21 600+450+18 000.5)×5%=2 230.53 元

经济索赔合计:46 841.03 元

问题:

(1)承包人提出的工期索赔是否正确?应予批准的工期索赔为多少天?

(2)假定经双方协商一致,窝工机械设备费索赔按台班单价的 60%计算;考虑对窝工人工应合理安排工人从事其他作业后的降效损失,窝工人工费索赔按每工日 10 元计算;保函费计算方式合理;管理费、利润损失不予补偿。试确定经济索赔额。

【案例解析】

该案例主要考核工程索赔成立的条件与索赔责任的划分,工期索赔、费用索赔计算与审核。

分析该案例时，要注意网络计划关键线路，工作的总时差、自由时差的概念及对工期的影响，因非承包人原因造成窝工的人工与机械设备增加费的确定方法。

问题(1)：承包人提出的工期索赔不正确。

①框架柱钢筋绑扎停工 15 天，应予工期补偿。这是由业主造成的，且该项作业位于关键路线上。

②砌砖延迟开工，不予工期补偿。因为该项虽然是由业主造成的，但该项作业不在关键线路上，且未超过工作总时差。

③抹灰停工，不予工期补偿，因为该项停工是由承包人造成的。

同意工期补偿：15＋0＋0＝15 天

问题(2)：经济索赔审定如下：

①窝工机械设备费

1 台塔吊：15×234×60％＝2 106 元(按惯例闲置机械只应计取折旧费)

1 台混凝土搅拌机：15×60×60％＝540 元(按惯例闲置机械只应计取折旧费)

1 台砂浆搅拌机：3×25×60％＝45 元(按惯例停电闲置可按折旧费计取)

因故障砂浆搅拌机停机 3 天应由承包人自行负责损失，故不予补偿。

小计：2 106＋540＋45＝2 691 元

②窝工人工费

绑扎钢筋：35×10×15＝5 250 元(由业主造成，但窝工工人已做其他工作，所以只补偿工效差)

砌砖：30×10×3＝900 元(业主原因造成，只考虑降效费用)

抹灰：不应予以补偿，系承包人责任

小计：5 250＋900＝6 150 元

③保函费补偿

保函费补偿共计 450 元。

④管理费增加补偿

一般不予补偿。

⑤利润损失补偿

通常因暂时停工不予补偿利润损失。

经济补偿合计：2 691＋6 150＋450＝9 291 元

【综合案例 6-5】

某建筑安装工程项目，业主与承包人签订的施工合同为 600 万元，工期为 3 月至 10 月共 8 个月，合同规定如下：

(1)工程备料款为合同价款的 25％，主材占比为 62.5％。

(2)保修金为合同价款的 5％，从第一次支付开始，每月按实际完成工程量价款的 10％扣留。

(3)业主提供的材料和设备的费用在发生当月的工程款中扣回。

(4)施工中发生经确认的工程变更，在当月的进度款中予以增减。

(5)当承包人每月累计实际完成工程量价款少于累计计划完成工程量价款占该月实际完成工程量价款的 20％及以上时，业主按当月实际完成工程量价款的 10％扣留，该扣留项在承包人赶上计划进度时退还。但发生非承包人原因停止时，这里的累计实际工程量价款按每停工 1 天计 2.5 万元。

(6)若发生工期延误，每延误1天，责任方向对方赔偿合同价款的0.12%，该款项在竣工时办理。

在施工过程中，3月份由于业主要求设计变更，工期延误10天，共增加费用25万元；8月份发生台风，停工7天；9月份由于承包人的施工质量问题造成返工，工期延误13天；最终工程于11月底完成，实际施工9个月。

经工程师认定的承包人在各月计划和实际完成的工程量价款及由业主直供的材料、设备的价款见表6-24，表中未计入由于工程变更等原因造成的工程款的增减数额。

表6-24　各月计划完成和实际完成工程量价款　万元

月份	3	4	5	6	7	8	9	10	11
计划完成工程量价款	60	80	100	70	90	30	100	70	
实际完成工程量价款	30	70	90	85	80	28	90	85	42
业主直供材料、设备价款	0	18	21	6	24	0	0	0	0

问题：

(1)备料款的起扣点是多少？

(2)工程师每月实际签证的付款凭证金额为多少？

(3)业主实际支付多少？若本项目的建筑安装工程业主计划投资615万元，则费用偏差为多少？

【案例解析】

(1)备料款＝600×25%＝150万元

备料款起扣点＝600－150/62.5%＝360万元

(2)每月累计计划与实际工程量价款见表6-25。

表6-25　每月累计计划与实际工程量价款　万元

月份	3	4	5	6	7	8	9	10	11
计划完成工程量价款	60	80	100	70	90	30	100	70	
累计计划完成工程量价款	60	140	240	310	400	430	530	600	600
实际完成工程量价款	30	70	90	85	80	28	90	85	42
累计实际完成工程量价款	55	125	215	300	380	425.5	515.5	600.5	642.5
费用偏差	+5	+15	+25	+10	+20	+4.5	+14.5	－0.5	－42.5

表6-23中，3月份的累计实际完成工程量价款，应加上设计变更增加的25万元，即30＋25＝55万元

8月份应加上台风7天停工的计算款额：2.5×7＝17.5万元

累计完成工程量价款＝28＋380＋17.5＝425.5万元

保修金总额＝600×5%＝30万元

各月签证的付款凭证金额如下：

3月份：

应签证的工程款＝30＋25＝55万元

签发付款凭证金额＝55－30×10%＝52万元

4 月份：

签发付款凭证金额＝70－70×10％－18－70×10％＝38 万元

5 月份：

签发付款凭证金额＝90－90×10％－21－90×10％＝51 万元

6 月份：

签发付款凭证金额＝85－85×10％－6＝70.5 万元

到本月为止，保修金共扣 3＋7＋9＋8.5＝27.5 万元，下月还需扣留 30－27.5＝2.5 万元。

7 月份：

签发付款凭证金额＝80－2.5－24－80×10％＝45.5 万元

8 月份：

累计完成合同价款＝30＋70＋90＋85＋80＋28＝383 万元，大于 360 万元应扣回备料款。

签发付款凭证金额＝28－(383－360)×62.5％＝13.63 万元

9 月份：

签发付款凭证金额＝90－90×62.5％＝33.75 万元

10 月份：

本月进度赶上计划进度，应返还 4 月、5 月、7 月扣留的工程款。

签发付款凭证金额＝85－85×62.5％＋(70＋90＋80)×10％＝55.88 万元

11 月份：

本月为工程延误期，按合同规定，设计变更，承包人可以向业主索赔延误工期 10 天，台风为不可抗力，业主不赔偿费用损失，工期顺延 7 天，因承包人施工质量问题返工损失，应由承包人承担。索赔工期 10＋7＝17 天，实际总工期 9 个月，拖延了 30－17＝13 天，罚款 13×600×0.12％＝9.36 万元。

签发付款凭证金额＝42－42×62.5％－600×0.12％×13＝6.39 万元

(3)本项目业主实际支出：600＋25－600×0.12％×13＝615.64 万元

费用偏差＝615－615.64＝－0.64 万元

【综合案例 6-6】

某工程项目施工承包合同价为 300 万元，双方合同中规定工程开工时间为 3 月 1 日，竣工时间为 6 月 30 日，甲、乙双方补充协议，该工程施工中发生的变更、签证等可按实调整，工期每提前(延误)1 天奖(罚)5 000 元，该项目施工中发生以下一些事件：

事件一：本应于 3 月 1 日～3 月 5 日完成的土方工程，由于发现了地质勘察报告中未注明的地下障碍物，排除障碍物比合同内多挖土方 500 m^3。合同内土方量 2 000 m^3，综合单价 25 元/m^3，根据协议超过合同工程量 15％时，超过部分可调价，其调价系数为 1.2。地基加固处理费 2 万元，土方至 3 月 10 日才完成。

事件二：施工单位自购的钢材，经检测合格，检测费 1 000 元。监理工程师对此钢材质量有怀疑，要求复检，复检结果仍合格，再次检测又花费 1 000 元。

事件三：在一个关键工作面上发生以下原因造成暂时停工：5 月 21 日～5 月 27 日承包人的施工机械设备出现了从未出现的故障；应于 5 月 28 日交给承包人的后续图纸直到 6 月 6 日才交；6 月 7 日～6 月 12 日该地区出现了特大风暴，造成了 6 月 11 日～6 月 14 日该地区的供电中断。该事件因业主原因每延长 1 天，补偿损失费 2 000 元。工程最终于 7 月 20 日竣工。

问题：承包人均在合理的时间内向业主提出了索赔要求，试对各事件逐个进行分析，该工程最后给予承包人的总费用为多少？

【案例解析】

事件一：地质勘察报告中未注明的地下障碍物，排除障碍物多挖土方，工期延长属于业主原因。

按合同规定需要调价部分的工程量＝500－2 000×15％＝200 m^3，则

多挖土方价款：300×25＋200×25×1.2＝13 500 元

事件一总费用：20 000＋13 500＝33 500 元，工期延长 5 天。

事件二：监理工程师要求复检的材料，若合格，业主承担检测费；若不合格，则业主不承担，由施工单位承担检测费。本题监理工程师复检材料合格，业主应给予施工单位检测费 1 000 元。

事件三：5 月 21 日～5 月 27 日停工属于承包人的原因，不考虑费用与工期索赔。

5 月 28 日～6 月 6 日停工属于业主原因，工期延长 10 天，费用补偿为 10×2 000＝20 000 元。

6 月 7 日～6 月 12 日为自然灾害，不补偿费用，工期延长：工期延长 6 天。

6 月 13 日～6 月 14 日停工属于业主原因，工期延长 2 天，费用补偿：2×2 000＝4 000 元。

事件三合计：工期延长 10＋6＋2＝18 天，费用补偿 20 000＋4 000＝24 000 元。

由于工程实际于 7 月 20 日竣工，可原谅的工期可延长 5＋18＝23 天，也即可原谅的竣工工期为 7 月 23 日，则实际竣工日提前 3 天，奖励 3×5 000＝15 000 元。

该工程最后应给予承包人的总费用为：300＋3.35＋0.1＋2.4＋1.5＝307.35 万元。

本章小结

建设工程施工阶段是工程造价控制的主要阶段，本模块从施工阶段的工作特点、造价控制的任务、造价管理的流程开始，对建设工程施工阶段工程变更及合同价款调整、工程索赔及建设工程价款结算，资金使用计划的编制与应用等做了较详细的介绍。

其中，施工阶段是形成工程建设项目实体的阶段，施工阶段涉及的单位数量多，工程信息内容广泛、时间性强、数量大，存在着众多影响目标实现的因素，应加强控制与管理。

工程变更在施工阶段是不可避免的正常现象，应明确其处理原则与程序，掌握其对应的工程合同价款的调整方法。工程索赔是本模块的重点内容，要明确其含义与处理原则，熟悉索赔文件的内容与编制，掌握索赔程序以及费用与工期的索赔计算。建设工程价款结算是施工阶段造价控制的重要内容，应明确结算方式与程序，掌握预付款、进度款以及动态结算的方法。要特别注意工程变更、工程索赔和工程结算过程中的规定时间点。

资金使用计划的编制与应用是投资偏差分析的前提，通过本模块的学习应对偏差产生的原因、偏差分析的方法和纠偏措施有一定的认识。

模块 6

模块 7 建设工程竣工阶段工程造价控制

思维导图

模块 7

子模块	知识目标	能力目标
竣工验收	了解竣工验收的概念、条件与标准；熟悉竣工验收的内容；掌握竣工验收的方式与程序	能根据不同的验收对象，明确不同的验收条件、组织者与签署的文件
竣工决算	了解竣工决算的内容；熟悉竣工决算与竣工结算在内容以及作用方面的区别	能明确竣工决算的编制依据与编制步骤
新增资产价值的确定	熟悉工程新增固定资产价值的构成；熟悉新增无形资产的计价原则	能对新增固定资产和新增无形资产的价值进行确定
质量保证金的处理	了解质量保证金的含义、作用、预留与返还；了解缺陷责任期与保修期；掌握建设工程最低保修期限的规定	会对建设工程保修期限进行确定

7.1 竣工验收

要点分析

竣工验收

7.1.1 竣工验收概述

1. 竣工验收的概念

竣工验收是指由发包人、承包人和项目验收委员会，以项目批准的设计任务书和设计文件以及国家或主要部门颁发的施工验收规范和质量检验标准为依据，按照一定的程序和手续，在项目建成并试生产合格后（工业生产性项目），对工程项目的总体进行检验和认证、综合评价和鉴定的活动。

竣工验收是建设工程的最后阶段，是建设项目施工阶段和保修阶段的中间过程，是全面检验建设项目是否符合设计要求和工程质量检验标准的重要环节，也是审查投资使用是否合理的重要环节，还是投资成果转入生产或投入使用的标志。只有经过竣工验收，建设项目才能实现由承包人管理向发包人管理的过渡。竣工验收对促进建设项目及时投产或交付使用、发挥投资效果、总结建设经验有着重要的作用。

2. 竣工验收的条件

《建设工程质量管理条例》规定，建设工程竣工验收应当具备以下条件：

(1)完成建设工程设计和合同约定的各项内容，主要是指设计文件所确定的、在承包合同中载明的工作范围，也包括监理工程师签发的变更通知单中所确定的工作内容。

(2)有完整的技术档案和施工管理资料。

(3)有工程使用的主要建筑材料、建筑构配件和设备的进场试验报告。对建设工程使用的主要建筑材料、建筑构配件和设备的进场，除具有质量合格证明资料外，还应当有试验、检验报告。试验、检验报告中应当注明其规格、型号、用于工程的具体部位、批量批次、性能等技术指标，其质量要求必须符合国家规定的标准。

(4)有勘察、设计、施工、工程监理等单位分别签署的质量合格文件。

3. 竣工验收的范围

凡新建、扩建、改建的基本建设项目和技术改造项目(所有列入固定资产投资计划的建设项目或单项工程)，已按国家批准的设计文件所规定的内容建成，符合验收标准，即工业投资项目经负荷试车考核，试生产期间能够正常生产合格产品，形成生产能力的；非工业投资项目符合设计要求，能够正常使用的，不论属于哪种建设性质，都应及时组织验收，办理固定资产移交手续。

4. 竣工验收的依据

(1)上级主管部门对该项目批准的各种文件。

(2)可行性研究报告。

(3)施工图纸设计文件及设计变更洽商记录。

(4)国家颁布的各种标准和现行的施工验收规范。

(5)工程承包合同文件。

(6)技术设备说明书。

(7)建筑安装工程统一规定及主管部门关于工程竣工的规定。

(8)从国外引进的新技术和成套设备的项目，以及中外合资建设项目，要按照签订的合同和进口国提供的设计文件等进行验收。

(9)利用世界银行等国际金融机构贷款的建设项目，应按世界银行规定，按时编制项目完成报告。

5. 竣工验收的标准

(1)工业建设项目竣工验收标准

根据国家规定，工业建设项目竣工验收、交付生产使用，必须满足以下要求：

①生产性项目和辅助性公用设施，已按设计要求完成，能满足生产使用。

②主要工艺设备和配套设施经联动负荷试车合格，形成生产能力，能够生产设计文件所规定的产品。

③必要的生产设施，已按设计要求建成合格。

④生产准备工作能适应投产的需要。

⑤环境保护设施，劳动、安全、卫生设施和消防设施，已按设计要求与主体工程同时建成使用。

⑥设计和施工质量已经过质量监督部门检验并做出评定。

⑦工程结算和竣工决算通过有关部门审查和审计。

(2)民用建设项目竣工验收标准

①建设项目各单位工程和单项工程,均已符合项目竣工验收标准。

②建设项目配套工程和附属工程,均已施工结束,达到设计规定的相应质量要求,并具备正常使用条件。

7.1.2 建设项目竣工验收的内容

不同的建设项目竣工验收的内容可能有所不同,但一般都包括工程资料验收和工程内容验收两部分。

1.工程资料验收

工程资料验收包括工程技术资料验收、工程综合资料验收和工程财务资料验收三方面的内容。

2.工程内容验收

工程内容验收包括建筑工程验收和安装工程验收两方面的内容。

(1)建筑工程验收

建筑工程验收主要是指如何运用有关资料进行审查验收,主要包括:

①建筑物的位置、标高、轴线是否符合设计要求。

②对基础工程中的土石方工程、垫层工程、砌筑工程等资料的审查验收。

③对结构工程中的砖木结构、砖混结构、内浇外砌结构、钢筋混凝土结构的审查验收。

④对屋面工程的屋面瓦、保温层、防水层等的审查验收。

⑤对门窗工程的审查验收。

⑥对装饰工程的审查验收(抹灰、油漆等工程)。

(2)安装工程验收

安装工程验收分为建筑设备安装工程、工艺设备安装工程和动力设备安装工程验收,主要包括:

①建筑设备安装工程是指民用建筑物中的上下水管道、暖气、天然气或煤气、通风、电气照明等安装工程。验收时应检查这些设备的规格、型号、数量、质量是否符合设计要求,检查安装时的材料、材质等,检查试压、闭水试验、照明。

②工艺设备安装工程包括生产、起重、传动、试验等设备的安装,以及附属管线敷设和油漆、保温等。验收时应检查设备的规格、型号、数量、质量、设备安装的位置、标高、机座尺寸、单机试车、无负荷联动试车、有负荷联动试车是否符合设计要求,检查管道的焊接质量、洗清、吹扫、试压、试漏、油漆、保温等及各种阀门。

③动力设备安装工程验收是指有自备电厂的项目的验收,或变配电室(所)、动力配电线路的验收。

7.1.3 竣工验收的方式、程序及竣工验收报告

建设项目的竣工验收应根据工程规模和复杂程度组成竣工验收委员会或验收组,其人员构成应由银行、物资、环保、劳动、统计、消防及其他有关部门的专业技术人员和专家组成。负责审查工程建设的各个环节及工程档案资料,评定工程质量,处理有关问题,签署验收意见,提出竣工验收工作的总结报告和国家验收鉴定书。

建设主管部门和建设单位(业主)、接管单位、施工单位、勘察设计及工程监理等有关单位参加验收工作。

1. 竣工验收的方式

为了保证建设项目竣工验收的顺利进行,验收必须遵循一定的程序,并按照建设项目总体计划的要求以及施工进展的实际情况分阶段进行。建设项目竣工验收,按被验收的对象分类可分为单位工程验收(中间验收)、单项工程验收(交工验收)及工程整体验收(动用验收),见表 7-1。

表 7-1　　不同阶段的工程验收

类型	验收条件	验收组织	验收结果
单位工程验收(中间验收)	(1)按照施工承包合同的约定,施工完成到某一阶段后要进行中间验收; (2)主要的工程部位施工已完成了隐蔽前的准备工作,该工程部位将置于无法查看的状态	由监理单位组织,发包人和承包人派人参加,该部位的验收资料将作为最终验收的依据	验收合格后,监理工程师签署"工程竣工报验单"
单项工程验收(交工验收)	(1)建设项目中的某个合同工程已全部完成; (2)合同内约定有分部分项移交的工程已达到竣工标准,可移交给业主投入试运行	由发包人组织,会同承包人、监理单位、设计单位及使用单位等有关部门共同参加	验收合格后,发包人和承包人共同签署"交工验收证书"
工程整体验收(动用验收)	(1)建设项目按设计规定全部建成,达到竣工验收标准; (2)初验结果全部合格; (3)竣工验收所需资料已准备齐全	大中型和限额以上项目由国家发展和改革委员会或由其委托项目主管部门或地方政府部门组织验收;小型和限额以下项目由项目主管部门组织验收;发包人、承包人、监理单位、设计单位和使用单位参加验收工作	具体验收分为验收准备、预验收和正式验收三个阶段;验收合格后,签署"竣工验收鉴定书"

2. 竣工验收的程序

通常所说的建设项目竣工验收,指的是动用验收。建设项目全部建成,经过各单项工程的验收符合设计的要求,并具备竣工图表、竣工决算、工程总结等必要的文件资料,由建设项目主管部门或发包人向负责验收的单位提出竣工验收申请报告,按程序验收,如图 7-1 所示。

图 7-1　竣工验收的程序

3. 竣工验收报告

建设项目竣工验收合格后,建设单位应当及时提出工程竣工验收报告。工程竣工验收报告主要包括工程概况,建设单位执行基本建设程序情况,对工程勘察、设计、施工、监理等方面的评价,工程竣工验收时间、程序、内容和组织形式,工程竣工验收意见等内容。

工程竣工验收报告还应附有下列文件:

(1)施工许可证。

(2)施工图纸设计文件审查意见。

(3)验收组人员签署的工程竣工验收意见。

(4)市政基础设施工程应附有质量检测和功能性试验资料。

(5)施工单位签署的工程质量保修书。

(6)法规、规章规定的其他有关文件。

竣工决算

竣工决算

7.2.1 竣工决算概述

1. 竣工决算的概念

竣工决算是以实物量和货币指标为计量单位,综合反映竣工项目从筹建开始到项目竣工交付使用为止的全部建设费用、建设成果和财务情况的总结性文件,是竣工验收报告的重要组成部分。竣工决算是正确核定各类新增资产价值、考核分析投资效果、办理建设项目交付使用的依据,是反映建设项目实际造价和投资效果的重要文件。

2. 竣工决算的作用

对建设单位而言竣工决算具有重要作用,具体表现:

(1)竣工决算能够准确、综合、全面地反映建设工程的实际造价和投资结果,便于业主掌握工程投资金额,是建设项目成果及财务情况的总结性文件。

(2)竣工决算是业主核定各类新增资产价值和办理其交付使用的重要依据。

(3)通过对竣工决算与概算、预算的对比分析,考核投资控制的工作成效,总结经验教训,积累技术经济方面的基础资料,对未来建设工程的投资具有重要的指导意义。

3. 竣工决算与竣工结算的区别

竣工决算不同于竣工结算,具体区别见表 7-2。

表 7-2　竣工决算与竣工结算的区别

区别项目	工程竣工结算	工程竣工决算
编制单位	承包人的预算部门	项目业主的财务部门
内容	承包人承包施工的建筑安装工程的全部费用,它最终反映承包人完成的施工产值	建设工程从筹建开始到竣工交付使用为止的全部建设费用,它反映建设工程的投资效益
作用和性质	承包人与业主办理工程价款最终结算的依据; 双方签订的建筑安装工程合同终结的凭证; 业主编制竣工决算的主要资料	业主办理交付、验收、动用新增各类资产的依据; 竣工验收报告的重要组成部分

7.2.2 竣工决算的内容

竣工决算是建设项目从筹建到竣工交付使用为止所发生的全部建设费用。为了全面反映建设工程经济效益,竣工决算由竣工财务决算说明书、竣工财务决算报表、竣工图、工程造价比较分析四部分组成,如图 7-2 所示。其中前两个部分是竣工决算的核心部分,又称之为工程项目竣工决算。

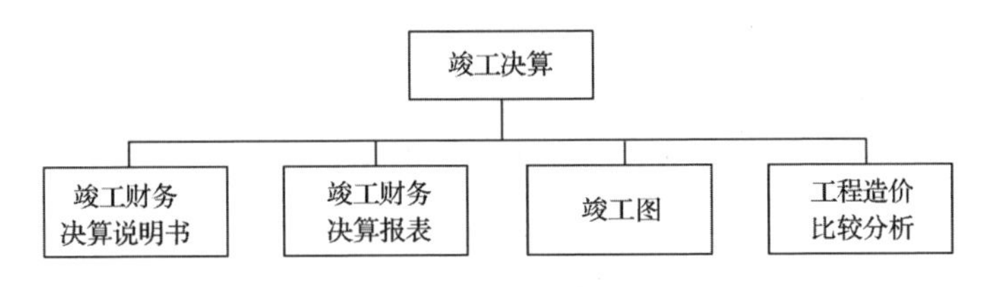

图7-2 竣工决算的组成

1. 竣工财务决算说明书

竣工财务决算说明书主要反映竣工工程建设成果和经验，是对竣工财务决算报表进行分析和补充说明的文件，是全面考核分析工程投资与造价的书面总结，是竣工财务决算的组成部分，其内容主要包括：

(1)建设项目概况。从工程进度、质量、安全、造价和施工等方面进行分析和说明。

(2)资金来源及运用的财务分析。包括工程价款结算、会计账务处理、财产物资情况以及债权债务的清偿情况。

(3)建设收入、资金结余以及结余资金的分配处理情况。

(4)主要技术经济指标的分析、计算情况。例如，新增生产能力的效益分析等。

(5)工程项目管理及决算中存在的问题，并提出建议。

(6)需要说明的其他事项。

2. 竣工财务决算报表

建设项目竣工财务决算报表包括基本建设项目概况表、基本建设项目竣工财务决算表、基本建设项目交付使用资产总表、基本建设项目交付使用资产明细表等。

(1)基本建设项目概况表。该表综合反映基本建设项目的概况，内容包括该项目总投资、建设起止时间、新增生产能力、主要材料消耗、建设成本、完成主要工程量和主要技术经济指标，为全面考核和分析投资效果提供依据。

(2)基本建设项目竣工财务决算表。该表反映竣工的建设项目从开工到竣工全部资金来源和资金运用的情况。它是考核和分析投资效果，落实结余资金，并作为报告上级核销基本建设支出和基本建设拨款的依据。

(3)基本建设项目交付使用资产总表。该表反映建设项目建成后新增固定资产、流动资产、无形资产和其他资产的情况和价值，作为财产交接、检查投资计划完成情况和分析投资效果的依据。

(4)基本建设项目交付使用资产明细表。该表反映交付使用的固定资产、流动资产、无形资产和其他资产及其价值的明细情况，是办理资产交接和接收单位登记资产账目的依据，是使用单位建立资产明细账和登记新增资产价值的依据。

3. 竣工图

建设工程项目竣工图是真实地反映各种地上地下建筑物、构筑物等情况的技术文件，是工程进行交工验收、维护改建和扩建的依据。国家规定对于各项新建、扩建、改建的基本建设工程，特别是基础、地下建筑、管线、结构、港口、水坝、桥梁、井巷以及设备安装等隐蔽部位，都应该绘制详细的竣工图。为了提供真实可靠的资料，在施工过程中应做好这些隐蔽工程的检查记录，整理好设计变更文件，具体要求见表7-3。

表 7-3　　形成竣工图的具体要求

原施工图变动情况	形成竣工图的具体要求	负责单位
未发生变动	直接在原施工图上加盖“竣工图”标志	施工单位
有一般性设计变更	在原施工图上注明修改部分，并附以设计变更通知和施工说明后加盖“竣工图”标志	
结构形式发生改变 施工工艺发生改变 平面布置发生改变 项目发生改变	重新绘制施工图，附以有关记录和说明；在新施工图上加盖“竣工图”标志	建设单位 设计单位 施工单位

注意

(1)为了满足竣工验收和竣工决算的需要，还应绘制反映竣工工程全部内容的工程设计平面示意图。

(2)重大的改建、扩建工程项目涉及原有工程项目变更时，应将相关项目的竣工图资料统一整理归档，并在原案卷内增补必要的说明。

4. 工程造价比较分析

对控制工程造价所采取的措施、效果及其动态变化应进行认真的比较分析，总结经验教训。批准的概算是考核建设工程造价的依据。在分析时，可先对比整个项目的总概算，然后将建筑安装工程费、设备费、工器具费和其他工程费逐一与竣工财务决算表中所提供的实际数据和相关资料及批准的概算指标、预算指标、实际的工程造价进行对比分析，以确定竣工项目总造价是节约了还是超支了，并在对比的基础上，总结经验教训，找出节约或超支的内容和原因。在实际工作中，应主要分析以下内容：

(1)主要实物工程量。

(2)主要材料消耗量。

(3)考核建设单位管理费、措施项目费、企业管理费和规费的取费标准。

7.2.3　竣工决算的编制

1. 竣工决算的编制依据

竣工决算的编制是一项严肃而重要的工作，要使编制的决算完整、正确，必须有一定的依据，具体包括如下内容：

(1)经批准的可行性研究报告、投资估算书、初步设计或扩大初步设计、修正总概算、施工图设计以及施工图预算等文件。

(2)设计交底或图纸会审纪要。

(3)招投标标底价格、承包合同、工程结算等有关资料。

(4)施工记录、施工签证单及其他在施工过程中的有关费用记录。

(5)竣工图、竣工验收资料。

(6)历年基本建设计划、历年财务决算及批复文件。

(7)设备、材料调价文件和调价记录。

(8)有关财务制度及其他相关资料。

2. 竣工决算的编制要求

(1)按照规定进行竣工验收,保证竣工决算的及时性。

(2)积累、整理竣工项目资料,保证竣工决算的完整性。

(3)清理、核对各项账目,保证竣工决算的正确性。

3. 竣工决算的编制步骤

根据财政部有关的通知要求,竣工决算的编制应按图7-3所示的步骤进行。

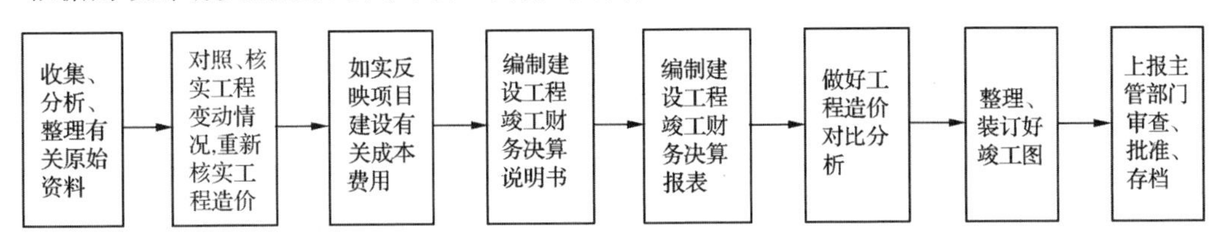

图7-3 竣工决算的编制步骤

(1)为了保证提供资料的完整性、全面性,要从建设工程开始时就按照编制依据的要求收集、整理、清点有关资料,包括所有的技术资料、工料结算的经济文件、施工图纸、施工记录和各种变更与签证资料、财产物资的盘点核实、债权的收回及债务的清偿等。在收集、分析、整理原始资料中,特别注意对建设工程容易损坏、遗失的各种设备、材料、工器具要逐项实地盘点、核查并填列清单,妥善保管或按照国家有关规定处理,杜绝任意侵占和挪用。

(2)在对照、核实工程变动情况,重新核实各单位工程、单项工程造价时,要做到将竣工资料与原设计图纸进行查对、核实,如有必要可实地测量,确认实际变更情况;根据审定后的施工单位竣工结算等原始资料,并按照有关规定对原概(预)算进行增减调整,重新核定建设项目工程造价。

(3)在审定项目建设有关成本费用时,应将设备及工器具购置费、建筑安装工程费、工程建设其他费以及待摊费等严格划分、核定后,分别记入相关的建设成本栏目中。

注意

在编制竣工决算报表时,应注意三个区别:即资金来源中的资本金与资本公积金的区别;项目资本金与借入资金的区别以及资金占用中的交付使用资产与库存器材的区别。

7.3 新增资产价值的确定

新增资产价值的确定

建设项目竣工投入运营后,建设期内所花费的总投资形成相应的资产。按照国家新的财务制度和企业会计准则、税法的规定,新增资产按性质可分为新增固定资产、新增流动资产、新增无形资产和新增其他资产四类。

7.3.1 新增固定资产价值

1. 新增固定资产价值的构成

新增固定资产价值是投资项目竣工投产后所增加的固定资产价值,即交付使用的固定资产价值,是以价值形态表示建设项目的固定资产最终成果的指标,主要由以下几部分构成:

(1)已经投入生产或者交付使用的建筑安装工程价值，主要包括建筑工程费、安装工程费。

(2)达到固定资产使用标准的设备、工器具的购置费。

(3)预备费，主要包括基本预备费和价差预备费。

(4)增加固定资产价值的其他费，主要包括建设单位管理费、研究试验费、设计勘察费、工程监理费、联合试运转费、引进技术和进口设备的其他费等。

(5)新增固定资产建设期间的融资费，主要包括建设期贷款利息和其他相关融资费。

注意

(1)固定资产是指同时具有下列两个特征的有形资产：①为生产商品、提供劳务、出租或经管理而持有的；②使用寿命超过一个会计年度。

(2)固定资产确认同时满足两个条件：①固定资产包含的经济利益很可能流入企业；②该固定资产的成本能够可靠地计量。

2. 新增固定资产价值的确定及注意事项

新增固定资产价值的确定见表7-4。

表7-4　新增固定资产价值的确定

确定对象	能够独立发挥生产能力的单项工程
确定原则	一次交付生产或使用的单项工程，应一次计算确定新增固定资产价值； 分期分批交付生产或使用的单项工程，应分期分批计算确定新增固定资产价值
确定时间	当单项工程建成，经有关部门验收合格并正式交付使用或生产时
确定新增固定资产价值的作用	能够如实反映企业固定资产价值的增减情况，确保核算的统一、准确； 反映一定范围内固定资产的规模与生产速度； 核算企业固定资产占用金额的主要参考指标； 正确计提固定资产折旧的重要依据； 分析国民经济各部门技术构成、资本有机构成变化的重要资料

在确定新增固定资产价值时要注意以下几种情况：

(1)对于为了提高产品质量、改善职工劳动条件、节约材料消耗、保护环境等建设的附属辅助工程，只要全部建成，正式验收合格并交付使用后，也作为新增固定资产确认其价值。

(2)对于单项工程中虽不能构成生产系统，但可以独立发挥效益的非生产性项目，例如职工住宅、职工食堂、幼儿园、医务所等生活服务网点，在建成、验收合格并交付使用后，应确认为新增固定资产，并计算资产价值。

(3)凡企业直接购置并达到固定资产使用标准，不需要安装的设备、工器具，应在交付使用后确认新增固定资产价值；凡企业购置并达到固定资产使用标准，需要安装的设备、工器具，在安装完毕交付使用后应确认新增固定资产价值。

(4)属于新增固定资产价值的其他投资，应随同受益工程交付使用的同时一并计入。

(5)交付使用资产的成本，应按下列内容计算：

①房屋建筑物、管道、线路等固定资产的成本包括建筑工程成本和应由各项工程分摊的待摊费用。

②生产设备和动力设备等固定资产的成本包括需要安装设备的采购成本(即设备的买价和支付的相关税费)、安装工程成本、设备基础支柱等建筑工程成本或砌筑锅炉及各种特殊炉的建筑工程成本、应由各设备分摊的待摊费。

③运输设备及其他不需要安装的设备、工器具等固定资产一般仅计算采购成本，不包括待摊费。

(6)共同费用的分摊方法。新增固定资产的其他费用，如果是属于整个建设项目或两个以上单项工程的，在计算新增固定资产价值时，应在各单项工程中按比例分摊。一般情况下，建设单位管理费按建筑工程、安装工程、需要安装设备价值占价值总额的一定比例分摊，而土地征用费、勘察设计费等费用则按建筑工程造价分摊。

【例 7-1】 某化工厂建设项目及 A 车间的建筑工程费、安装工程费、需要安装设备费、建设单位管理费、土地征用费、建筑设计费以及工艺设计费见表 7-5，试计算 A 车间新增固定资产价值。

表 7-5　　项目费用　　万元

项目名称	建筑工程费	安装工程费	需要安装设备费	建设单位管理费	土地征用费	建筑设计费	工艺设计费
建设单位竣工决算	1 500	900	1 200	60	120	60	45
A 车间竣工决算	500	160	300				

【解】

A 车间应分摊的建设单位管理费＝60×[(500＋160＋300)/(1 500＋900＋1 200)]

＝16 万元

A 车间应分摊的土地征用费＝120×(500/1 500)＝40 万元

A 车间应分摊的建筑设计费＝60×(500/1 500)＝20 万元

A 车间应分摊的工艺设计费＝45×(160/900)＝8 万元

A 车间新增固定资产价值＝(500＋160＋300)＋(16＋40＋20＋8)＝1 044 万元

7.3.2　新增流动资产价值

流动资产是指可以在一年内或超过一年的一个营业周期内变现或运用的资产，一般包括现金、银行存款以及其他货币资金、短期投资、存货(原材料、库存商品)、应收及预付款项和其他流动资产等。

依据投资概算拨付的项目铺底流动资金，由建设单位直接移交使用单位。企业应按照其实际价值确认流动资产，具体确定方法见表 7-6。

表 7-6　　新增流动资产价值的确定方法

流动资产	确定方法
货币性资金	根据实际入账价值核定
应收及预付款项	按企业销售商品、产品或提供劳务时的成交金额入账
短期投资	采用市场法和收益法确定其价值
存货	外购存货按照买价加运费，装卸费，保险费，途中合理损耗，入库前加工、整理和挑选费以及交纳的税金等计价；自制的存货，按照制造过程中的各项实际支出计价

7.3.3 新增无形资产价值

1. 无形资产的概念

无形资产是指企业拥有或控制的没有实物形态的可辨认非货币性资产。我国作为评估对象的无形资产通常包括专利权、非专利技术、生产许可证、特许经营权、租赁权、土地使用权、矿产资源勘探权、商标权、著作权等。

无形资产的确认应同时满足两个条件：一是与该资产有关的经济利益很可能流入企业；二是该无形资产的成本能够可靠地计量。

2. 新增无形资产价值的确定

新增无形资产价值根据内容不同，可采用不同的确定方法，具体见表7-7。

表7-7 新增无形资产价值的确定方法

无形资产	含义	确定方法
专利权	指国家专利主管部门依法授予发明创造专利申请人对其发明在法定期限内享有的专有权利。具有独占性、期限性和收益性的特点	自创专利权的价值为开发过程中的实际支出。专利权的转让价格按照其所能带来的超额收益计价
非专利技术	指企业在生产经营中已经采用的、仍未公开的、享有法律保护的各种实用、新颖的生产技术、技巧等。具有经济性、动态性和机密性的特点	自创的，一般不作为无形资产入账，自创过程中发生的费用，按当期费用处理； 外购的，应由法定评估机构确认后，采用收益法进行估价
商标权	指经国家工商行政管理部门商标局批准注册，申请人在自己生产的产品或商品上使用特定的名称、图案的权利。包括独占使用权和禁止使用权	自创的，一般不作为无形资产入账，自创过程中发生的费用，计入当期销售费用； 当企业购入或转让商标时，才需要对商标权计价。一般根据被许可方新增的收益确定
土地使用权	指国家允许某企业或单位在一定期间内对国家土地享有开发、利用、经营等权利	当建设单位支付土地出让金时，土地使用权作为无形资产核算； 当建设单位通过行政划拨获得土地使用权时，不能作为无形资产核算； 在将土地使用权有偿转让、出租、抵押、作价入股和投资，按规定补交土地出让价款时，才作为无形资产核算

注意 企业只有在将土地使用权作为生产经营使用，并交纳土地使用权出让金后，才可以将其确认为无形资产。

3. 企业核算新增无形资产的确认原则

(1)企业外购的无形资产。其价值包括购买价款、相关税费以及直接归属使该项资产达到预定用途所发生的其他支出。

(2)投资者投入的无形资产。应当按照投资合同或协议约定的价值确定，但合同或协议约定价值不公允的除外(公允价值是指在公平交易中，熟悉情况的双方自愿交易的金额)。

(3)企业自创的无形资产。企业自创并依法确认的无形资产，应按照满足无形资产确认条件后至达到预定用途前所发生的实际支出确认。

(4)企业接受捐赠的无形资产。按照有关凭证所记金额作为确认基础；若捐赠方未能提供结算凭证，则按照市场上同类或类似资产价值确认。

7.3.4 新增其他资产价值

其他资产是指除固定资产、无形资产、流动资产以外的其他资产。形成其他资产原值的费用主要由生产准备费(包含职工提前进厂费和劳动培训费)、农业开荒费和样品样机购置费等费用构成。企业应按照这些费用的实际支出金额确认其他资产。新增其他资产价值的确定方法见表 7-8。

表 7-8　新增其他资产价值的确定方法

其他资产	确定方法
开办费	按账面价值确定
以经营租赁方式租入的固定资产改良工程支出	在租赁有限期内摊入制造费用或管理费用
特准储备物资	按实际入账价值核算

【例 7-2】 某建设项目企业自有资金 450 万元，向银行贷款 350 万元，其他单位投资 300 万元。建设期完成建筑工程费 400 万元，安装工程费 100 万元，需安装设备费 80 万元，不需安装设备费 65 万元，另发生建设单位管理费 20 万元，勘察设计费 100 万元，商标费 30 万元，非专利技术费 40 万元，生产培训费 5 万元，原材料费 48 万元。

问题：

(1)确定建设项目竣工决算的组成内容。

(2)新增资产按经济内容划分为哪些部分，分别是什么？

【解】

竣工决算包括四部分内容：竣工财务决算说明书、竣工财务决算报表、竣工图、工程造价比较分析。

7.4 质量保证金的处理

质量保证金的处理

建设工程质量管理条例

7.4.1 质量保证金的含义与预留

1.质量保证金的含义

建设工程质量保证金(也称保修金)是指发包人与承包人在建设工程承包合同中约定，从应付的工程款中预留，用以保证承包人在缺陷责任期内对建设工程出现的缺陷进行维修的资金。

(1)缺陷：指建设工程质量不符合工程建设强制性标准、设计文件以及承包合同的约定。

(2)缺陷责任期：指承包人对已交付使用的合同工程承担合同约定的缺陷修复责任的期限，其实质就是指保证金的一个期限，具体可由发承包双方在合同中约定。

(3)保修期：发承包双方在工程质量保修书中约定的期限。保修的期限应当按照保证建筑物合理寿命期内正常使用、维护使用者合法权益的原则确定。

根据《建设工程质量管理条例》(国务院令第 279 号)规定，建设项目在正常使用条件下，对建设项目保修的范围与最低保修期限的规定见表 7-9。

表 7-9　　建设项目保修的范围与最低保修期限

质量问题	保修的范围	最低保修期限
地基基础、主体结构缺陷	基础设施工程、房屋建筑的地基基础工程和主体结构工程	设计文件规定的该工程的合理使用年限
屋面、地下室、外墙阳台、卫生间、厨房等处的渗水、漏水	屋面防水工程、有防水要求的卫生间、房间和外墙面的防渗漏	5 年
各种通水管道(如自来水、热水、污水、雨水等)的漏水,各种气体管道的漏气,通气孔和烟道的堵塞;暖气管线安装不妥,出现局部不热、管线接口处漏水;水泥地面有较大面积的空鼓、裂缝或起砂;内墙抹灰有较大面积起泡、脱落或墙面浆起碱脱皮,外墙粉刷自动脱落	供热系统	采暖期
	电气管线、给排水管道、设备安装和装修工程	2 年
施工不良造成的无法使用或不能正常发挥使用功能的工程部位	其他项目	由发承包双方在合同中约定

(4)缺陷责任期与保修期的比较,见表 7-10。

表 7-10　　缺陷责任期与保修期的比较

比较项	期限的约定	约定的载体	起始时间
缺陷责任期	6 个月、12 个月或 24 个月,具体可由发承包双方在合同中约定	发承包双方的合同	自实际竣工日期起计算
保修期	按照《建设工程质量管理条例》的规定执行	工程质量保修书	

注:对于有一个以上交工日期的工程,缺陷责任期应分别从各自不同的交工日期算起。

2. 质量保证金的预留

发包人应按照合同约定的质量保证金比例从结算款中扣留质量保证金。全部或者部分使用政府投资的建设项目,按工程价款结算总额 3%左右的比例预留质量保证金,社会投资项目采用预留质量保证金方式的,预留质量保证金的比例可以参照执行。发包人与承包人应该在合同中约定质量保证金的预留方式及预留比例,建设工程竣工结算后,发包人应按照合同约定及时向承包人支付工程结算价款并预留质量保证金。

7.4.2　质量保证金的使用、管理与返还

拓展资料

建设工程质量保证金管理办法

1. 质量保证金的使用

承包人未按照合同约定履行属于自身责任的工程缺陷修复义务的,发包人有权从质量保证金中扣留用于缺陷修复的各项支出。若经查验,工程缺陷属于发包人原因造成的,应由发包人承担查验和缺陷修复的费用。

2. 质量保证金的管理

缺陷责任期内,实行国库集中支付的政府投资项目,质量保证金的管理应按国库集中支付的有关规定执行。其他政府投资项目,质量保证金可以预留在财务部门或发包人。缺陷责任期内,如发包人被撤销,质量保证金随交付使用资产一并移交使用单位,由使用单位代行发包人职责。

社会投资项目采用预留质量保证金方式的，发承包双方可以约定将质量保证金交由金融机构托管；采用工程质量保证担保、工程质量保险等其他方式的，发包人不得再预留质量保证金，并按照有关规定执行。

3. 质量保证金的返还

在合同约定的缺陷责任期终止后的14天内，发包人应将剩余的质量保证金返还给承包人。剩余质量保证金的返还，并不能免除承包人按照合同约定应承担的质量保修责任和应履行的质量保修义务。

7.4.3 缺陷责任期内的维修及费用承担

1. 保修责任

缺陷责任期内，属于保修范围、保修内容的项目，承包人应当在接到保修通知之日起7天内派人保修。发生紧急抢修事故的，承包人在接到事故通知后，应当立即到达事故现场抢修。对于涉及结构安全的质量问题，应当立即向当地建设行政主管部门报告，采取安全防范措施，由原设计单位或者有相应资质等级的设计单位提出保修方案，承包人实施保修。质量保修完成后，由发包人组织验收。

2. 费用承担

建设工程在缺陷责任期或保修期间出现质量问题时，按照“谁的责任，谁承担费用”的原则处理，一般都由承包人负责保修，责任方承担相应的费用。具体规定见表7-11。

表7-11 质量缺陷成因与费用承担方

序号	质量缺陷成因	费用承担方
1	发包人提供的材料、构配件或设备质量不合格； 发包人竣工验收后未经许可自行对建设项目进行改建	发包人
2	发包人指定的分包人或者不能肢解而肢解发包的工程	发包人
3	不可抗力或者其他无法预料的灾害造成	发包人
4	承包人未按国家有关施工质量验收规范、设计文件要求和施工合同约定组织施工	承包人
5	承包人采购的材料、构配件或者设备质量不合格； 承包人应进行却没有进行试验或检验，进入现场使用	承包人
6	勘察、设计的原因	勘察、设计单位
7	业主或使用人在项目竣工验收后使用不当	业主或使用人

说明如下：

(1)不可抗力或者其他无法预料的灾害主要包括：地震、洪水、台风、泥石流、山体滑坡等。

(2)因发包人或承包人的原因，勘察、设计的原因，监理的原因造成的建设质量问题，同时给他人带来损失的，以上单位应当承担相应的赔偿责任。受损害人可以向任何一方要求赔偿，也可以向以上各方提出共同赔偿要求。有关各方赔偿后，可以在查明原因后向真正责任人追偿。

(3)发承包双方就缺陷责任有争议时，可以请有资质的单位进行鉴定，责任方承担鉴定费用并承担维修费用。

(4)缺陷责任期内，由承包人原因造成的缺陷，承包人应负责维修，并承担鉴定及维修费用。如承包人不维修也不承担费用，发包人可按合同约定扣除保留金，并由承包人承担违约责任。承包人维修并承担相应费用后，不免除对工程的一般损失赔偿责任。

(5)由于承包人原因造成某项缺陷或损坏使某项工程或工程设备不能按原定目标使用而需要再次检查、检验和修复的，发包人有权要求承包人相应延长缺陷责任期，但缺陷责任期最长不超过2年。

【例7-3】 某建设项目办理竣工结算后，由施工单位将建设项目交付建设单位使用。由于该项目地处南方，空气较为潮湿，且多大暴雨。在其使用过程中，每到雨季建设项目外墙面都会出现渗漏现象，严重影响了用户的正常使用。该项目于2015年12月31日交付使用，发现其有渗漏现象是在2017年6月26日。经查，建筑物雨季渗漏是由施工单位在施工过程中未能按照施工设计文件要求进行施工，而是私自进行了工程变更造成的。

该建设项目的渗漏问题是否处于合理的保修期限内？该建设项目进行维修的费用支出应由谁来承担？

【解】 建设项目竣工验收交付使用后，在一定的时间内，本着对建设单位和建设项目使用者负责的原则，施工单位应该就建设项目出现的问题进行相应的处理。按照规定屋面防水工程、有防水要求的卫生间、房间和外墙面的防渗漏的保修期限为5年，所以该建设项目处于合理的保修期限内。

建筑物雨季渗漏是由施工单位在施工过程中未能按照施工设计文件要求进行施工，而是私自进行了工程变更造成的。按照规定，在对建设项目的维修过程中发生的费用支出，应该根据出现问题的不同责任，由相关单位承担责任。因此，保修费用应由施工单位承担。

7.5 综合应用案例

【综合案例7-1】

A市体育公园建设项目经过决策、设计、发承包、施工以及竣工验收等几个阶段后，建设单位准备就所掌握的资料对该项目进行竣工决算的编制。经过一段时间的工作形成了以下竣工决算文件：

(1)建设项目竣工财务决算说明书，包含以下内容：

①建设项目概况。

②资金来源及运用的财务分析，包括工程价款结算、会计账务处理、财产物资情况及债权债务的清偿情况。

③建设收入、资金结余及结余资金的分配处理情况。

④工程项目管理及决算中的经验和有待解决的问题。

⑤需要说明的其他事项。

(2)建设项目竣工财务决算报表，包含以下内容：

①工程项目竣工财务决算审批表。

②大、中型项目概况表。

③大、中型项目竣工财务决算表。

④大、中型项目交付使用资产总表。

⑤小型项目概况表。

⑥小型项目竣工财务决算表。

⑦工程项目交付使用资产明细表。

⑧主要技术经济指标的分析、计算情况。

(3)工程造价比较分析,包含以下内容:

①工程主要实物工程量、主要材料消耗量。

②建设单位管理费、措施项目费、企业管理费和规费使用分析。

③竣工图。

问题:

(1)对于建设单位编制的竣工财务决算报表,有哪些不合适的地方,怎样调整?

(2)编制建设项目竣工决算的依据有哪些,应该如何编制?

【案例解析】

(1)“主要技术经济指标的分析、计算情况”应该是建设项目竣工财务决算说明书当中的内容;小型项目不需要填列“小型项目概况表”;“竣工图”应该单独作为建设项目竣工决算报告的一项内容加以反映,而不属于工程造价比较分析的内容。

(2)编制建设项目竣工决算的依据有以下几个方面:

①经批准的可行性研究报告、投资估算书、初步设计或扩大初步设计、修正总概算、施工图设计以及施工图预算等文件。

②设计交底或图纸会审纪要。

③招投标标底价格、承包合同、工程结算等有关资料。

④施工记录、施工签证单及其他在施工过程中的有关费用记录。

⑤竣工图、竣工验收资料。

⑥历年基本建设计划、历年财务决算及批复文件。

⑦设备、材料调价文件和调价记录。

⑧有关财务制度及其他相关资料。

(3)竣工决算的编制包括以下几步:

①收集、分析、整理有关原始资料。

②对照、核实工程变动情况,重新核实各单位工程、单项工程造价。

③如实反映项目建设有关成本费用。

④编制建设工程竣工财务决算说明书。

⑤编制建设工程竣工财务决算报表。

⑥做好工程造价对比分析。

⑦整理、装订好竣工图。

⑧上报主管部门审查、批准、存档。

【综合案例 7-2】

致远公司与某市第二建筑公司签订一项建设合同。该项目为实验楼以及部分教师公寓、食堂等。施工范围包括土建工程和水、电、通风等安装工程。合同总价款为 5 000 万元,建设期为两年。按照合同约定,建设单位向施工单位支付备料款和进度款,并进行工程结算。第一年已经完成 2 400 万元,第二年应完成 2 600 万元。

合同规定：

(1)业主应向承包人支付当年合同价款30%的工程预付款。

(2)施工单位应按照合同要求完成建设项目，并收集保管重要资料，工程交付使用后作为建设单位编制竣工决算的依据。

(3)除设计变更和其他不可抗力因素外，合同价款不做调整。

(4)施工过程中，施工单位根据施工要求购置合格的设备、工器具以及建筑材料。

(5)双方按照《建设工程质量管理条件》(国务院令第279号)中的规定确定建设项目的保修期限。

项目经过两年建设按期完成，办理相应竣工结算手续后，交付致远公司。建设项目中的实验楼、教师公寓、食堂发生的费用见表7-12。

表7-12　建设项目费用　万元

项目名称	建筑工程费	安装工程费	机械设备费	生产工器具费
实验楼	2 000	300	320	50
教师公寓	1 100	180	—	10
食堂	900	150	120	30
合计	4 000	630	440	90

其中生产工器具未达到固定资产预计可使用状态，另外建设单位支付土地征用补偿费用450万元，购买一项专利权400万元，商标权25万元。

问题：

(1)建设单位第二年应向施工单位支付的工程预付款金额是多少？

(2)如果施工单位在施工过程中，经工程师批准进行了工程变更，该项变更为一般性设计变更，与原施工图相比变动较小。建设单位编制竣工决算时，应如何处理竣工图？

(3)建设单位编制竣工决算时，施工单位应该向其提供哪些资料？

(4)如果该建设项目为小型建设项目，竣工财务决算报表中应该包括的内容有哪些？

(5)建设项目的新增资产分别有哪些内容？

(6)实验楼的新增固定资产价值应该是多少？

(7)建设项目的新增无形资产价值是多少？

(8)如果该项目在正常使用一年半后出现排水管道排水不畅等故障，建设单位应该如何处理？

(9)该项目所在地为沿海城市，在一次龙卷风袭击后实验楼部分毁损，发生维修费用50万元，建设单位应该如何处理？

【案例解析】

(1)建设单位第二年向施工单位支付工程预付款：2 600×30%=780万元

(2)在施工过程中，虽有一般性设计变更，但能将原施工图加以修改补充作为竣工图的，由施工单位负责在原施工图上注明修改的部分，并附以设计变更通知和施工说明，加盖“竣工图”标志后，作为竣工图。

(3)施工单位向建设单位提交的资料包括所有的技术资料、工料结算的经济资料、施工图、施工记录和各种变更与签证资料等。

(4)小型建设项目竣工财务决算报表的内容包括:工程项目竣工财务决算审批表、小型项目竣工财务决算总表、工程项目交付使用资产明细表。

(5)建设项目的新增资产包括:新增固定资产和新增无形资产。

(6)实验楼新增固定资产的价值包括以下部分:

分摊土地补偿费=450×(2 000/4 000)=225 万元

实验楼的新增固定资产价值=2 000+300+320+225=2 845 万元

(7)新增无形资产价值=450+400=850 万元

(8)该故障在建设工程的最低保修期限内,建设单位应该组织施工单位进行修理并查明故障出现的原因,由责任人支付保修费用。

(9)由于不可抗力造成的质量问题和损失所发生的维修、处理费用,应由建设单位自行承担经济责任。

【综合案例 7-3】

某建设单位编制 S 电器生产项目的竣工决算。

该建设工程包括甲、乙两个主要生产车间和 A、B、C、D 共 4 个辅助生产车间,以及部分附属办公、生活建筑工程。在该建设项目的建设期内,以各单项工程为单位进行核算。

各单项工程竣工结算数据见表 7-13。

建设工程其他费用支出包括以下内容:

(1)支付土地使用权出让金 650 万元。

(2)支付土地征用费和拆迁补偿费 600 万元。

(3)建设单位管理经费 560 万元,其中 400 万元可以构成固定资产。

(4)勘察设计费 280 万元。

(5)商标权费 40 万元,专利权费 70 万元。

(6)职工提前进厂费 20 万元,生产职工培训费 55 万元,生产线联合试运转费 30 万元,同时出售试生产期间生产的产品,获得收入 4 万元。

(7)建设项目剩余钢材价值 20 万元,木材价值 15 万元。

表 7-13　　建设工程各单项工程竣工决算数据　　万元

项目名称	建筑工程费	安装工程费	需要安装设备费	不需要安装设备费	生产工器具费
甲生产车间	1 500	450	1 600	300	100
乙生产车间	1 000	300	1 200	210	80
辅助车间	1 500	200	800	120	50
其他建筑	500	50	—	20	—
合　计	4 500	1 000	3 600	650	230

根据以上资料回答以下问题:

(1)什么是建设项目的竣工决算?建设项目的竣工决算由哪些内容构成?

(2)建设项目的竣工决算由谁来编制?编制依据包括哪些内容?

(3)建设项目的新增资产分别有哪些内容?

(4)请确定甲生产车间的新增固定资产的价值及建设工程新增的无形资产、流动资产和其他资产的价值。

【案例解析】

此案例是在考核建设项目竣工决算的有关内容和对建设新增资产的确认，以及新增资产价值的核算。

(1)建设项目的竣工决算是以实物量和货币指标为计量单位，综合反映竣工项目从筹建开始到项目竣工交付使用为止的全部建设费用、建设成果和财务情况的总结性文件，是竣工验收报告的重要组成部分。

建设项目竣工决算由竣工财务决算说明书、竣工财务决算报表、竣工图、工程造价比较分析四部分组成。

(2)建设项目的竣工决算由建设单位进行编制，编制依据包括：

①经批准的可行性研究报告、投资估算书、初步设计或扩大初步设计、修正总概算、施工图设计以及施工图预算等文件；

②设计交底或图纸会审纪要；

③招投标标底价格、承包合同、工程结算等有关资料；

④施工记录、施工签证单及其他在施工过程中的有关费用记录；

⑤竣工图、竣工验收资料；

⑥历年基本建设计划、历年财务决算及批复文件；

⑦设备、材料调价文件和调价记录；

⑧有关财务制度及其他相关资料。

(3)建设项目的新增资产，按其性质可分为固定资产、无形资产、流动资产和其他资产。

①新增固定资产价值主要包括：已经投入生产或者交付使用的建筑安装工程价值；达到固定资产使用标准的设备、工器具的购置费用；预备费；增加固定资产价值的其他费用；新增固定资产建设期间的融资费用。

同时还要注意应由固定资产价值分摊的费用：新增固定资产的其他费用，属于两个以上单项工程的，在计算新增固定资产价值时，应在各单项工程中按比例分摊。一般情况下，建设单位管理费按建筑工程、安装工程、需要安装设备价值占价值总额的一定比例分摊，而土地征用费、勘察设计费等费用则按建筑工程造价分摊。

②新增无形资产价值主要包括：专利权、非专利技术、商标权、土地使用权等。

③新增流动资产价值主要包括：未达到固定资产使用状态的工器具；货币资金、库存材料等项目。

④新增其他资产价值主要包括：建设单位管理费中未计入固定资产的费用、职工提前进厂费和劳动培训费等费用支出。

(4)该建设工程的固定资产、无形资产、流动资产和其他资产的价值计算如下：

①确定甲车间新增固定资产价值

分摊建设单位管理费＝400×[(1 500＋450＋1 600)/(4 500＋1 000＋3 600)]＝156 万元

分摊土地征用、土地补偿及勘察设计费＝(600＋280＋30－4)×(1 500/4 500)＝302 万元

甲车间新增固定资产价值＝(1 500＋450＋1 600＋300)＋156＋302＝4 308 万元

②新增无形资产价值＝650＋40＋70＝760 万元

③新增流动资产价值＝230＋20＋15＝265 万元

④新增其他资产价值＝(560－400)＋20＋55＝235 万元

本章小结

本模块主要介绍了建设项目竣工验收、竣工决算、新增资产价值的确定以及质量保证金的处理。

建设项目竣工验收是建设工程的最后阶段，是建设项目施工阶段和保修阶段的中间过程，是全面检验建设项目是否符合设计要求和工程质量检验标准的重要环节。应熟悉竣工验收的内容，重点掌握竣工验收的方式与程序。

建设项目竣工决算是建设项目竣工交付使用的最后一个环节，因此也是建设项目建设过程中进行工程造价控制的最后一个环节。它包括竣工财务决算说明书、竣工财务决算报表、竣工图、工程造价比较分析四部分内容。其中，竣工财务决算说明书和竣工财务决算报表是竣工决算的核心部分。应明确竣工决算与竣工结算的区别。

建设项目竣工投入运营后，所花费的总投资形成相应的资产。按资产的性质分类，新增资产可分为固定资产、流动资产、无形资产和其他资产四大类。应根据各类资产的确认原则确定建设项目新增资产的价值。重点掌握新增固定资产价值的计算方法。

为保证承包人在缺陷责任期内对建设工程出现的质量缺陷能够及时进行维修，发包人与承包人在建设工程承包合同中约定从应付的工程款中预留一定比例的质量保证金。应明确质量保证金的预留比例，熟悉其使用、管理与返还的原则，重点掌握《建设工程质量管理条例》规定的建设项目的保修范围与最低保修期限。

模块 7

第三篇

实训篇

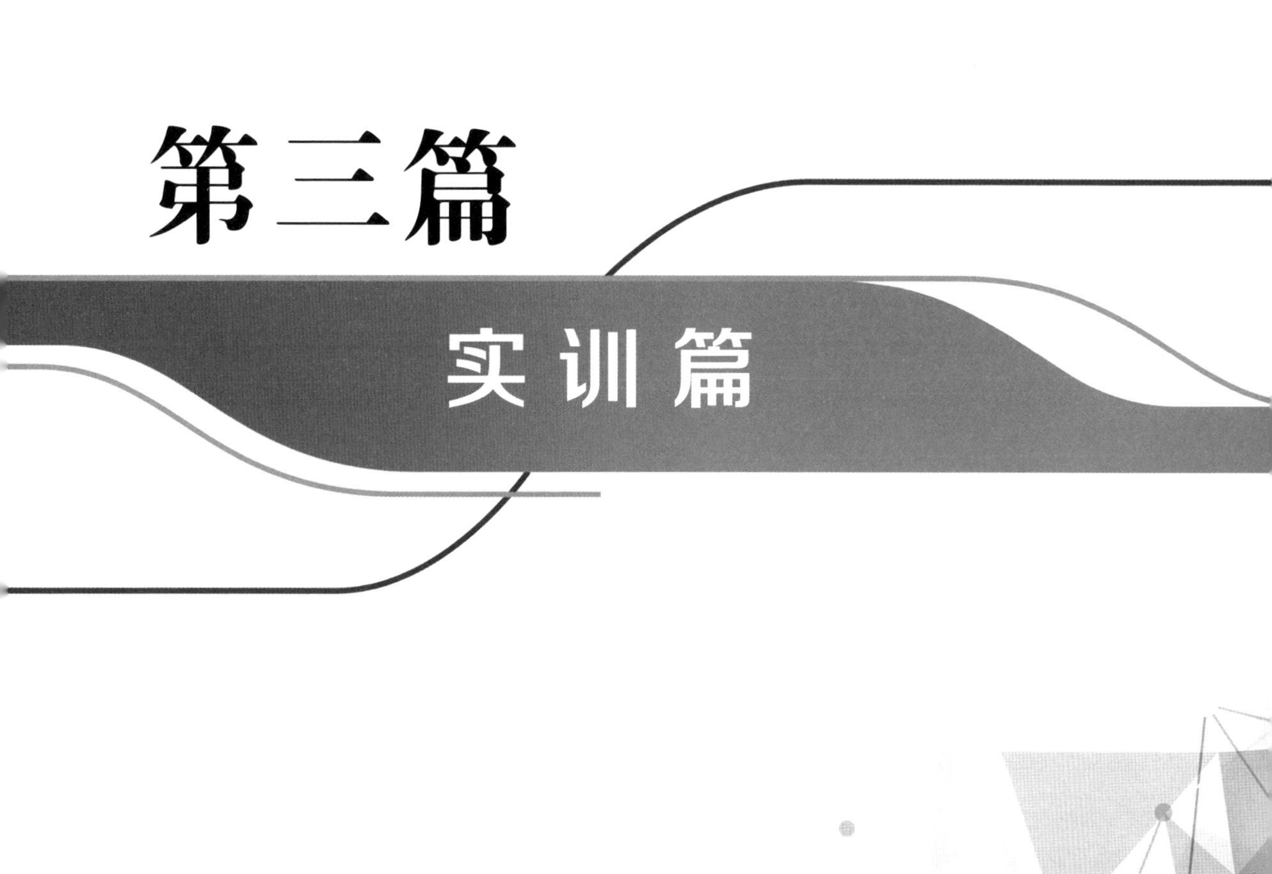

课程实训目的、要求及考核标准

一、课程实训目的

“工程造价控制与条例分析”计划学时为64学时，其中24学时为实践教学，其目的是在相关的理论教学结束之后，及时组织学生应用所学理论知识分析、解决实际的工程造价的控制与管理问题。通过该环节的教学，学生加深对课程内容的理解，巩固理论知识，进一步掌握工程造价控制的各种方法，能够控制不同建设阶段的工程造价，并且能应用各种方法解决工程造价控制的实际案例。将理论教学与实际操作相结合，着重培养学生的动手能力、分析能力和进行工程造价控制的能力，从而夯实岗位基础，提高动手能力，强化专业素质。

二、课程实训项目与进度

课程实训项目与进度安排见实训表0-1。

实训表0-1　　课程实训项目与进度安排

序号	项目名称	学时进度	参考周次
1	江夏理工大学实验楼工程造价分析	4	第3周
2	为江夏理工大学实验楼工程承包人编制施工定额	2	第4周
3	江夏理工大学校外宾馆改造项目投资估算及建设项目的财务评价	4	第6周
4	确认拟建工程的概算造价	2	第7周
5	江夏理工大学实验楼及实验室设计方案的优化与优选	2	第8周
6	编制江夏理工大学教学楼建筑工程投标报价	4	第11、12周
7	江夏理工大学实验楼一期及二期工程施工阶段工程造价的控制	6	第14、15周
	合　计	24	

三、课程实训的步骤

1.任务提出：给出建设项目的背景材料及相关任务。

2.任务分析：分析建设项目处于哪个建设阶段，应该采用什么方法进行造价控制。

3.任务实施：采用具体的方法进行分析、计算。

4.任务总结：对具体控制问题的解决思路与方法进行归纳总结。

四、课程实训内容（详见各模块实训任务）

五、课程实训要求

1.各个实训项目与理论教学穿插进行，要及时且保证满足课时要求。

2.以学生为主体，教师负责布置任务与相关说明，学生自己动手分析与计算。

3.学生自己准备计算器及练习簿，且与作业本分开。

4.每个实训项目学生应独立完成并及时上交文件。

5.实训课程采用过程考核和结果考核相结合的考核方式，注重学生的动手能力和解决问题的能力。具体考核方式同理论教学的考核。

六、考核标准

考核标准有以下三项内容，考核结果实行五级制。达到以下各项标准者满分，指导教师根据实际情况进行判定：

1. 考勤标准(20%)：能够按时出勤，不迟到不早退，遵守实训纪律。

2. 成果标准(50%)：计算过程明了、清晰，计算结果准确、完善，符合实训任务要求。

3. 填写实训报告(30%)：实训报告填写认真，字迹工整，实训报告体会与总结能够体现此次实训任务的目的和要求以及本次实训的收获，并有自己的观点和见解。

项目1　建设工程造价构成分析

实训任务单

实训项目	江夏理工大学实验楼工程造价分析
实训对象	高职高专工程造价专业学生
实训地点	多媒体教室或专业实训室
实训时间	____年____月____日或教学周第____周
参考教材	《工程造价控制与案例分析》
实训目的	学生通过对江夏理工大学实验楼工程造价的分析，熟悉各类费用的构成，熟练各项费用的计算
实训内容	对江夏理工大学实验楼工程各项费用进行计算，正确理解各项费用之间的关系
实训要求	1. 按照建设项目工程造价的构成，明确工作任务； 2. 根据题目提供的信息完成各组成部分的费用计算； 3. 在正确计算各项费用的基础上，分析各项费用之间的关系； 4. 独立完成，A4纸上交实训成果
实训步骤	1. 设备及工器具购置费的计算与分析； 2. 建筑安装工程费的计算与分析； 3. 建设工程预备费的计算与分析； 4. 建设工程建设期贷款利息的计算与分析； 5. 对整个项目工程造价进行分析

实训任务书

【实训项目】 江夏理工大学实验楼工程造价分析。

【背景】 江夏理工大学拟建一栋实验楼,工程概况如下:

建筑面积 18 117.09 平方米,占地面积 6 041 平方米,地上六层,地下一层,最大单跨 13 米,设计三台电梯。建成后提供国家重点实验室和双一流高水平大学所需学科建设需求用房。

根据施工图纸计算出工程量,依据当地综合定额和市场信息价计算出该实验楼分部分项工程费为 50 281 710.26 元,措施项目费为 9 971 366.62 元,其中绿色施工安全防护措施费为 4 190 948.14 元,其他项目费为 4 644 178.53 元,其中暂列金额为 2 358 780.82 元,假设规费已经包含在人工费中,采用一般计税方法计取税金。

为进行某项科学实验该实验楼内需安装德国进口设备,其原币货价为 400 万美元,设备重 35 吨,国际运费标准为 300 美元/吨,运输保险费率为 3‰,银行财务手续费为 5‰,外贸手续费为 1.5%,关税税率为 20%,增值税税率为 16%,已知设备运杂费率为 2%,经测算该项目工器具及生产家具购置费为设备费的 10%。(银行外汇牌价为 1 美元=6.85 元人民币)

已知该项目工程建设其他费用为 320 万元,项目建设前期年限为 1 年,项目建设期为 2 年,每年各完成投资计划的 50%。基本预备费率为 5%,预计年均投资价格上涨率为 10%。由于业主资金紧张,用于该项目的自有资金只占建设投资的 30%,其余部分需要分年均衡进行贷款,第一年贷款为所需资金的 40%,第二年贷款为所需资金的 60%,年利率为 12%,建设期内只计息不支付。

试对江夏理工大学实验楼工程造价进行分析。(计算结果保留两位小数)

【子项目 1】 设备及工器具购置费的计算与分析。

任务 1:计算进口设备的原价;

任务 2:计算设备购置费;

任务 3:计算工器具及生产家具购置费。

【子项目 2】 建筑安装工程费的计算与分析。

任务 1:计算税金;

任务 2:计算建筑安装工程费。

【子项目 3】 建设工程预备费的计算与分析。

【子项目 4】 建设工程建设期贷款利息的计算与分析。

【子项目 5】 对整个项目工程造价进行分析。

实训指导书

一、实训思路指引

项目1的重点在于理解和熟悉我国工程造价构成的内容(实训图1-1),在此基础上计算工程费用:设备及工器具购置费;建筑安装工程费;工程建设其他费用;预备费及建设期贷款利息。

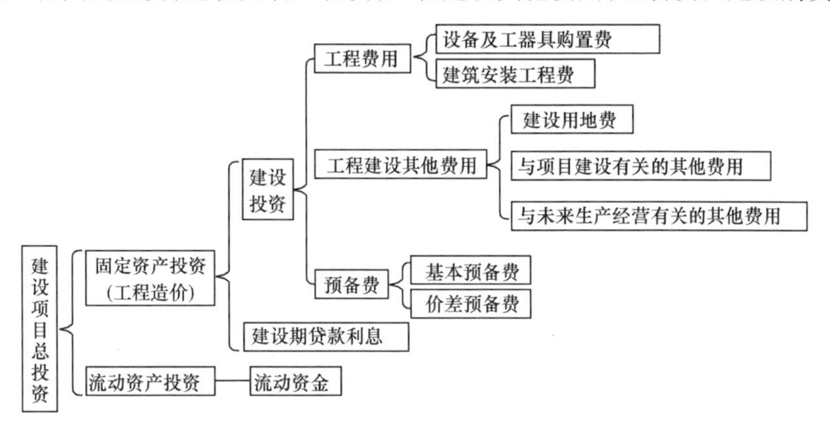

实训图1-1 工程造价的构成

二、实训技能与知识要点

1. 设备及工器具购置费

设备购置费=设备原价+设备运杂费

设备原价有国产标准设备原价、国产非标准设备原价及进口设备原价。进口设备原价的计算是本次实训的重点及难点。学生应重点掌握进口设备抵岸价的计算,即

进口设备原价=进口设备抵岸价=货价+国际运费+国际运输保险费+银行财务费+外贸手续费+进口关税+增值税+消费税+车辆购置附加费

每一项费用按照本教材表1-7中公式完成计算。

2. 建筑安装工程费(实训图1-2)

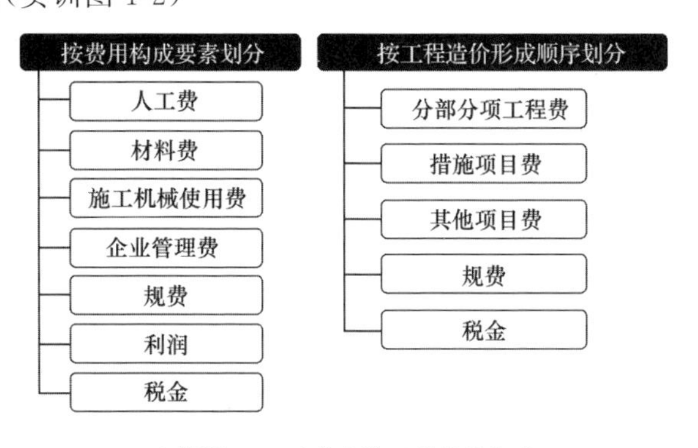

实训图1-2 建筑安装工程费的构成

建筑安装工程费＝分部分项工程费＋措施项目费＋其他项目费＋规费＋税金

各项费用的计算依据及各项费用之间的关系应重点掌握，学生首先应熟悉定额计价程序。

3. 工程建设其他费用

重点在于定性地认识与理解各项费用的作用及简单计算。

4. 预备费：基本预备费及价差预备费

预备费＝基本预备费＋价差预备费

基本预备费＝（设备及工器具购置费＋建筑安装工程费＋工程建设其他费用）×基本预备费费率

价差预备费计算公式：$PF=\sum_{t=1}^{n}I_t[(1+f)^m(1+f)^{0.5}(1+f)^{(t-1)}-1]$

5. 建设期贷款利息：$q_j=\left(P_{j-1}+\frac{1}{2}A_j\right)i$

6. 汇总该项目的固定资产投资

思考：是否需要计算流动资金，为什么？

三、实训难点的思考与提示

1. 什么是关税完税价格？进口设备抵岸价各费用的计费基础一定要明确。
2. 熟练掌握建筑安装工程费定额计价程序。
3. 价差预备费中的 I_t 应如何确定？
4. 建设期贷款利息半年计息的理解及应用。

项目2　企业施工定额的编制

实训任务单

实训项目	为江夏理工大学实验楼工程承包人编制施工定额
实训对象	高职高专工程造价专业学生
实训地点	多媒体教室或专业实训室
实训时间	____年____月____日或教学周第____周
参考教材	《工程造价控制与案例分析》
实训目的	通过为江夏理工大学实验楼工程承包人编制施工定额，学生明确施工定额消耗量的确定方法，掌握施工定额与预算定额的关系，并能根据定额计算基价，合理配置施工设备
实训内容	为江夏理工大学实验楼工程的承包人编制施工定额，并应用它确定预算单价，安排施工
实训要求	1. 根据题目提供的信息计算施工定额消耗量指标、预算定额指标及基价； 2. 应用确定的施工定额消耗量指标，确定预算单价，安排施工设备； 3. 有正确的计算过程和清晰的思路； 4. 独立完成，A4 纸上交实训成果
实训步骤	1. 根据所给资料，确定砌筑 1 m^3 砖墙的施工定额； 2. 确定 10 m^3 的 1 砖墙预算定额及其预算单价； 3. 确定机械挖土方台班消耗定额； 4. 确定土方开挖工程量及应配备的机械数量

实训任务书

【实训项目】 企业施工定额的编制。

【背景】 江夏理工大学实验楼工程的承包人面临着房地产市场激烈的竞争与挑战，为处于不败之地，必须在市场竞争中形成能够体现本企业的技术装备水平、管理水平和劳动效率及成熟而有效的价格体系。为此，组织相关的专业技术人员与专家编制本企业的施工定额。

【子项目 1】 编制砌筑 1 砖墙的施工定额。

具体技术测定资料如下：

(1)完成 1 m^3 砌体的基本工作时间为 16.6 h(折算成 1 人工作)，辅助工作时间为工作班的 3%，准备与结束时间为工作班的 2%，不可避免的中断时间为工作班的 2%，休息时间为工作班的 18%，超距离运输砖每千块需耗时 2 h，人工幅度差系数为 10%。

(2)砌墙采用 M5 水泥砂浆，其实体积折算为虚体积的系数为 1.07，砖和砂浆的损耗率分别为 3%和 8%，完成 1 m^3 砌体需耗水 0.8 m^3，其他材料占上述材料的 2%。

(3)砂浆用 400 L 搅拌机现场搅拌，其资料如下：各工序用时分别为运料 200 s，装料 40 s，搅拌 80 s，卸料 30 s，正常中断 10 s；机械正常利用系数为 0.8，机械幅度差系数为 15%。

(4)已知各要素单价分别为人工：102 元/工日；砌筑水泥砂浆：315 元/m^3；灰砂砖：315 元/千块；水：4.72 元/m^3；400 L 砂浆搅拌机台班单价：120 元/台班。

任务 1：在不考虑题目未给出的其他条件下，确定砌筑 1 m^3 砖墙的施工定额。

任务 2：确定 10 m^3 的 1 砖墙预算定额及其预算单价。

【子项目 2】 编制机械挖土方施工定额。

制定对象：反铲挖土机配合 8 t 自卸汽车运输土方。

施工条件：三类土(松散系数为 1.2，松散状态容量为 1.65 t/m^3)，汽车外运土方 5 km，工作面有推土机配合。

机械配备：液压反铲挖土机，斗容量 1 m^3；自卸汽车，载重 8 t。

通过收集整理各种调查资料和所配备的机械台班技术参数的各项基础数据得知 1 m^3 反铲挖土机在装车的条件下，每次挖三类土的时间为 33.5 s，其最佳挖土状态下的斗容量为 0.83 m^3。该反铲挖土机与 8 t 自卸汽车的正常机械利用系数均为 0.8。8 t 自卸汽车固定作业时间及车速见实训表 2-1。

实训表 2-1　8 t 自卸汽车固定作业时间及车速

装车时间/min	卸车时间/min	调位时间/min	等装时间/min	往返时速/($km \cdot h^{-1}$)
5.5	1	1.3	1	24

任务：确定机械挖土方台班消耗定额

【子项目 3】 若利用该反铲挖土机开挖沟槽，已知沟槽长为 335.1 m，底宽为 3 m，室外地坪设计标高为－0.3 m，槽底标高为－3 m，无地下水，沟槽两端不放坡；采用载重量为 8 t 的自卸汽车将开挖土方量的 60%运走，运距为 5 km，其余土方量就地堆放。

任务：确定土方开挖工程量及应配备的机械数量。

(1)计算沟槽土方开挖工程量；

(2)计算完成沟槽开挖所需挖土机、自卸汽车的台班数；

(3)如果要求在10天内完成土方开挖工程，试计算至少需要多少台挖土机和自卸汽车。

实训指导书

一、实训思路指引

项目 2 的重点在于对定额编制方法的理解与应用，其次是工程量清单计价方式的熟练应用。本次实训重点是使学生熟悉施工定额消耗量的确定方法、施工定额与预算定额的关系，进而确定预算定额基价，并根据定额安排组织施工。

二、实训技能与知识要点

1. 施工定额是以工序为研究对象，表示生产产品数量和时间消耗关系的定额。施工定额属于施工企业内部用来组织生产和加强管理的定额，属于企业定额的一种。施工定额是建设工程定额中分项最细、定额子目最多的一种定额，也是建设工程定额中的基础性定额，可用来编制预算定额。

(1)人工定额消耗量的确定

$$定额时间=\frac{工序作业时间}{1-规范时间}$$

(2)材料定额消耗量的确定

材料消耗量＝材料净用量＋材料合理损耗量＝材料净用量×(1＋材料损耗率)

例如：1 m^3 砖墙砖的净用量＝1/砖长×(砖宽＋灰缝)×(砖厚＋灰缝)

1 m^3 砖墙砂浆的净用量＝1 m^3 砌体的体积－用砖的总体积

(3)机械台班定额消耗量的确定

机械台班定额消耗量以台班为单位，每一台班按 8 h 计算。其计算的具体过程如下：

①确定机械一次循环的正常延续时间

$$机械一次循环的正常延续时间=\sum(循环各组成部分正常延续时间)-交叠时间$$

②确定机械纯工作 1 h 的循环次数

机械纯工作 1 h 的循环次数＝60×60/一次循环的正常延续时间

③确定机械纯工作 1 h 的正常生产率

机械纯工作 1 h 的正常生产率＝机械纯工作 1 h 的循环次数×生产的产品数量

④计算机械台班产量定额

机械台班产量定额＝机械纯工作 1 h 的正常生产率×工作班延续时间×机械正常利用系数

2. 预算定额是指在合理的施工组织设计、正常施工条件下，生产一个规定计量单位合格产品所需的人工、材料和机械台班的社会平均消耗量标准，是计算建筑安装产品价格的基础。它与施工定额的关系如实训图 2-1 所示。

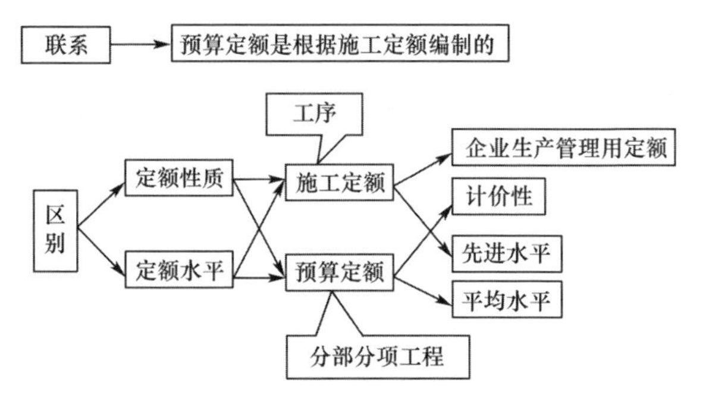

实训图 2-1　预算定额与施工定额的关系

(1)人工消耗量的确定

$$人工消耗量=基本用工+其他用工$$

$$基本用工=\sum(综合取定的工程量\times 劳动定额)$$

式中,劳动定额指施工定额中的人工消耗量。

$$其他用工=超运距用工+辅助用工+人工幅度差$$

$$人工幅度差=(基本用工+超运距用工+辅助用工)\times 人工幅度差系数$$

(2)材料消耗量的确定

$$材料消耗量=材料净用量+材料合理损耗量=材料净用量\times(1+材料损耗率)$$

(3)机械台班消耗量的确定

$$机械台班消耗量=施工定额机械耗用台班\times(1+机械幅度差系数)$$

三、实训难点的思考与提示

1. 在确定机械纯工作 1 h 循环次数时,应根据一次循环正常延续时间的单位是分还是秒,确定分子上是用 60 还是 60×60。

2. 要根据三类土的松散状态容重:1.65 t/m^3,确定 8 t 自卸汽车的运土容积 $V=m/\rho$。

3. 注意运输土方的体积与开挖土方的体积不同,应考虑其松散系数 1.2。

4. 8 t 自卸汽车一次往返的运土时间要根据运输距离与时速进行计算。

项目3　建设工程投资估算及财务评价

实训任务单

实训项目	江夏理工大学校外宾馆改造项目投资估算
实训对象	高职高专工程造价专业学生
实训地点	多媒体教室或专业实训室
实训时间	____年____月____日或教学周第____周
参考教材	《工程造价控制与案例分析》
实训目的	学生通过对江夏理工大学校外宾馆改造项目投资估算的计算与分析，熟悉建设项目投资估算的方法和程序
实训内容	计算江夏理工大学校外宾馆改造项目的投资估算，对各项费用进行技术经济指标分析
实训要求	1.按照建设项目投资估算的方法，明确工作任务及步骤； 2.根据题目提供的信息完成相应表格的填制，估算相关费用； 3.在正确估算各项费用的基础上，进行技术经济指标分析； 4.独立完成，A4纸上交实训成果
实训步骤	1.根据已有资料，完成该项目固定资产投资估算表； 2.列式计算基本预备费、价差预备费及建设期贷款利息； 3.用分项详细估算法估算建设项目的流动资金，并估算该项目的总投资

实训任务书

【实训项目 3-1】 江夏理工大学校外宾馆改造项目投资估算。

【背景】 江夏理工大学校外宾馆改造项目,项目建设期 2 年,其他基础数据如下:

1. 项目改造投资估算表见实训表 3-1。

2. 建设期内年均投资价格上涨率为 10%,固定资产投资方向调节税税率为 0。

3. 项目建设资金来源为自有资金和贷款。建设期内贷款总额为 5 000 万元,贷款年利率为 12%(按月计息),贷款在建设期内按项目的建设进度投入,即第一年投入 30%,第二年投入 70%,预计项目建设投资将全部形成固定资产,建设期内只计息不支付。

4. 预计项目投产后定员 120 人,每人每年工资和福利费为 60 000 元。每年的其他费用为 530 万元(其中其他制造费用为 400 万元)。年外购原材料、燃料动力费为 6 500 万元。年修理费为 700 万元。年经营成本为 8 300 万元。各项流动资金的最低周转天数分别为:应收账款 30 天,现金 40 天,应付账款 30 天,存货 40 天。

任务 1: 根据已有资料,完成该项目固定资产投资估算表。

任务 2: 列式计算基本预备费、价差预备费及建设期贷款利息。

任务 3: 用分项详细估算法估算建设项目的流动资金,并估算该项目的总投资。

实训表 3-1 **江夏理工大学校外宾馆项目改造投资估算表**

工程名称：江夏理工大学校外宾馆项目改造

序号	工程费用名称	估算金额/万元			技术经济指标		备　注
		建安工程费	其他费用	合计	建筑面积/m²	指标/(元·m⁻²)	
一	建安工程费				60 000.00		
1.1	拆除原某中心大楼(含管线迁移)				15 000.00		参考其他相近工程单方指标 146.67 元/m² 估列
1.2	主体土建及装饰工程				60 000.00		
1.2.1	地下室建筑装饰工程	18 037.50		18 037.50	35 000.00	5 153.57	参考其他相近工程按此单方指标估列
1.2.2	地上建筑装饰工程						
1.2.2.1	土建工程(含外立面及幕墙)				25 000.00		普通标准为 2 400～3 500 元/m²，现按 2 600 元/m² 单方指标估列
1.2.2.2	装饰工程				25 000.00		普通标准为 1 000～2 500 元/m²，现按 1 680 元/m² 单方指标估列
1.2.2.3	室内环境				25 000.00		按本项目功能需要适当考虑 60 元/m²
1.2.2.4	标识系统(地上部分)				25 000.00		按本项目功能需要适当考虑 10 元/m²
1.3	设备安装工程				60 000.00		
1.3.1	给排水工程	970.00		970.00	60 000.00	161.67	按普通标准造价估列
1.3.2	消防工程	1 550.00		1 550.00	60 000.00	258.33	按普通标准造价估列
1.3.3	电气及防雷工程	2 766.00		2 766.00	60 000.00	461.00	按普通标准造价估列
1.3.4	暖通工程	1 370.00		1 370.00	60 000.00	228.33	按普通标准造价估列
1.3.5	弱电工程	3 085.00		3 085.00	35 000.00	881.43	按普通标准造价估列
1.3.6	电梯安装工程	342.01		342.01	25 000.00	136.80	参考其他相近工程按此单方指标估列
1.3.7	其他设备及配套设施	1 445.00		1 445.00	25 000.00	578.00	咨询相关厂商，档次不同相差很大，按一般档次考虑
1.4	声学装饰工程	450.00		450.00	25 000.00	180.00	参考其他工程按照普通造价标准
1.5	室外工程	1 405.00		1 405.00	60 000.00	234.17	参考相关工程，建议按此标准估列
1.6	室内岭南工艺及其他	0.00		0.00	25 000.00	0.00	将此项并入地上建筑装饰工程中
二	工程建设其他费用				60 000.00		
2.1	前期相关工作费		158.77	158.77	60 000.00	26.46	按相关文件及计费基数计算

续表

序号	工程或费用名称	估算金额/万元			技术经济指标		备注
		建安工程费	其他费用	合计	建筑面积/m^2	指标/(元·m^{-2})	
2.2	建设单位管理费		395.58	395.58	60 000.00	65.93	财建〔2002〕394 号
2.3	勘察设计费				60 000.00		
2.3.1	工程勘察和测量费		256.54	256.54			计价格〔2002〕10 号、国测财字〔2002〕3 号
2.3.2	规划设计和工程设计费		1 397.34	1 397.34			计价格〔2002〕10 号、《工程勘察设计收费管理规定》
2.3.3	设计咨询费		0.00	0.00			并入工程勘察设计费
2.3.4	施工图预算编制费(设计费 10%)						计价格〔2002〕10 号
2.3.5	施工图审查费(设计费 10%)						计价格〔2002〕10 号
2.3.6	竣工图编制费(设计费 8%)						计价格〔2002〕10 号
2.4	建筑物放线费		0.00	0.00			
2.5	专项检测费		550.00	550.00	60 000.00	91.67	粤价函〔2004〕428 号
2.6	工程监理费				60 000.00		发改价格〔2007〕670 号
2.7	工程质量和安全监督费(不再征收)		0.00	0.00			依据财综〔2008〕78 号文件,此费用取消
2.8	工程代建费		0.00	0.00			本工程按业主要求不代建
2.9	招投标费		85.03	85.03	60 000.00	14.17	
2.9.1	招标代理费及评审专家费		85.03	85.03	60 000.00		计价格〔2002〕1980 号
2.9.2	招标场地使用费		0.00	0.00			按穗价函〔1999〕59 号文件规定,应取消此项费用
2.10	工程造价咨询收费		300.64	300.64			按粤价函〔2007〕029 号文件用差额定率分档累进计算
2.11	工程保险费		0.00	0.00	60 000.00	0.00	咨经〔1998〕11 号
2.12	高可靠性用电费		115.20	115.20	60 000.00	19.20	粤价函〔2004〕72 号按 200 元/(kV·A)计
三	基本预备费(5%)				60 000.00		建质〔2003〕84 号,建质〔2004〕16 号
四	估算总额				60 000.00		

实训指导书

一、实训思路指引

项目3的重点在于建设项目投资估算的编制与分析，熟悉投资估算的方法，能根据项目条件估算项目的静态投资、动态投资以及流动资金，并通过对项目的技术经济指标分析，更好地理解和掌握建设项目总投资估算的意义。

二、实训技能与知识要点

1.投资估算的步骤

(1)工程费用的估算及指标分析。

(2)工程建设其他费用的估算及指标分析。

(3)基本预备费的估算及指标分析。

(4)价差预备费的估算。

(5)建设期贷款利息的估算。

$$i=\left(1+\frac{r}{m}\right)^{m}-1$$

式中 i——实际利率。

m——每年计息次数；

r——名义利率；

(6)流动资金的估算。

2.投资估算的方法及公式

(1)生产能力指数法

$$C_2=C_1\left(\frac{Q_2}{Q_1}\right)^{x}f$$

(2)系数估算法

$$C=E(1+f_1P_1+f_2P_2+f_3P_3+\cdots)+I$$

3.分项详细估算法估算流动资金

流动资金＝流动资产－流动负债

流动资产＝应收账款＋存货＋现金＋预付账款

流动负债＝应付账款＋预收账款

流动资金本年增加额＝本年流动资金－上年流动资金

各项流动资金平均占用额＝周转额/周转次数

(1)周转次数计算

周转次数计算公式：

周转次数＝360/最低周转天数

存货、现金、应收账款和应付账款的最低周转天数，参照类似企业的平均周转天数并结合项目特点确定，或按部门(行业)规定计算。

(2)存货估算

存货是企业为销售或因耗用而储备的各种货物,主要有原材料、辅助材料、燃料、低值易耗品、修理用备件、包装物、在产品、自制半成品和产成品等。为简化计算,仅考虑外购原材料、外购燃料、其他材料、在产品和产成品,并分项进行计算。其计算公式为

存货=外购原材料、燃料+在产品+产成品+其他材料

外购原材料、燃料=年外购原材料、燃料费用/分项周转次数

在产品=(年外购原材料、燃料+年工资及福利费+年修理费+年其他制造费)/在产品周转次数

产成品=(年经营成本-年其他营业费用)/产成品周转次数

其他材料=年其他材料费用/其他材料周转次数

(3)应收账款估算

应收账款是指企业已对外销售商品、提供劳务尚未收回的资金,包括很多科目,一般只计算应收销售款。其计算公式为

应收账款=年经营成本/应收账款周转次数

(4)现金估算

项目流动资金中的现金是指货币资金,即企业生产运营活动中停留于货币形态的那一部分资金,包括企业库存现金和银行存款。其计算公式为

现金=(年工资及福利费+年其他费用)/现金周转次数

年其他费用=制造费用+管理费用+营业费用-(以上三项费用中所含的工资及福利费、折旧费、摊销费、修理费)

(5)预付账款估算

预付账款是指企业为购买各类材料、半成品或服务所预先支付的款项,其计算公式为

预付账款=外购商品或服务年费金额/预付账款周转次数

(6)流动负债估算

流动负债是指在一年或超过一年的一个营业周期内,需要偿还的各种债务。一般流动负债的估算只考虑应付账款一项。其计算公式为

应付账款=(年外购原材料、燃料+其他材料年费)/应付账款周转次数

预收账款=预收的营业收入年金额/预收账款周转次数

(7)根据流动资金各项估算结果,汇总编制流动资金估算表

4.工程监理费的计算

建设工程监理费通常是按照工程规模的大小和所委托的监理工作的繁简,以建设工程投资的一定百分比来计算。这种方法比较简便,业主和建设工程监理企业均容易接受,也是国家制定建设工程监理取费标准的主要形式。其关键是确定计算建设工程监理费的基数和建设工程监理费用百分比。

新建、改建、扩建工程及较大型的技术改造工程所编制的工程的概(预)算就是初始计算建设工程监理费的基数。

一般情况下,工程规模越大,建设投资越多,计算监理费的百分比越小。具体收取标准如下:

(1)监理工程造价在500万元及以下的,不得小于2.5%;

(2)监理工程造价在500万元到1 000万元的,收取1.9%至2.5%;

(3)监理工程造价在1 000万元到5 000万元的,收取1.3%至1.9%;

(4)监理工程造价在5 000万元到1亿元的,收取1.1%至1.3%;
(5)监理工程造价在1亿元到5亿元的,收取0.7%至1.1%;
(6)监理工程造价在5亿到10亿元的,收取0.5%至0.7%;
(7)监理工程造价在10亿元以上的,不得大于0.5%。

三、实训难点的思考与提示

1.建筑安装工程费用的分级计算,指标分析。
2.工程监理费用计算(插值法的应用)。
3.动态投资的计算(价差预备费及建设期贷款利息,注意名义利率与实际利率的转换)。
4.流动资金的计算。

项目4　确定拟建工程的概算造价

实训任务单

实训项目	确定拟建工程的概算造价
实训对象	高职工程造价专业学生
实训地点	多媒体教室或专业实训室
实训时间	____年____月____日或教学周第____周
参考教材	《工程造价控制与案例分析》
实训目的	1.熟悉概算指标法与类似工程预算法； 2.能够根据给定材料，正确修正概算指标； 3.能进行拟建工程概算造价的分析计算
实训内容	1.应用类似工程预算法确定拟建工程的土建单位工程概算造价； 2.应用概算指标法确定拟建工程的土建单位工程概算造价； 3.编制单项工程综合概算书
实训要求	1.根据题目提供的信息明确拟建工程与类似工程的结构差异，会计算综合差异系数与结构差异额； 2.掌握概算指标的调整、修正方法，学会计算拟建工程概算造价； 3.能正确编制单项工程综合概算书； 4.独立完成，以A4纸上交实训成果
实训步骤	1.根据题目提供的背景材料确定综合差异调整系数 K； 2.明确拟建工程与类似工程的结构差异，计算结构差异额； 3.修正概算指标，计算拟建工程概算造价； 4.根据其他专业单位工程预算造价占单项工程造价比例，计算该拟建工程的单项工程造价，编制单项工程综合概算书

实训任务书

【实训项目】 确定拟建工程的概算造价。

【背景】 江夏理工大学拟建一框架结构学生公寓，建筑面积为 3 420 m^2，结构形式与已建成的另一公寓相同，只有外墙保温贴面不同，其他部分均较为接近。类似工程外墙为珍珠岩板保温、水泥砂浆抹面，每平方米建筑面积消耗量分别为 0.044 m^3、0.842 m^2，珍珠岩板 253.10 元/m^3、水泥砂浆 11.95 元/m^2；拟建工程外墙为加气混凝土保温、外贴釉面砖，每平方米建筑面积消耗量分别为 0.08 m^3、0.95 m^2，加气混凝土现行价格 285.48 元/m^3，外贴釉面砖现行价格 79.75 元/m^2。类似工程单方造价为 889.00 元/m^2，其中，人工费、材料费、机械费、企业管理费和其他费等费用占单方造价比例，分别为 11%、62%、6%、9%和 12%，拟建工程与类似工程预算造价在这几方面的差异系数分别为 2.50、1.25、2.10、1.15 和 1.05，拟建工程除人、材、机费以外的综合取费为 20%。

【子项目 1】 确定拟建工程的土建单位工程概算造价。

任务 1：应用类似工程预算法确定拟建工程的土建单位工程概算造价。

任务 2：应用概算指标法确定拟建工程的土建单位工程概算造价。

若类似工程预算中，每平方米建筑面积主要资源消耗为：人工消耗 5.08 工日，钢材 23.8 kg，水泥 205 kg，原木 0.05 m^3，铝合金门窗 0.24 m^2，其他材料费为主材费 45%，机械费占人工费与材料费之和的 8%，拟建工程主要资源的现行市场价分别为：人工 106 元/工日，钢材 4.6 元/kg，水泥 0.50 元/kg，原木 1 500 元/m^3，铝合金门窗平均 350 元/m^2。

【子项目 2】 编制单项工程综合概算书。

任务 1：若类似工程预算中，各专业单位工程预算造价占单项工程造价比例，见实训表 4-1。试用【子项目 1】中任务 1 的结果计算该学生公寓的单项工程造价。

任务 2：编制单项工程综合概算书，见实训表 4-2。

实训表 4-1　各专业单位工程预算造价占单项工程造价比例

专业名称	土建	电气照明	给排水	采暖
占比/%	85	6	4	5

实训表 4-2　学生公寓单项工程综合概算书

序号	单位工程和费用名称	估算金额/万元				技术经济指标			占总投资比例/%
		建安工程费	设备购置费	工程建设其他费	合计	单位	数量	单位造价/(元·m^{-2})	
一	建筑工程								
1.1	土建工程								
1.2	电气工程								
1.3	给排水工程								
1.4	暖通工程								
二	设备及安装工程								
2.1	设备购置费								
2.2	设备安装								
合计									
占比/%									

实训指导书

一、实训思路指引

本项目的重点之一是工程设计概算编制方法的理解与应用，要求掌握概算定额法、概算指标法与类似工程预算法，并能熟练应用。通过对给定背景材料的分析，明确拟建工程与类似工程的结构差异，进而调整概算指标，正确计算拟建工程的概算造价，检验学生对概算指标调整方法的掌握程度，以及应用概算指标法与类似工程预算法确定拟建工程概算造价的能力。

二、实训技能与知识要点

1.概算指标法是用拟建的厂房、住宅的建筑面积或体积乘以技术条件相同或基本相同的概算指标得出人、材、机费，然后按规定计算出企业管理费、利润、规费和税金等，得出单位工程概算的方法。

在实际工作中，经常会遇到拟建对象的结构特征与概算指标中规定的结构特征有局部不同的情况，因此，必须对概算指标进行调整后方可套用。调整方法如下：

结构变化修正概算指标(元/m^2)$=J+Q_1P_1-Q_2P_2$

2.类似工程预算法是利用技术条件与设计对象相类似的已完工程或在建工程的工程造价资料来编制拟建工程设计概算的方法。

类似工程预算法对条件有所要求，也就是应具有可比性，即拟建工程项目在建筑面积、结构构造特征方面要与已建工程基本一致，如层数相同、面积相似、结构相似、工程地点相似等，采用此方法时必须对建筑结构差异和价差进行调整。

(1)建筑结构差异的调整：与概算指标法的调整方法相同。

(2)价差调整：当类似工程造价资料只有人工、材料、施工施工机具费和企业管理费等费用或费率时，可按下面公式调整：

$$D=AK$$

其中
$$K=a\%K_1+b\%K_2+c\%K_3+d\%K_4+e\%K_5$$

类似工程预算法的编制步骤如下：

(1)根据设计对象的各种特征参数，选择最合适的类似工程预算。

(2)根据本地区现行的各种价格和费用标准计算类似工程预算的人工费、材料费、施工施工机具费、企业管理费的修正系数；

(3)根据类似工程预算修正系数和以上四项费用占预算成本的比例，计算预算成本总修正系数，并计算出修正后的类似工程平方米预算成本。

(4)根据类似工程修正后的平方米预算成本和编制概算地区的利税率计算修正后的类似工程平方米造价。

(5)根据拟建工程的建筑面积和修正后的类似工程平方米造价，计算拟建工程概算造价。

3.拟建工程概算造价=拟建工程建筑面积×修正概算指标。

三、实训难点的思考与提示

1.概算指标要根据拟建工程的结构特征进行修正后,方可应用其计算拟建工程的概算造价。

2.类似工程预算法在应用时同样需要对比分析拟建工程项目与已建工程的不同,对建筑结构差异和价差进行调整。

3.编制单项工程综合概算书的时,不要忘记各单位工程造价占总投资比例的计算。

项目5　建设工程设计方案的优化与优选

实训任务单

实训项目	江夏理工大学实验楼及实验室设计方案的优化与优选
实训对象	高职高专工程造价专业学生
实训地点	多媒体教室或专业实训室
实训时间	____年____月____日或教学周第____周
参考教材	《工程造价控制与案例分析》
实训目的	学生通过对江夏理工大学实验楼及实验室设计方案的优化与优选，确定最终的设计方案以及运用价值工程确定方案的改进顺序，掌握设计方案优选与优化的方法，提高分析方案的能力
实训内容	根据题意分析比较，计算确定最终的设计方案，学会选取最优方案；运用价值工程确定方案成本改进顺序
实训要求	1. 根据任务背景明确项目任务，理清解决问题的思路； 2. 用静态及动态评价方法进行项目多方案比选； 3. 用价值工程进行项目成本降低额排序； 4. 独立完成，A4纸上交实训成果
实训步骤	1. 分别采用不同的方法确定最终的设计方案； 2. 分析各功能项目和目标成本及其可能降低的额度，并确定功能改进顺序

实训任务书

【实训项目】 江夏理工大学实验楼及实验室设计方案的优化与优选。

【背景 1】 江夏理工大学实验室实验所需的材料需要由专门的工厂生产，生产该产品的某工厂有 A、B 两种不同的工艺设计方案，均能满足同样的实验需要，其有关投资与收益见实训表 5-1，已知 $i_c=10\%$。

实训表 5-1 **投资与收益**

项目	投资(第 1 年末)/万元	年经营成本(2～10 年末)/万元	年收益(2～10 年末)/万元	寿命期/年
A	600	280	350	10
B	785	245	300	10

任务：请分别采用不同的方法确定最终的设计方案。

【背景 2】 江夏理工大学实验楼，其设计方案如下：结构方案为大柱网框架轻墙体系，采用预应力大跨度叠合楼板，墙体采用内浇外砌，窗户采用单框双玻璃塑窗。为控制工程造价和进一步降低费用，拟针对该设计方案的土建工程部分，以工程材料费为对象开展价值工程分析。将土建工程划分为四个功能项目，各功能项目评分值及其目前成本见实训表 5-2，按限额设计要求，目标成本额应控制为 12 170 万元。

实训表 5-2 **各功能项目评分值及目前成本**

功能项目	功能评分	目前成本/万元
A. 桩基围护工程	10	1 520
B. 地下室工程	11	1 482
C. 主体结构工程	35	4 705
D. 装饰工程	38	5 105
合计	94	12 812

任务：分析各功能项目和目标成本及其可能降低的额度，并确定功能改进顺序。

实训指导书

一、实训思路指引

项目 5 的重点在于建设项目设计方案的优化与优选，能用静态评价方法与动态评价方法进行项目方案优选；能够运用价值工程原理进行项目成本评价，通过分析测算成本降低期望值，排列出改进对象的优先次序。

二、实训技能与知识要点

将一次性投资与经常性的经营成本统一为一种性质的费用，可直接用来评价设计方案的优劣。

1. 总计算费用法

投资方案总计算费用=方案的投资额+基准投资回收期×方案的年运营费用

方案 1 的总计算费用　　$TC_1=K_1+P_cC_1$

方案 2 的总计算费用　　$TC_2=K_2+P_cC_2$

则总计算费用最少的方案最优。

2. 年计算费用法

投资方案年计算费用=方案的年运营费用+标准投资效果系数×方案的投资额

即　　$AC=C+R_cK$

则年计算费用越少的方案越优。

3. 运用动态评价法优选设计方案

动态评价法是在考虑资金时间价值的情况下，对多个设计方案进行优选。

寿命期相同方案：净现值法；净年值法；差额内部收益率法。

寿命期不相同方案：净年值法。

$$PC=\sum_{t=1}^{n}CO_t(P/F,i_c,t)$$

$$AC=\sum_{t=1}^{n}CO_t(P/F,i_c,t)\cdot(A/P,i_c,n)$$

式中　PC——费用现值；

CO_t——第 t 年的现金流出量；

i_c——基准折现率；

AC——费用年值。

4. 价值工程

$$价值=\frac{功能}{成本}$$

功能评价原理：

功能评价就是找出实现某一必要功能的最低成本(称为功能评价值)，并将功能评价值与实现统一功能的现实成本相比，求出两者的比值和两者的差值作为功能改进的对象。功能评价包括相互关联的价值评价和成本评价两个方面。

成本评价是通过分析、测算成本降低期望值，排列出改进对象的优先次序，即

$$\Delta C=C-F=C-C_{目标}$$

式中 F——功能评价值；

C——目前成本；

$C_{目标}$——目标成本；

ΔC——成本降低期望值。

根据尽可能收集到的同行业、同类产品的情况，从中找出实现此产品的最低成本，作为该项产品的目标成本，然后将目标成本按各功能指数的大小，分摊到各评价对象上，作为控制型指标，然后计算成本，当 $\Delta C>0$ 时，ΔC 大者为优先改进对象。

三、实训难点的思考与提示

1. 难点：动态评价法——净现值法、净年值法及差额内部收益率法的应用。
2. 成本评价原理的理解及应用，价值工程在设计阶段控制造价的方法及意义。

项目6　建设工程投标报价的编制

实训任务单

实训项目	编制江夏理工大学教学楼建筑工程投标报价
实训对象	高职高专工程造价专业学生
实训地点	多媒体教室或专业实训室
实训时间	____年____月____日或教学周第____周
参考教材	《工程造价控制与案例分析》
实训目的	1.熟悉清单计价模式的应用及统一表格的编制程序； 2.能够准确进行分部分项工程项目清单与计价表、措施项目清单与计价表、其他项目清单与计价表的编制； 3.能进行单位工程投标限价汇总表的编制
实训内容	编制江夏理工大学教学楼工程投标报价，从工程量清单的编制到综合单价分析，最终形成投标报价，填写统一表格
实训要求	1.根据题目提供的信息编制分部分项工程项目清单，计算措施项目费； 2.按照清单计价模式完成项目单位工程投标报价的编制； 3.能正确填写统一的工程量清单计价表格，进行综合单价分析； 4.独立完成，以A4纸上交实训成果
实训步骤	1.根据《建设工程工程量清单计价规范》(GB 50500—2013)及已知条件编制分部分项工程项目清单； 2.根据所给资料及地方定额，计算措施项目费，并编制相应措施项目综合单价分析表和工程量清单与计价表； 3.根据给定的清单工程量及地方定额，编制相应的综合单价分析表； 4.编制单位工程投标报价汇总表

实训任务书

【实训项目】 编制江夏理工大学教学楼建筑工程投标报价。

【背景】 江夏理工大学拟建一栋教学楼,工程概况见实训表 6-1。

实训表 6-1 江夏理工大学拟建教学楼工程概况

结构类型:现浇混凝土框架结构			建筑面积:12 739 m^2	
基本特征	檐高/m	层数	层高/m	基础类型
	15.5	5	3.0	独立基础
门窗:钢板复合门,铝合金平开门,甲级防火门,乙级防火门,丙级防火门,铝合金推拉窗,金属固定窗,铝合金悬窗。 外部装饰:外墙贴 45 mm×45 mm 陶瓷面砖;屋面三元乙丙橡胶卷材;聚氨酯涂膜防水。 内部装饰:墙面:内墙面一般抹灰,内墙贴美术瓷片 200 mm×300 mm,白色乳胶漆二遍。 地面:地上一般房间 300 mm×300 mm 防滑砖、部分花岗岩 500 mm×500 mm。 天棚:天棚一般抹灰,9 mm 厚防水艺术石膏板吊顶,乳胶漆天棚二遍				

【子项目 1】 甲施工单位根据《建设工程工程量清单计价规范》(GB 50500—2013),广东省房屋建筑与装饰工程定额(2018)及招标人给定的分部分项工程量清单进行投标报价,经计算确定该项目土建装饰工程的分部分项工程费为 1 538 万元,其中人工费与施工机具使用费合计 357 万元,人工费合计 334 万元,其他措施项目费 202 万元。

任务 1:请根据实训表 6-2 所示的分部分项工程与单价措施项目清单与计价表,编制综合钢脚手架的综合单价分析表(不用编制和计算"材料费明细。)

实训表 6-2 分部分项工程与单价措施项目清单与计价表

工程名称:教学楼土建装饰工程 第 7 页,共 7 页

序号	项目编码	项目名称	项目特征描述	计量单位	工程量	金额/元		
						综合单价	合价	其中:暂估价
			……					
54	粤 011701008001	综合钢脚手架	1.搭设高度:综合钢脚手架搭拆高度(m 以内)20.5	m^2	9 685.46			
55	粤 011701010001	满堂手架	1.搭设高度:里脚手架(钢管)民用建筑基本层 3.6 m	m^2	56.05			
56	粤 011701011001	里脚手架	1.搭设高度:满堂脚手架(钢管)民用建筑基本层 3.6 m	m^2	12 710.97			
			……					

任务 2:计算实训表 6-2 中的综合单价与合价,完成该分部分项工程和单价措施项目清单与计价表的报价。

任务 3:根据已知条件,列式计算绿色施工安全防护措施费。

【子项目 2】 考虑到将来施工时工程变更,工程索赔,合同价款调整等因素,发包人欲准备一笔暂列金额;同时发包人提出有一个零星项目要由投标人完成,需要普工 50 工日,技工 27 工日,预拌水泥石灰砂浆(M5.0)13.85 m^2,标准砖(240 mm×115 mm×53 mm)32.41 千块。另

外，发包人将一专业工程发包给乙单位，合同价为50万元，发包人还自行采购两台价值3 000元的立式多级离心泵，用于工程施工。试编制该项目土建装饰工程其他项目清单，并报价。

任务1：根据该项目的复杂程度，设计深度以及工程地质条件，发包人约定按分部分项工程费的10%计算暂列金额，编制暂列金额明细表。

任务2：工程造价管理机构公布的造价信息为，普工人工单价为200元/工日，技工人工单价为270元/工日；湿拌砌筑砂浆(M5.0)615元/m^2，标准砖(240×115×53)310.92元/千块；管理费与利润均以人工费与施工机具费之和为计算基础，费率和利润率分别为28.75%和20%，编制计日工明细表。

任务3：发包人要求承包人对分包的专业工程进行总承包管理和协调，并同时要求提供配合和服务，编制总承包服务费计价表。

任务4：发包人要求承包人创建优质工程(省级质量奖)，计算工程优质费。

任务5：编制其他项目清单与计价表。

【子项目3】 增值税采用一般计税方式，根据子项目1和子项目2的结果，编制单位工程投标报价汇总表(实训表6-3)。

实训表6-3　　单位工程投标报价汇总表

工程名称：江夏理工大学教学楼土建装饰工程

序号	费用名称	计算基础	费率	金额/元
1	分部分项工程费			
2	措施项目费			
2.1	绿色施工安全防护措施费			
2.2	其他措施项目费			
3	其他项目费			
3.1	暂列金额			
3.2	暂估价			
3.3	计日工			
3.4	总承包服务费			
3.5	预算包干费			
3.6	工程优质费			
3.7	概算幅度差			
3.8	索赔费用			
3.9	现场签证费用			
3.10	其他费用			
4	税前工程造价	1+2+3		
5	增值税销项税额	1+2+3+4		
6	总造价	1+2+3+5		
7	人工费			
投标报价合计(大写)：				

实训指导书

一、实训思路指引

项目 6 的重点是工程量清单的编制及单位工程投标报价编制方法的理解与应用，要求熟悉工程量清单计价模式，并能熟练应用。通过对江夏理工大学教学楼工程投标报价的编制，学生可掌握清单计价程序及统一表格的正确填写。

二、实训技能与知识要点

1. 掌握五统一原则（统一项目编码、项目名称、项目特征、计量单位和工程量计算规则），能够编制工程量清单，要求正确列项。

分部分项工程项目清单所反映的是拟建工程分项实体工程项目名称和相应数量的明细清单。招标人负责确定包括项目编码、项目名称、项目特征、计量单位和工程量计算规则在内的五项内容。

措施项目清单是指为完成工程项目施工，发生于该工程施工准备和施工过程中的技术、生活、安全、环境保护等方面的项目清单。

措施项目根据是否可以精确计算工程量分为单价措施项目和总价措施项目，相对应的应编制“分部分项工程和单价措施项目清单与计价表”和“总价措施项目清单与计价表”。

2. 能进行综合单价分析。

综合单价由人工费、材料费、施工施工机具费、企业管理费和利润组成，计价时还需要考虑风险因素，即

$$\text{工程量清单综合单价}=\frac{\sum \text{定额项目合价}+\text{未计价材料费}}{\text{工程量清单项目工程时量}}$$

$$\begin{aligned}\text{定额项目合价}=\text{定额项目工程量}\times[&\sum(\text{定额人工消耗量}\times\text{人工单价})+\\&\sum(\text{定额材料消耗量}\times\text{材料单价})+\\&\sum(\text{定额机械台班消耗量}\times\text{机械台班单价})+\\&\text{价差（基价或人工、材料、机械费用）}+\text{管理费和利润}]\end{aligned}$$

3. 绿色施工安全防护措施费

绿色施工安全防护措施费是在现阶段建设施工过程中，为达到绿色施工和安全防护标准，需实施实体工程之外的措施性项目而发生的费用。具体分为两部分：一部分是可以根据施工图纸、方案及施工组织设计等资料，能够单独计量，可以按相关定额子目计算的绿色施工安全防护措施费项目（如综合脚手架、模板的支架等）；另一部分是不能按工作内容单独计量的绿色施工安全防护措施费，具体包括绿色施工、临时设施、安全施工和用工实名管理，编制概预算时，以分部分项工程的人工费与施工机具费之和为计算基础，以专业工程类型区分不同费率计算，基本费率按实训表 6-4 的值计取。

实训表 6-4　　　　　　　　　　基本费率 1

专业工程	计算基础	基本费率/%
建筑工程	分部分项的（人工费＋施工机具费）	19.00
单独装饰装修工程		13.00

4. 总承包服务费

总承包服务费是以专业工程造价或发包人供应材料或设备价值为基础，以不同服务内容与要求区分不同费率计算（参见表 5-4）。

5. 工程优质费

发包人要求承包人创建优质工程，最高投标限价和投标报价应按实训表 6-5 规定计列工程优质费。

实训表 6-5　　　　　　　　　　基本费率 2

工程质量	市级质量奖	省级质量奖	国家级质量奖
计算基础	分部分项的（人工费＋施工机具费）		
费率标准/%	4.50	7.50	12.00

三、实训难点的思考与提示

1. 编制投标报价时应注意人工单价的动态调整，采用的材料价格应是工程造价管理机构通过工程造价信息发布的材料价格，工程造价信息未发布材料单价的材料，其材料价格应通过市场调查确定。

2. 应该正确、全面地使用行业和地方的计价定额与相关文件。

3. 不可竞争的措施项目和规费、税金等费用的计算均属于强制性的条款，编制时应按国家有关规定计算。

4. 不同类型的措施项目，分别列项与计价，注意计算基础与费率。

5. 区分其他项目清单的项目哪些需要计算，哪些要求直接填写。

6. 预算包干费、工程优质费、危险作业意外伤害保险费的计算基础与费率按地方定额或相关文件规定执行。

7. 注意单位工程投标报价汇总时，不要漏项，且要明确规费和税金的计算基础。

项目 7　建设工程竣工阶段工程造价控制

实训任务单

实训项目	江夏理工大学实验楼一期及二期工程施工阶段工程造价控制
实训对象	高职高专工程造价专业学生
实训地点	多媒体教室或专业实训室
实训时间	____年____月____日或教学周第____周
参考教材	《工程造价控制与案例分析》
实训目的	学生通过对江夏理工大学实验楼一期及二期工程施工阶段工程造价控制的实训，能对工程实施过程中发生的索赔事件进行索赔分析与计算，能进行预付款、进度款计算和最终结算
实训内容	1. 根据项目发生的各种事件分析判断承包人可以得到哪些索赔并计算最终索赔金额； 2. 分部分项工程项目费的计算； 3. 措施项目费的计算； 4. 每月工程价款的计算以及竣工结算
实训要求	1. 熟悉工程索赔及结算程序，根据项目要求明确工作任务及步骤； 2. 根据题目提供的信息完成索赔、工程价款、结算费用的计算； 3. 独立完成，以 A4 纸上交实训成果
实训步骤	1. 试对各事件逐个进行分析，确定是否给予补偿，并计算该工程最后给予承包人的总费用金额。 2. 计算该工程预计合同总价、材料预付款、首次支付措施项目费； 3. 计算分析每月分项工程量价款及实际工程总造价、竣工结算工程款

实训任务书

【实训项目】 江夏理工大学实验楼一期及二期工程施工阶段工程造价控制。

【背景1】 该工程项目一期施工承包合同价为300万元，双方合同中规定工程开工时间为3月1日，竣工时间为6月30日，甲、乙双方补充协议，该工程施工中发生的变更、签证等可按实调整，工期每提前(延误)1天奖(罚)5 000元，该项目施工中发生以下一些事件：

事件1：本应于3月1日～3月5日完成的土方工程，由于发现了地质勘察报告中未注明的地下障碍物，排除障碍物比合同内多挖土方500 m^3。合同内土方量2 000 m^3，综合单价25元/m^3，根据协议超过合同工程量15%时，超过部分可调价，其调价系数为1.2。地基加固处理费2万元，土方工程至3月10日才完成。

事件2：施工单位自购的钢材，经检测合格，检测费1 000元。监理工程师对此钢材质量有怀疑，要求复检，复检结果仍合格，再次检测又花费1 000元。

事件3：在一个关键工作面上发生以下原因造成暂时停工：5月21日～5月27日承包人的施工机械设备出现了从未出现的故障；应于5月28日交给承包人的后续图纸直到6月6日才交；6月7日～6月12日该地区出现了特大风暴，造成了6月11日～6月14日该地区的供电中断。该事件因业主原因每延长1天，补偿损失费2 000元。工程最终于7月20日竣工。

【任务】 承包人均在合理的时间内向业主提出了索赔要求，试对各事件逐个进行分析，确定是否给予补偿，并计算该工程最后给予承包人的总费用金额。

【背景2】 该工程二期项目业主通过工程量清单招标方式确定云星建筑工程有限公司为中标人，并与其签订了工程承包合同，工期4个月。部分工程价款条款如下：

(1)分项工程清单中含有两个混凝土分项工程，工程量分别为甲项2 500 m^3，乙项3 200 m^3，清单报价中甲项综合单价为180元/m^3，乙项综合单价为150元/m^3。当某一分项工程实际工程量比清单工程量增加(或减少)10%以上时，应进行调价，调价系数为0.9(1.08)。

(2)措施项目清单中含有5个项目，总费用18万元。其中，甲分项工程模板及其支撑措施项目费2万元，乙分项工程模板及其支撑措施项目费3万元，结算时，该两项费用按相应分项工程量变化比例调整；大型机械设备进出场及安拆费6万元，结算时，该项费用不调整；安全文明施工费为分部分项工程项目合价及模板措施项目费、大型机械设备进出场及安拆费各项合计的2%，结算时，该项费用随取费基数变化而调整；其余措施项目费，结算时不调整。

(3)其他项目清单中仅含专业工程暂估价一项，费用为20万元。实际施工时经核定确认的费用为18万元。

(4)施工过程中发生计日工费2.5万元。

(5)规费综合费率6.50%；税金3.48%。

有关付款条款如下：

(1)材料预付款为分项工程合同价的20%，于开工之日10天前支付，在最后两个月平均扣除。

(2)措施项目费于开工前和开工后第2月末分两次平均支付。

(3)专业工程费、计日工费、措施项目费在最后1个月按实结算。

(4)业主按每次承包人已完工程款的90%支付。

(5)工程竣工验收通过后进行结算，并按实际总造价的5%扣留工程质量保证金。

承包人每月实际完成并经签证确认的工程量见实训表7-1。

实训表7-1　　每月实际完成并经签证确认的工程量　　m^3

分项工程	1月	2月	3月	4月	累计
甲	500	800	800	600	2 700
乙	700	900	800	400	2 800

任务1：计算该工程预计合同总价、材料预付款、首次支付措施项目费；

任务2：计算分析每月分项工程量价款及承包人每月应得的工程价款；

任务3：计算分项工程量总价款和竣工结算前承包人累计应得的工程价款；

任务4：计算实际工程总造价和竣工结算工程款。

实训指导书

一、实训思路指引

项目7的重点有两个：一是能够进行工程索赔事件分析与计算，同时，能够根据工程施工合同及施工中的变更与索赔进行工程价款的结算；二是根据项目具体的合同条款计算工程预付款、各期的进度款以及最终价款结算。本实训项目要求综合分析背景材料提供的信息，对承包人提出的索赔要求进行分析，并计算该工程最后给予承包人的总费用金额；根据有关付款条款，计算各阶段及各期的工程价款，进行竣工结算。

二、实训技能与知识要点

1. 索赔事件发生后承包人能否得到补偿关键是看谁的责任，可补偿的内容可参考我国《标准施工招标文件》中规定的可以合理补偿承包人索赔的条款（实训表7-2）进行分析判断。

实训表7-2　　《标准施工招标文件》中承包人的索赔事件及可补偿内容

序号	条款号	索赔事件	可补偿内容		
			工期	费用	利润
1	1.61	迟延提供图纸	√	√	√
2	1.10.1	施工中发现文物、古迹	√	√	
3	2.3	迟延提供施工场地	√	√	√
4	3.4.5	监理人指令迟延或错误	√	√	
5	4.11	施工中遇到不利物质条件	√	√	
6	5.2.4	提前向承包人提供材料、工程设备		√	
7	5.2.6	发包人提供材料、工程设备不合格或迟延提供或变更交货地点	√	√	√
8	5.4.3	发包人更换其提供的不合格材料、工程设备	√	√	
9	8.3	承包人依据发包人提供的错误资料导致测量放线错误	√	√	√
10	9.2.6	因发包人原因造成承包人人员工伤事故		√	
11	11.3	因发包人原因造成工期延误	√	√	√
12	11.4	异常恶劣的气候条件导致工期延误	√		
13	11.6	承包人提前竣工		√	
14	12.2	发包人暂停施工造成工期延误	√	√	√
15	12.4.2	工程暂停后因发包人原因无法按时复工	√	√	√
16	13.1.3	因发包人原因导致承包人工程返工	√	√	√
17	13.5.3	监理人对已经覆盖的隐蔽工程要求重新检查且结果合格	√	√	√
18	13.6.2	因发包人提供的材料、工程设备造成工程不合格	√	√	√
19	14.1.3	承包人应监理人要求对材料、工程设备重新检验且检验结果合格	√	√	√
20	16.2	基准日后法律的变化		√	
21	18.4.2	发包人在工程竣工前提前占用工程	√	√	√

续表

序号	条款号	索赔事件	可补偿内容		
			工期	费用	利润
22	18.6.2	因发包人原因导致工程试运行失败		√	√
23	19.2.3	工程移交后因发包人原因出现新的缺陷或损坏的修复		√	√
24	19.4	工程移交后因发包人原因出现的缺陷修复后的试验和试运行		√	
25	21.3.1(4)	因不可抗力停工期间应监理人要求照管、清理、修复工程		√	
26	21.3.1(5)	因不可抗力造成工期延误	√		
27	22.2.2	因发包人违约导致承包人暂停施工	√	√	√

2.索赔费用与工期的计算

(1)人工费

①增加工作内容的人工费:按照计日工费计算。

②停工损失费和工效降低损失费:按窝工费计算,窝工费的标准双方应在合同中约定。

(2)设备费

①增加工作内容引起的设备费:按照机械台班费计算。

②因窝工引起的设备费:按照机械折旧费计算(施工机械属于施工企业自有的)或按照设备租赁费计算(施工机械是施工企业从外部租赁的)。

(3)工期计算

对于共同延误问题,首先判断造成拖期的哪一种原因是最先发生的,即确定初始延误者,它应对工程拖期负责,在初始延误发生作用期间,其他并发的延误者不承担拖期责任。

3.工程量清单计价模式下,根据单价合同进行工程价款结算的方法

计算的基本公式可以表达为:

$$工程合同价款 = \sum 计价项目费用 \times (1 + 规费费率) \times (1 + 税率)$$

式中,计价项目费用应包括分部分项工程项目费、措施项目费和其他项目费用。

(1)分部分项工程项目费的计算方法

首先,确定每个分部分项工程项目清单(子目)的综合单价(综合单价按《建设工程工程量清单计价规范》(GB 50500—2013)的规定,包括人工费、材料费、施工施工机具费、管理费、利润,并考虑一定的风险,但不包括规费和税金);其次,以每个分部分项工程项目清单(子目)工程量乘以综合单价后形成每个分部分项工程项目清单(子目)的合价,最后,每个分部分项工程项目清单(子目)的合价相加形成分部分项工程项目清单计价合价。

(2)措施项目费的计算方法

根据《建设工程工程量清单计价规范》(GB 50500—2013)的规定,可以计算工程量的措施项目,包括与分部分项工程项目类似的措施项目(如护坡桩、降水等)和与某分部分项工程项目清单项目直接相关的措施项目(如模板、压力容器的检验等),宜采用分部分项工程项目清单项目计价方式计算费用。

不便计算工程量的措施项目,按项计价,包括除规费、税金以外的全部费用。

措施项目费也要在合同中约定按一定数额提前支付,以便承包人有效采取相应的措施。但需要注意,提前支付的措施项目费与工程预付款不同,它属于合同价款的一部分。

如果工程约定扣留质量保证金，则提前支付的措施项目费也要扣留质量保证金。

措施项目费的计取可采用以下三种方式：

①与分部分项实体消耗相关的措施项目，如混凝土、钢筋混凝土模板及支架与脚手架等，该类项目应随该分部分项工程的实体工程量的变化而调整。

②独立性的措施项目，如护坡桩、降水、矿山工程的上山道路等，该类项目应充分体现其竞争性，一般应固定不变，不得进行调整。

③与整个建设项目相关的综合取定的措施项目费，如夜间施工增加费、冬雨季施工增加费、二次搬运费、安全文明施工费等，该类项目应以分部分项工程项目合价（或分部分项工程项目合价与投标时的独立的措施项目费之和）为基数进行调整。

（3）其他项目费用的计算方法

其他项目费用包括暂列金额、暂估价、计日工费、总承包服务费等，应按下列规定计价：

①暂列金额应根据工程特点，按有关计价规定估算。

②暂估价中的材料单价应根据工程造价信息或参考市场价格估算；暂估价中专业工程金额应分不同专业，按有关计价规定估算。

③计日工费应根据工程特点和有关计价依据计算。

④总承包服务费应根据招标人列出的内容和要求估算。

规费和税金应按国家、省级或行业建设主管部门的规定计算，不得作为竞争性费用。

三、实训难点的思考与提示

1. 对于合同规定有超出计划工程量 $a\%$，允许调整综合单价的情况，应注意[实际工程量－计划工程量乘以（$1+a\%$）]的部分才是按调整后的单价计算的工程量。

2. 多个事件同时延误时，初始延误者承担责任。

3. 工期费用索赔是否成立应先判断原因，谁的原因或者是谁的风险谁负责。

4. 材料预付款的扣回是按材料比例进行，还是最后几个月平均分摊，应根据具体条款规定处理。

5. 注意每个月完成的工程量价款与承包人每月应得的工程价款是不同的，要明确应扣除的款项都有哪些，合同中是否有当月工程量价款少于多少时不予支付的规定。

参考文献

[1] 中国建设工程造价管理协会.建设工程造价管理基础知识.北京:中国计划出版社,2014

[2] 中国建设工程造价管理协会.建设工程项目投资估算编审规程》(CECA/GC1－2015).北京:中国计划出版社,2015

[3] 中国建设工程造价管理协会.建设工程项目设计概算编审规程 CECA/GC2－2015).北京:中国计划出版社,2015

[4] 中国建设工程造价管理协会.建设工程造价管理相关文件汇编(2017 年版).北京:中国计划出版社,2017

[5] 全国造价工程师执业资格考试培训教材编审委员会.建设工程计价.北京:中国计划出版社,2017

[6] 全国造价工程师执业资格考试培训教材编审委员会.建设工程造价管理.北京:中国计划出版社,2017

[7] 中华人民共和国住房和城乡建设部,财政部.关于印发《建筑安装工程费用项目组成》的通知(建标[2013]44 号).2013

[8] 中华人民共和国住房和城乡建设部.建设工程工程量清单计价规范(GB 50500—2013).北京:中国计划出版社,2013

[9] 中华人民共和国住房和城乡建设部.房屋建筑与装饰工程工程量计算规范(GB 50854—2013).北京:中国计划出版社,2013

[10] 规范编制组.2013 建设工程计价计量规范辅导.北京:中国计划出版社,2013

[11] 中华人民共和国住房和城乡建设部.建筑工程施工发包与承包计价管理办法(住房城乡建设部令第 16 号).2013

[12] 胡新萍,王芳.工程造价控制与管理(第二版).北京:北京大学出版社.2018